军用软件质量管理学

李学仁　编著

国防工业出版社

·北京·

图书在版编目(CIP)数据

军用软件质量管理学 / 李学仁编著. —北京:国防
工业出版社,2012.12
ISBN 978 - 7 - 118 - 08245 - 6

Ⅰ. ①军... Ⅱ. ①李... Ⅲ. ①军用计算机 - 软件
质量 - 质量管理 Ⅳ. ①E919

中国版本图书馆 CIP 数据核字(2012)第 247923 号

※

国防工业出版社出版发行

(北京市海淀区紫竹院南路 23 号 邮政编码 100048)
北京嘉恒彩色印刷有限责任公司
新华书店经售

*

开本 710×960 1/16 印张 24¼ 字数 425 千字
2012 年 12 月第 1 版第 1 次印刷 印数 1—3500 册 定价 86.00 元

(本书如有印装错误,我社负责调换)

国防书店:(010)88540777   发行邮购:(010)88540776
发行传真:(010)88540755   发行业务:(010)88540717

前　言

在当代高技术武器装备中,软件的应用日益广泛,对系统功能的形成和发挥起着重要作用。随着高新技术的发展和装备信息化程度的提高,软件在现代武器装备中所占的比重不断增加,各种武器系统广泛采用计算机技术,特别是军用航空装备系统中的软件规模越来越大,软件已成为武器装备系统和自动化指挥系统的重要组成部分,武器系统功能的生成和发挥对软件的依赖性越来越强。军用软件的结构变得日益复杂,研制开发和维护保障的工作量随之相应增加,复杂程度越来越高,其质量已成为确保武器装备系统质量的关键。军用软件的质量直接影响甚至决定着武器装备的质量,关系着装备系统功能的强弱和成败,其地位和作用越来越重要。在这种背景下,人们对军用软件的质量提出了更高的要求。

为了得到高质量的军用软件,在研制开发过程中必须运用系统工程的基本理论,应用软件工程的技术方法,从技术和管理两个方面入手,采取一系列的措施来提高软件的质量。在技术方面,应在软件研制过程中采用新的方法和工具,通过避错、查错、排错和容错,减少软件中的潜在缺陷,提高软件的内在质量。在管理方面,应加强对软件研制过程的控制,使软件的研制过程规范化,以过程的高质量来保证产品的高质量。

为便于军方加强军用软件质量管理,熟悉军用软件质量管理过程、工作标准与要求,软件研制开发的工程技术人员深入系统了解军用软件的技术特点、研制开发过程,增强军用软件质量特殊性的认识,系统掌握军用软件质量管理的技术方法、工具手段,作者结合近年来在武器装备型号软件研制、质量保证、软件测评和质量管理方面的具体实践,吸收国外在软件质量管理和软件过程改进方面的先进理念,编著《军用软件质量管理学》一书,期望对提高军用软件质量管理水平、军用软件质量、武器装备战备完好性和降低使用保障费用有所帮助。

本书由绪论篇、基础理论篇、过程管理篇、方法篇、标准篇、案例篇组成。在编写思路、章节安排、内容撰写上,我们结合军用软件质量管理活动特征,突出了概念的阐述、理论的提炼、内容的综述、方法的归纳和规律的揭示。另外,本书将军用软件质量管理理论体系、方法体系、标准体系进行系统归纳,单独设篇阐述,提出了一些创新性的观点,形成了完整的军用软件质量管理理论体系、方法体系、标准体系。

本书在编写过程中重点突出了以下三个特点:一是突出了理论的系统性。本书从软件系统工程管理和软件工程的角度,对军用软件质量管理的地位作用和基本理论进行了专题研究和深刻阐述,对军用软件质量管理的全过程和主要环节进行了系统表述,注重了军用软件质量管理的理论框架、知识结构体系,确保读者通过学习能够对军用软件的质量管理基本理论有全面的了解和掌握。二是突出了方法的实用性。本书在总结、吸纳多年来国内外军用软件研制开发和质量管理的实践经验和典型素材的基础上,针对军用软件质量管理的特殊要求,依据军用软件系列标准和相关管理法规,结合当前军用软件研制开发和质量管理的实际编写而成的,注重军用软件的工程化管理方法、项目管理思想、软件开发方法、软件生存周期模型、军用软件评审与验收、软件可靠性和安全性管理等方法阐述,内容翔实,引证确凿,特别是在方法描述时有针对性地给出了方法使用的具体要求,突出了方法应用的可操作性和实用性。三是突出了内容的专业性与通俗性相结合。本书编写时充分考虑了读者的学习实际需求,在内容结构体系上注重军用软件质量管理的专业性,确保本书内容涵盖了军用软件质量管理的相关主要环节和重点专题,保持理论的系统性和工作的专业性;同时,又充分考虑不同读者的阅读需求,避免纯理论描述的枯燥性和乏味性,编写时注意吸取并引用具有代表性的典型案例,力求使深奥的理论浅显化、复杂的问题通俗化,语言运用坚持通俗易懂,增强了本书的可读性。

本书由李学仁担任主编并负责统稿,参编人员有谢文俊、徐吉辉、张鹏、李俊涛、刘群、续志伟等,全书由徐吉辉、张鹏负责校对。

本书在编写过程中,参阅了大量书籍、报刊,借鉴和吸纳了一些专家和学者的研究成果,在此一并致谢!限于编著人员水平有限,书中可能有不完善甚至错漏之处,恳请同行专家和广大读者批评指正。

编 者

2012 年 7 月

目　录

绪　论　篇

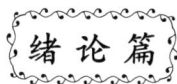

基础理论篇

过程管理篇

方法篇

标　准　篇

案例篇

绪 论 篇

　　绪论篇,阐述了军用软件质量管理学的研究对象、内容、方法及学科体系的地位作用,军用软件、军用软件质量管理、军用软件质量管理学等基本概念,国内外军用软件质量管理的发展历程、发展特点、发展规律及发展趋势,论述了加强军用软件质量管理的重要意义。

第 1 章 概　述

　　20 世纪 40 年代,人类研制出第一台计算机,并编制了用于原子弹研制和导弹弹道计算的军用软件。从那时起,军用软件的发展至今不过 70 年的历程,却已在军事领域的各个方面得到深入广泛的应用。随着我军信息化建设步伐的加快,各类软件的使用越来越广泛,军用软件已经成为我军装备和军队信息化的重要组成部分,在国防现代化中发挥着日益重要的作用。军用软件已成为现代武器装备的核心和灵魂,甚至软件本身已成为一类重要的装备。为有效满足军方日益增强的软件使用需求,迫切需要加强软件质量管理研究和改进,以提高军用软件质量。本章主要阐述军用软件的概念、地位和作用,军用软件质量与质量管理的概念,军用软件质量管理学的概念、研究对象、研究内容和研究方法等内容。

1.1　软件使用中出现的质量问题

　　由于军用软件本身所固有的高复杂性、研制上的高风险性及管理上的高难度,使军用软件的发展一直在曲折中前进,军用软件质量和生产率无法满足军事要求,预算严重超支、项目延期或中途下马等事件屡见不鲜。在国外,由于软件质量造成事故或问题的例子俯拾皆是,不胜枚举[1]。例如:

　　(1) 1962 年 6 月,美国宇航局发往金星的第一个宇宙探测器——“水手”1号,由于计算机系统的一个故障,在发射后不久就坠毁了,不但数亿美元顷刻间化为乌有,同时也造成了严重的政治影响。

　　(2) 法国气象卫星软件由于质量问题,当计算机应当给一些气象探测气球发出一个“读取数据”指令时,竟错误地发出了一个“紧急自毁”指令,从而毁坏了 141 个气象气球中的 72 个,造成了探测任务的失败。

　　(3) 1979 年,新西兰航空公司的一架客机,因为计算机控制的自动飞行系统发生故障而撞到阿尔卑斯山上,机上 257 名乘客遇难。

　　(4) 在英阿马岛战争中,英国一艘驱逐舰因为舰上计算机控制的防御系统出故障,将飞来的导弹误认为是友军武器,没有将它击落,结果该舰被击沉。

　　(5) 1981 年 4 月 10 日,美国准备发射一枚空间回收装置,在离发射时间尚有 20 分钟时,计算机实时控制系统的软件突然发生故障,迫使发射延期进行。事前尽管花了数千小时进行测试和模拟,但仍未测出这个隐患。

（6）1989 年 9 月,苏联载人航天飞船由于软件问题无法启动返回火箭发动机,经修复后推迟两天才返回地面。

（7）Bell 实验室曾对一个 AT&T 运行支持系统进行过统计,发现该系统 80% 的失效与软件有关。

（8）在海湾战争期间,"爱国者"防空系统有一次未能成功地拦截"飞毛腿"导弹,造成军营被炸,28 名英军死亡,其原因是其跟踪软件在运行 100 小时后出现一个 0.36 秒的舍入误差。

（9）1996 年,欧洲航天局发射的"阿丽亚娜"Ⅴ型火箭,发射 40s 后,火箭爆炸,发射场上 2 名法国士兵当场死亡,耗资 10 亿美元、历时 9 年的航天计划严重受挫,事故发生后专家组的调查分析报告指明,爆炸的根本原因是惯性导航系统软件中技术要求和设计的错误。

在过去,由于软件质量造成的灾难触目惊心,屡见不鲜,而在可以预见的未来,这类灾难仍会发生,其主要原因如下:

（1）软件正成为许多关键系统的核心。由于计算机的使用具有提高效率、能取代人进行某些工作等优点,因此,计算机正日益广泛地应用于监视和控制复杂的、时间关键的物理过程和机械设备。在这些物理过程和机械设备中,一个错误或失效可能会造成人身伤亡、财产损失或环境危害。而在这些关键的物理过程和机械设备中,软件所起的作用非常关键,它是控制的中枢和灵魂。一旦软件因质量问题出现错误或失效,就会造成系统危险,乃至造成灾难性的后果[2]。

（2）软件是由人开发的,人不可避免地会犯错误。而人所犯的错误会造成软件存在缺陷,这些缺陷一旦在系统运行中暴露,就会导致系统出错或者发生故障。

（3）多数软件是由没有容错能力的机器执行的。计算机从不考虑在其上运行的软件是否存在错误,只是按部就班地执行命令,而不管这些命令是不是安全关键的。

（4）在当前的软件开发和维护中,主要考虑的因素是费用和进度,而不是可靠性。美国"阿波罗"宇航员 Gus Grissom 曾经指出:"每当我想到所有的火箭和宇航员舱都是由要价最低的投标者制造的这一事实时,就使我思索再三。"

（5）对软件的测试是有限的。对于一个复杂的软件系统来说,其路径状态相对来说是无限的,因此,不能保证百分百地剔除软件中的缺陷。

由此可见,软件的质量问题非常严重,应引起我们足够的关注和重视。

1.2 军用软件的概念、地位和作用

1.2.1 软件

"软件"(Software)的概念是逐渐发展起来的,世界上出现了第一台计算机之后,就有了软件的概念,经过几十年的发展,人们对软件也有了深刻的认识。在早期,软件即指计算机程序,此后将文档也包括在软件之中,再进一步发展为包含了程序、规程、规则和文档的定义,并强调文档也是软件的重要组成部分。GB/T 11457—1995《软件工程术语》中对"软件"的定义是:"软件是与计算机系统的操作有关的程序、规程、规则及任何与之有关的文档。"从定义可知软件绝不仅仅是程序,在软件研制过程中按一定规格产生的各种文档也是软件的不可缺少的组成部分[1]。

本书所讲的软件是狭义的软件,专指"计算机软件"(Computer Software),其含义是"计算机程序及其有关文档",即"与计算机系统的操作有关的计算机程序、规程、规则,以及可能有的文件及数据或与计算机系统的操作有关的程序、规程、规则及任何与之有关的文件"。

从构成软件的基本要素来看,软件是与计算机系统的操作有关的程序、规程、规则及任何与之有关的文档[3]。"程序"(Procedure)是"按具体要求产生的、适合计算机处理的指令序列"[18]。程序是软件的重要组成部分,但绝不是软件的全部。"规程"(Regulation)是"为解决某一问题而采取的动作的经过的描述",或"每次完成某一任务时要遵循的一组手工的步骤",主要描述在软件生存周期中应如何实施有关政策、规则和标准[19]。例如,进行测试就要建立相应的测试规程,用来按对测试对象的理解建立测试环境,规定测试运行时应遵循的各种操作步骤。"规则"(Rule)是指"软件开发人员在开发软件时应共同遵守的准则和法规"[20]。规则是减少随意性、盲目性,规范行为的准则,是统一定义、统一理解、避免歧义的重要手段,是工程化生产的必然要求。"文档"(Document)是指"一种数据媒体及其记录的数据"[21]。文档是软件生存周期各阶段工作的重要内容和阶段产品,它记载软件产品应是什么样的,具体的功能、性能等各种技术要求和使用要求;记载产品是如何制作的等等。文档是各阶段任务完成的标志。各阶段工作是否真正完成要进行评审,评审的主要内容就是相关的文档。文档具有永久性并可以由人或机器阅读。例如,技术文件和设计文件等。文档是软件中十分重要且不可缺少的组成部分。

从软件的组织结构来看,软件是一个由计算机软件配置项(CSCI)、计算机

软件部件(CSC)和计算机软件单元(CSU)构成的层次结构。计算机软件配置项是为满足最终使用要求并由需方指定进行单独配置管理的软件集合。通常基于对下列因素的权衡：软件功能、规模、宿主机或目标计算机、开发方案、保障方案、重用计划、关键性、接口考虑、需要单独编写文档和控制，以及其他因素。计算机软件部件是计算机软件配置项中的一个明确的部分。它可以进一步分解为其他计算机软件部件和计算机软件单元。计算机软件单元是计算机软件部件设计中确定的、且能单独测试的部分。

综上可知,软件是计算机程序和相应的数据和文档,包括固件中的程序和数据,而与其驻留的物理介质无关。通常可将软件分类如下：

1. 支持软件

所有用于帮助和支持开发的软件:

(1) 编译程序、汇编程序、连接和装配程序、库管理程序等,以及相应的文档,能用来产生机器指令,或把程序的各个部分连接装配成完整的计算机程序。

(2) 调试软件。

(3) 模拟软件。

(4) 数据析取和规约软件。

(5) 开发工作管理软件、配置管理软件、文件生成管理软件等。

(6) 用于软件开发过程中的测试软件。

(7) 设计工具软件,如问题分析工具等。

2. 应用软件

解决属于专用领域的、非计算机本身问题的软件。

3. 系统软件

管理计算机系统资源的软件,如操作系统和数据库管理系统等。软件开发和程序运行期间使用的操作系统都属于系统软件。

4. 测试和维护软件

一种软件工具,用于故障诊断、错误隔离、系统调试检验的软件,并用于检查设备和系统的可靠性。

5. 培训软件

在系统工作和维护期间,用于培训用户、操作员和维护人员的软件。

软件作为一种逻辑实体,具有下述几个显著的特点[2]：

(1) 抽象性: 软件产品不是实物产品,而是一种逻辑产品。软件产品既无物理形体,也无物理性质,它的抽象性导致其可见性差。软件可以被记录在纸张、内存、磁盘和光盘等各类存储介质上,但看不到软件本身的形态,必须通过分析、思考、判断才能了解它的功能、性能等特性。

（2）严密性：软件工程是一个严密的逻辑工程。软件产品无正品和次品之分，不存在误差，差即是错。

（3）一次性：任何软件的研制都是一个新的开发过程，即一次性、创造性的劳动。而软件的成批生产只不过是简单的复制。

（4）智力性：软件是知识和技术高度密集的产品。软件研制主要靠人的脑力劳动。软件研制的绝大部分工作都是靠人来完成的。

（5）持久性：软件产品的质量与使用时间的长短无关，即软件产品无磨损性。因此软件的故障不能用普通产品更换零部件的方法来解决。

（6）依赖性：软件产品常常受限于具体的计算机系统，为了减少软件产品对计算机系统的依赖性，应提高软件产品的可移植性。软件的开发和运行常受到计算机系统的限制，这导致了软件移植的问题，这是衡量软件质量的因素之一。

（7）复杂性：有人认为，计算机软件是人类能够创造的最复杂的产品之一。软件的复杂性既来自它所处理的实际问题的复杂性，又来自程序逻辑结构本身的复杂性。因此，软件技术的发展落后于人们对软件的需求，并且随着时间的推移，这种差距还在日益加大。

（8）难以度量：目前对智力劳动尚无有效的度量方法，而软件研制又是新开发的智力产业，因此就更难于对它进行度量。

（9）易出错：软件生产过程涉及一系列的"信息转移"，在有信息转移的环节都有可能发生信息转移的错误。

（10）必须维护：软件产品在交付使用后还可能需要经常更改，因而软件维护是软件工程的一个必不可少的阶段。

（11）成本昂贵：软件产品的研制需要投入大量的、复杂的、高强度的脑力劳动，其成本是非常高的。在国外，软件已占整个计算机系统成本的70%以上。

1.2.2　军用软件

军用软件（Military Software），通常是指用于保障军事装备及其配套系统正常工作，经正式立项研制并交付军方使用的特殊的专用软件产品。主要包括计算机程序、数据和文档、固化在硬件中的程序和数据，以及作为最终型号/项目交付的软件等；还应包括用于可交付软件的支持软件，包含可直接支持创建、测试和维护可交付软件的汇编程序、编译程序、连接程序、加载程序、编辑程序、代码生成程序、分析程序、地面模拟和训练程序、飞行测试数据还原等在内的主操作系统软件等。

军用软件一般可以分为两大类[17]：一类是武器系统软件；另一类是非武器

系统软件。武器系统软件包括：为武器系统专门设计或专用的嵌入式软件(武器系统不可缺少的组成部分)；指挥、控制和通信软件；对武器系统及其完成军事任务进行保障的其他武器系统软件,如战斗管理软件、后勤保障软件、演习分析软件、训练软件等。非武器系统软件(称为自动化信息系统软件),主要是指执行与武器系统无关的系统使用和保障功能的软件,如科学计算、人员管理、资源控制、设备维修、仿真、人工智能等软件。

按照军用软件的属性和应用,又可以分为嵌入式武器装备软件和军用综合信息系统软件两大类。嵌入式武器装备软件包括武器平台嵌入式软件和武器系统嵌入式软件。军用综合信息系统软件包括预警探测、情报侦察等信息获取软件,通信导航软件,指挥控制软件,后勤保障软件和军队信息管理软件等。

军用软件的特点,主要表现在以下几方面[18]：

(1) 嵌入式软件多：无论是使用单片机、单板机或计算机,软件都是嵌入在系统或分系统中的。这个特点在控制设备中更显突出。

(2) 实时性要求强：军用系统实时性要求很高,而给出的时限要求又苛刻。在运行过程中要大量采集种类诸多的数据,在确保被采集数据种类正确,且数据有效的前提下进行实时加工处理,并按处理结果去控制被控制部件做出实时的反应。既要保证应被采集的数据不丢失,又要保证其有效,还要进行较复杂的加工处理;既要保证安全可靠,又要保证及时。

(3) 时序要求严格：军用软件系统有时接受或发出的控制信号有严格的时序关系,不仅该发出的信号要能发出,而且要满足严格的时序关系,如果不满足时序关系,也认为发出是不正确的。因为,它会导致控制信号的混乱而造成严重后果。

(4) 安全性要求高：由于航空装备空中使用的特点,软件系统必须具有不失效的高安全性。例如,作战飞机软件系统设计时首先要考虑到确保飞行员的安全。根据软件失效后可能造成的危险严重性确定软件的关键性级别,例如可分为 A、B、C、D 四级。A 级：失效可能导致灾难性危害的软件,如人员死亡、系统报废等。B 级：失效可能导致严重危害的软件,如人员严重受伤或得严重的职业病、系统严重损坏、任务失败等。C 级：失效可能导致轻度危害的软件,如人员轻度受伤或得轻度职业病、系统轻度损坏、对完成任务有影响等。D 级：失效可能导致轻微危害的软件,如给使用增加麻烦、使用不便,但不影响完成任务等。

(5) 可靠性要求高：武器系统一旦发射,软件运行就要求高可靠地完成任务。这种高可靠要求无论遇到什么环境的变化、气象条件的变化,武器都能可靠地运行。软件设计中要有相应的可靠性设计,在测试中要尽可能充分地检查这

8

部分的设计。

（6）精度要求高：随着现代技术的快速发展，对武器装备的精度也提出了更高的要求，而满足这一要求的重要手段之一是提高相关软件的处理精度。

（7）要求能适应各种恶劣的军事应用环境：军用软件应用于航空装备时，要求能够适应空中、地面等各种不同条件下的恶劣环境。有时是在硬件上采取一定的措施来解决，很多要采用软件的方法来解决。例如气象条件的恶劣、大过载、高温高压、超长工作时间、高空作业环境等。

1.2.3 军用软件的地位和作用

随着计算机技术及信息技术突飞猛进的发展，武器系统（尤其是它的控制系统）中越来越多地采用了计算机软件，武器装备系统对计算机软件质量的依赖性越来越大，软件在武器装备系统中的地位逐渐由硬件的配套产品上升为独立的产品。军用软件一旦出现故障或缺陷，轻则造成巨大经济损失，重则导致人员伤亡。如军工试验，由于软件的错误可导致整个试验失败；又如一些航空航天项目，一次失误将可能造成数百亿元的直接经济损失，在战争中造成的后果更是不可估量。

以军用飞机为例，计算机软件的应用无论在规模上，还是在重要性上均呈急剧上升的趋势。表1-1显示了美国第二、三、四代歼击机上航电系统中硬件和软件承担其功能的百分比[55]。由此可知，美国的歼击机每更新一代，其由软件实现的功能就翻一番。

表1-1 软件在美国歼击机航电系统中的应用

第X代飞机	型 号	航电系统功能	
		硬件实现/%	软件实现/%
第二代	F-111	80	20
第三代	F-16	60	40
第四代	F/A-22	20	80

在我国新研制的军用飞机中，状况也相类似，其飞控系统、火控系统、发动机燃油调节系统，甚至弹射救生系统等均采用了由软件实现其控制功能，逐步取代了原有的机械或光学设备。在某些机型上，机载软件已超过100万行源代码。

毫无疑问，软件在作战飞机中起着越来越重要的作用。但不幸的是，软件的质量和可靠性却远不如人意。特别是与硬件可靠性相比，软件的可靠性一般要比硬件低一个数量级。下面是美国一个权威机构在2000年3月发布的关于美国当前软件开发质量的统计数据[38]。

（1）软件项目中途终止的占 25%。

（2）软件产品在交付时通常在产品中还残留 15% 的缺陷。

（3）软件公司花在软件返工（修改）上的资源为 30% ~44%。

（4）软件失效往往比硬件失效高一个数量级。

与美国的软件开发水平相比，我国的军用软件开发水平还相差很远，因而软件的质量和可靠性水平更令人担忧。软件故障已成为引发装备系统故障的主要原因。不少事实证明，软件故障是导致型号失败，甚至灾难性事故的重要因素。

1.3 军用软件质量与质量管理

1.3.1 军用软件错误

软件错误是指软件中存在对需求规格说明、设计说明、用户文档或标准等的偏差；或软件中存在与用户或操作人员的理解或经验不一致之处。

软件错误（简称错误）通常都按性质进行分类，在各种参考文献中提出了很多不同的错误分类。Beizer 采用分层的方法给出了一份详细的错误分类统计表，如表 1 – 2 所列[38]。

表 1 – 2 错误分类统计

样本规模——6 877 000 行语句（含注释）		
错误总数——16 209 每千行语句错误数——2.36		
错误分类	错误数	百分比/%
1. 需求错误	1317	8.1
需求不正确	649	4.0
需求逻辑错误	153	0.9
需求不完备	224	1.4
需求文档描述错误	13	0.1
需求更改	278	1.7
2. 功能与性能错误	2624	16.2
功能、性能不正确	456	2.8
性能不完整	231	1.4
功能不完整	193	1.2
适用域错误	778	4.8
用户和诊断信息错误	857	5.3

样本规模——6 877 000 行语句(含注释)		
错误总数——16 209　每千行语句错误数——2.36		
错误分类	错误数	百分比/%
异常条件未处理	79	0.5
其他功能错误	30	0.2
3. 程序结构错误	4082	25.2
控制流和顺序错误	2078	12.8
处理错误	2004	12.4
4. 数据错误	3638	22.4
数据定义及结构错误	1805	11.1
数据存取及处理错误	1831	11.3
其他数据错误	2	0.0
5. 编码与实现错误	1601	9.9
编程和程序输入错误	332	2.0
违反编程风格或标准	318	2.0
文档错误	960	5.9
其他实现错误	1	0.0
6. 软件集成错误	1455	9.0
内部接口错误	859	5.3
外部接口,时间吞吐量不匹配	518	3.2
其他集成错误	78	0.5
7. 系统及软件结构错误	282	1.7
8. 测试定义和执行错误	447	2.8
测试设计错误	11	0.1
测试执行错误	355	2.2
测试文档错误	11	0.1
测试用例不充分	64	0.4
其他测试错误	6	0.0
9. 其他错误	763	4.7
总计	16,209	100.0

从表 1 - 2 中可以看出,程序结构错误、功能与性能错误和数据错误共占错误总数的 63.8% ,集成和需求错误占错误总数的 17.1% 。这提醒我们:① 对于程序结构错误、功能与性能错误和数据错误,在设计时要给予特别注意,在测试时则要重点加强;② 对于集成和需求错误,也应在设计和测试时引起足够的重视。

所有软件错误都可能会导致软件失效,但错误的严重性是有差别的。可以按其严重性加以分级。例如,国军标 GJB 437 将错误分为五级:

第 1 级:不能完全满足系统要求,基本功能未完全实现或危及人员安全的错误。

第 2 级:不利于完全满足系统要求或基本功能实现,并且不存在变通的解决办法的错误。

第 3 级:不利于完全满足系统要求或基本功能的实现,但却存在合理的变通解决办法的错误。

第 4 级:不影响完全满足系统要求或基本功能的实现,但有不便于操作的错误。

第 5 级错误:其他错误。

根据软件错误产生的时机,软件错误又可分为需求错误、设计错误和编码错误。

1.3.2 军用软件质量

军用软件质量(Military Software Quality),是一个复杂的概念,不同的人有不同的见解。正如没有一部汽车能够满足所有人的需要一样,软件质量也不存在一个通用的定义[15]。例如:

Capers Johns 认为,软件质量是"不存在那些使得软件无法执行或产生错误结果的缺陷。这些缺陷可能在需求阶段、设计阶段、编码阶段、文档阶段甚至是在修正一个缺陷时产生的。缺陷的严重程度从小到大。"

Tom McCabe 认为,软件质量是"较高的用户满意程度以及较低的缺陷等级,这常常同较低的软件复杂性有关。"

Barry Boehm 博士认为,软件质量是"充分地满足用户的要求,并在可移植性、可维护性、健壮性和可适应性上达到较高水准。"

美国 SEI(软件工程研究所)的 Watts Humphrey 倾向于将软件质量定义为,"具有很高的适用性,同需求很好地吻合,并具有高的可靠性和可维护性。"这同 Barry Boehm 观点类似。

James Martin 认为,好质量的软件是指那些按时完成、没有超出预算并且符合用户要求的软件。

著名的可靠性专家 John Musa 认为,软件质量是"较低的缺陷等级,较好地满足用户的需求,以及高的可靠性。"

Bill Perry 将软件质量定义为:"用户的高满意度以及同需求较好的吻合程度。"

GB/T 11457 将软件质量定义为:"软件产品中能满足给定需要的性质和特性的总体。例如,符合规格说明;软件具有所期望的各种属性的组合程度;顾客或用户觉得软件满足其综合期望的程度;确定软件在使用中将满足顾客预期要求的程度。"

我们认为,GB/T 11457 的软件质量定义基本反映了人们对软件质量的认识。

1.3.3 军用软件失效机理

由于软件内部逻辑复杂,运行环境动态变化,并且不同的软件差异可能很大,因而软件失效机理可能有不同的表现形式。例如,有的失效过程比较简单,易于跟踪分析;有的失效过程可能非常复杂,难于甚至不可能进行详尽的描述和分析。但总的来说,软件的失效机理可以描述为:人为错误→软件缺陷→软件故障→软件失效[38]。

人为错误是指在软件生存周期内的不期望或不可接受的人为差错,其结果会导致软件缺陷,人为错误是人们在软件开发活动中不可避免的一种行为过失。人为错误的例子有(但不仅限于):开发人员误解或遗漏了用户的需求;概要设计未能完全实现需求规格说明;详细设计未能完全实现概要设计说明;软件实现未能完全实现详细设计说明;设计过程中引入软件多余物等。

软件缺陷是指存在于软件中的、不期望的或不可接受的偏差,其结果是当软件运行于某一特定条件时将会出现软件故障(即软件缺陷被激活),软件缺陷以一种静态的形式存在于软件的内部。软件缺陷的例子有(但不仅限于):软件中存在多余物;数组下标不对;循环变量初值设置有误;对错误的处理方法不对等。

软件故障是指在软件运行过程中出现的一种不期望的或不可接受的内部状态,此时若无适当措施加以处理(如容错)就会产生软件失效,软件故障是一种动态行为。软件故障的例子有(但不仅限于):软件执行了某个多余的循环;软件的某部分计算或判断与规定不符;正常情况下,软件执行降级功能等。

软件失效是指在软件运行时产生的一种不期望的或不可接受的外部行为结果。软件失效的例子有(但不仅限于):造成任务失败;造成对环境或人员设备的伤害等。

1.3.4 军用软件质量保证

为了控制软件的开发质量,保证按合同(或任务书)的要求开发高质量的软件,必须设立质量保证机构,制定软件质量保证计划,采用保证质量的有力措施、方法和工具,实行全过程的质量控制。

软件质量保证是指为了给一个软件产品符合规定的技术要求提供足够的置信度,必须采取的全部行动的一个有计划的和系统的工作模式;为了评价软件产品的开发或维护过程而设计的一组活动;为使软件产品符合规定需求所进行的一系列有计划的必要工作[16]。其目的是对软件项目所使用的过程和正在构造的产品向管理者提供适当的可见性。软件质量保证由审计和报告两部分管理职能组成,其目的是通过必要的数据,为充分了解产品质量提供管理手段,进而获得产品质量达到目标的可视性和确认性。软件质量保证由不同组织的各种相关工作组成,包括两个方面:其一是软件工程师们所做的技术工作;其二是软件质量保证组织负责制定质量保证计划、进行检查、保存记录、分析和报告的职责。

软件质量保证活动要素通常包括如下:

(1)质量保证机构:设立一定的质量保证组织机构,规模可根据软件项目的大小而定。既可以是兼职或专职的质量保证人员,也可以是由若干人组成的质量保证小组。质量保证机构负责监督和实施软件开发过程中的质量保证活动,并对上级质量保证机构负责。

(2)软件开发规范:软件开发必须严格按照软件开发规范进行。在需要对软件开发规范中的有关条款进行剪裁时,必须经过主管部门的批准,并征得用户的认可。

(3)开发文档:文档是开发活动的依据,亦是对开发成果的描述。必须按照规范的要求适时地编制各种文档,并将其纳入项目配置管理机制。

(4)验证与确认:验证是一个过程,该过程确定软件开发周期中的一个给定阶段的产品是否达到在以上阶段确立的要求。确认同样也是一个过程,该过程在软件开发过程结束时对软件进行评价,以确定它是否和软件需求相一致。验证与确认所用的方法有评审、审查、审计、分析、演示、测试等。

(5)配置管理:软件配置管理类似于硬件的技术状态管理,通常包括对基线和软件配置项的标识、审计、状态记录和控制等,配置管理活动必须按照有关规范进行。

(6)质量保证活动记录:应在软件开发过程中及时记录与质量保证有关的活动,特别是受控库中错误的修改活动以及质量保证机构的活动。

1.3.5　军用软件质量管理

军用软件质量管理(Military Software Quality Management),是指确定一个军用软件产品的质量目标、制定实现这些目标的计划,以及为了满足客户的需要和希望而监控和调整这些计划、工作产品、活动和目标的过程;为了确定、达到和维护需要的军用软件质量而进行的有计划、有系统的管理活动。其目的是实施军用软件过程质量控制,以实现特定的质量目标[18]。军用软件质量管理包括确定软件产品的质量目标,制定实现这些目标的计划,并监控和调整软件计划、软件工作产品、活动和质量目标,以满足客户对高质量产品的需要和希望。军用软件质量管理还包括软件质量保证,它是一个更广泛、更综合的概念。

军用软件质量管理活动大致可分为过程质量管理和设计质量管理两大类。

军用软件过程质量管理包括计划制定、规程评价和产品评价等三类活动。计划制定是制定软件质量保证计划;确定软件的质量目标;明确各类人员和机构的岗位职责;规定在每个阶段应达到的要求;以及所采用的标准和规程等。规程评价是指通过评价在软件开发、生产、管理和维护中对相应规程的符合性,使软件开发人员能以低成本、高效率的方式开发出符合质量要求的软件,软件质量管理人员能够有效地监督和执行这些规程。产品评价是指评价软件产品是否满足用户的要求。

军用软件设计质量管理涉及软件开发的所有活动,包括系统需求分析与设计、软件需求分析、概要设计、详细设计、软件实现、组装测试、确认测试、系统联试、软件验收和交付、软件产品生产和软件维护等。软件设计质量管理活动主要监督和控制整个软件开发过程,以保证软件产品的质量。因此,在某种程度上讲,软件工程是实施软件质量管理的基础。

1.4　军用软件质量管理学的研究对象、内容、方法

1.4.1　军用软件质量管理学的研究对象

一门学科是否存在,取决于这门学科的研究对象。如果存在着一个新的研究对象领域,那么就具有了建立一门新学科的客观基础。而这门新学科是否诞生,则取决于人们能否逐步地明确它所研究的对象。因为这种对象本身是客观地存在着,它是否被人们所研究,依赖于人们的认识水平。可见,要确认一门学科必须明确两个问题:一是它的研究对象是什么;二是它的研究对象具有哪些特殊的矛盾性。

现代武器装备的使用、作战效能的生成与发挥离不开军用软件的支持,而军用软件的需求分析、开发、设计、研制、生产、维护离不开行之有效的质量管理活动。要确保军用软件满足装备作战使用要求,具有较高的可靠性、维护性、健壮性和安全性,必须要有一套科学的质量管理方法。软件质量管理不仅是军事活动中的一个客观的活动领域,而且也是社会的一个客观的活动领域。既然软件质量管理是一个客观的活动领域,那么,它本身就必然具有运动的客观规律。因此,我们建立军用软件质量管理学并不是一种主观的臆想和愿望,而是客观的要求,存在着建立这门学科的客观基础。

从矛盾的特殊性来考察,军用软件质量管理活动中存在着军用软件使用需求和软件质量保证、软件开发管理主体和军用软件客体、军用软件质量管理系统和环境之间的矛盾等,这些矛盾的特殊性,决定了军用软件质量管理的特殊本质。从矛盾运动的基本过程和阶段来考察,军用软件质量管理的基本要素有目标、手段和效果;军用软件质量管理的基本阶段有需求分析、软件设计、软件质量监督、软件测试、软件验收、软件维护;软件质量管理的技术环节有软件需求分析、软件配置管理、软件可靠性管理、软件定型与鉴定、软件维护等。对于这些矛盾运动的基本规律的研究,便构成了军用软件质量管理学的基本内容。对军用软件质量管理的客观规律的研究,即军用软件质量管理学的研究对象。

1.4.2 军用软件质量管理学的研究内容

军用软件质量管理学的研究内容主要包括:军用软件的概念与特点,军用软件质量管理的概念、内涵,军用软件质量管理要求,军用软件质量管理学的学科地位、性质、作用,军用软件质量管理学的研究对象、研究内容、研究方法等基本内容;军用软件质量管理的发展历程、特点、规律与趋势,国内外军用软件质量管理思想、规律研究;军用软件工程的概念,军用软件生存周期过程,军用软件标准化,军用软件项目管理的概念、基本过程等基本理论与方法;军用软件需求分析、评审,军用软件设计,军用软件开发的一般要求、开发过程,军用软件质量监督的要求与实施,军用软件定型与鉴定,军用软件验收,军用软件维护等管理过程的基本内容;军用软件工程过程模型,军用软件质量工程模型,军用软件可靠性工程模型等工程技术方法;军用软件工程及其标准,军用软件质量管理标准体系,军用软件质量管理相关标准;军用软件质量管理典型案例分析等基本内容。

1.4.3 军用软件质量管理学的研究方法

军用软件质量管理学的研究方法,是以马克思主义哲学方法和科学研究一般方法为基础,反映军用软件及其质量管理实践活动领域的特殊认识规律和方法论。军用软件质量管理学是一门综合性很强的学科,它与其他许多学科有着密切的内在联系。因此,只有将本学科的研究与相关学科的研究结合起来,把总结历史与传承经验结合起来,把立足现实与面向未来结合起来,把学习借鉴与综合创新结合起来,才能使军用软件质量管理学的理论与学术研究、技术与实践应用,既具有自身的特色体系,又能与其他相关学科理论与技术相互衔接、相互协调、相互配套,从而科学揭示军用软件质量管理领域的实践活动规律。

1. 继承与创新相结合

继承就是坚持历史的观点,传承国内外军用软件质量管理实践经验和理论成果中合理适用的部分。创新则是坚持发展的观点,是对过时经验的合理扬弃,是对现实问题的正确判断,是对未来趋势的科学预测。没有历史的继承,就没有现实的创新和未来的发展。军用软件质量管理的发展历史,是军用软件质量管理理论体系的宝贵财富,只有通过研究国内外军用软件质量管理的发展历史,才能充分揭示和认识军用软件质量管理发展的规律,为继承和创新军用软件质量管理理论奠定坚实的基础。

2. 现实与未来相结合

现实与未来相结合,是认识问题的重要途径,也是开展军用软件质量管理理论与方法研究的重要方法。开展军用软件质量管理学研究,首先要立足现实。现实是历史发展的结果,是筹谋未来的前提。立足现实,就是要围绕军用软件质量管理现实中的重大理论问题和实践问题,进行认真探索、深入研究,从而找出解决问题的途径和办法。其次要着眼未来。未来是现实的延续与发展,从发展的眼光看问题,现实即将成为过去,未来将会变成新的现实。着眼未来,就是要依据现实,把握趋势,科学预测,使军用软件质量管理学研究同步甚至领先于实践发展,从而能正确及时地指导未来的军用软件质量管理发展建设。历史、现实、未来是辩证的统一,只研究历史理论,不注重现实理论,就没有创新和发展,也就没有现实的指导意义;只注重历史和现实理论研究,不注重未来理论研究,就没有强大的生命力,也就没有理论的先导作用;只着眼未来理论,不注重历史和现实,就会脱离实际,失去理论的现实指导作用。因此,只有把三者有机地结合起来进行研究,才能使军用软件质量管理理论持续深入地向前发展。

3. 先进的理论成果和现代的技术方法相结合

随着时代的进步和科学技术的发展,一些新的软件质量管理理论和方法不断产生。软件工程、软件质量管理体系、软件标准化管理、软件配置管理、软件可靠性管理、软件开发模型等先进的理论与方法被相继引入军用软件质量管理理论研究领域,极大地促进了军用软件质量管理思想和质量管理实践的发展。回顾几十年来,军用软件质量管理理论和技术方法的发展历程,不难看出把当前先进的理论研究成果与现代的科学技术方法与时俱进地结合起来,也是军用软件质量管理学的重要研究方法之一。

4. 学习借鉴国外经验与联系我国实际相结合

世界各国军用软件质量管理的成就和经验,都是人类的宝贵财富。各国的军用软件质量管理思想、管理过程、管理标准、管理技术方法虽然有着不同的国家特点、文化背景和实践差异,但却不可避免地相互影响和相互渗透,既有对本国军用软件质量管理实践活动具有特殊指导作用的个性理论,又有对其他国家军用软件质量管理实践活动具有普遍指导作用的共性理论。这就说明,结合我国国情、军情实际,从我国军用软件质量管理发展建设实际出发,学习借鉴国外军用软件质量管理领域实践活动的共性理论与成功经验,同样是军用软件质量管理学研究的一种重要方法。特别是世界上一些软件开发和管理技术高度发展、军用软件质量管理现代化水平很高的发达国家,在世界领先的军用软件质量管理理论研究领域及实践活动中,摸索和总结了大量的经验,取得了丰富的理论研究成果和先进的科学技术方法,对我们研究自身的军用软件质量管理实践活动具有重要的参考价值,我们应全面了解,认真研究,取人之长,补己之短,为我所用。

第 2 章　军用软件质量管理的发展

20 世纪 60 年代末,随着计算机硬件技术的进步及计算机元器件质量的逐步提高,整机的容量、运行速度及工作可靠性都有了明显的提高,硬件的生产成本显著下降,使计算机得到了日益广泛的应用。然而,由于军用软件本身所固有的高复杂性、研制上的高风险性及管理上的高难度,使军用软件的发展一直在曲折中前进,军用软件质量和生产率无法满足军事要求、预算严重超支、项目延期或中途下马等事件屡见不鲜,引发了所谓的"软件危机"(Soft Crisis)[4]。软件工程由于其在有效提高军用软件质量方面发挥了重要作用而迅速发展起来,软件质量管理同软件工程一样,由需求牵引而不断发展和完善。本章主要阐述军用软件质量管理的发展情况,分别介绍美国、欧洲、日本和我国军用软件质量管理的发展情况。

2.1　美国军用软件质量管理的发展

软件质量管理同软件工程一样,始终由需求牵引而不断发展和完善。在美国,这一需求的主要代表是美国军方,它是美国软件质量管理的源动力,推动着工业部门、学校、学术团体以及其他政府机构对有关问题进行研究,对有关成果推广应用,以提高软件的质量。

在 20 世纪 80 年代早期,美国国防部的软件倡议对美国软件技术(包括软件质量管理)的发展有着深远的影响。从 1989 年起,美国国防部每年向国会作一次有关国防关键技术的报告,每次都涉及到了有关软件的内容[34]。例如,1991年~1992 年度国防关键技术的第二项就是软件工程,提出了要解决软件和系统工程过程与环境、实时和容错软件、重用和重建、用于并行和分布式多机系统的软件,以及高保证软件技术等五个方面的问题。美国国防部还针对重大工程,组织研究关键技术,提出有战略意义的项目,并对其进行重点投资,组织研究和开发工作。例如,美国防务分析研究所受战略防御倡议机构(SDIO)之托,考察了行政部门、国防部、工业部门和科研单位,对战略防御倡议机构的软件大纲进行了评估,提出了其独特需求和缺陷,明确了满足战略防御计划(SDI)需求所要研究的关键软件技术领域,并针对可实现性、生产率、可靠性、功能和性能等目标,为战略防御倡议机构所需的软件技术排出了优先次序。

美国国防部从采办办法方面推动大型软件工程项目的软件质量管理[17]。在 DODD 5000.2《防务采办管理政策和程序》中关于软件的规定为:要遵守 DODD 5000.1《防务采办》中的基本政策和程序,加强寿命周期管理,把软件作为整个系统的一个重要组成部分来管理,进行综合系统开发,重视软件测试管理和度量,国防部元器件采办局委派高层执行官员对软件开发管理通过合同办法委托承包商负责,并对成本、进度和质量制定具体的管理和控制方法。

美国国防部从能力认证方面推动软件开发单位的软件质量管理。美国国防部委托软件工程研究所(SEI)研究并制定对软件开发单位的能力进行分析评价的办法。在 1987 年,软件工程研究所提出了称为"评估承包商软件工程能力的方法"。经过 4 年的实践,取得了良好的效果,并于 1991 年提出了经过修订的办法。

美国国防部制定了一系列规范,并通过规范的贯彻实施来保证软件的质量。在这些规范中最主要的规范为 DOD-STD-2167A《军用标准——国防系统软件开发》和 DOD-STD-2168《军用标准——国防系统软件质量大纲》。前者规定了国防系统软件工程规范的大纲,所有关键软件都必须按照该规范进行软件质量管理。与上述两个规范配套的规范还有:DOD-STD-7935A《自动信息系统(AIS)文档标准》、MIL-HDBK-286《军用手册——对 DOD-STD-2168(国防系统软件质量大纲)的剪裁指南》、MIL-HDBK-287《军用手册——对 DOD-STD-2167A(国防系统软件开发)的剪裁指南》、MIL-STD-483A《系统、设备、军需品及计算机程序的配置管理条例》、MIL-STD-490A《规格说明条例》、MIL-STD-973《配置管理》、MIL-STD-1521B《系统、设备及计算机程序的技术评审和审计》、MIL-STD-1083《软件完整性大纲》等数 10 项规范。

美国的软件质量管理方法主要有两种:一是对软件开发项目进行管理;二是对软件开发单位进行管理。下面将分别介绍这两种方法的主要特点。

对软件开发项目的管理主要特点有:

(1)软件开发分阶段进行,各阶段认真进行验证和确认。

(2)重视贯彻军用标准或有关标准,一些大型软件开发单位都有贯彻有关标准的规范。

(3)重视软件测试工作,有独立的软件测试机构。

(4)重视软件质量数据的收集和分析工作,为控制和改进软件开发过程提供依据。

(5)重视先进技术和工具的使用,重视软件重用技术。

（6）重视对市售软件和第三方开发软件的管理,明确承包商对这些软件的质量管理负有全面的责任。

（7）制定并执行软件质量保证大纲。

对软件开发单位的管理,美国军方主要从两个方面进行管理:一方面通过合同体现 DODD 5000.1 和 DODD 5000.2 规定的方针和政策,对承包商提出明确的质量要求,并对成本、进度和质量制定具体的管理和控制办法,以监控承包商遵守军用软件开发规范并建立能保证贯彻有关标准的机构;另一方面,通过对软件开发单位的软件开发能力进行评估,促进并鼓励他们不断提高其整体开发水平。

2.2　欧洲军用软件质量管理的发展

欧洲各国的软件质量管理模式与美国的软件质量管理模式相似[17]。例如,① 提倡用软件工程来克服软件危机,致力于发展软件工程技术;② 从欧洲航空航天局(ESA)的标准来看,其组织软件开发和进行软件质量管理所采用的基本原理、方式方法和技术工具均与美国军用标准和 IEEE 标准中有关软件工程的规范相似;③ 美军以 Ada 工程来保证和提高军用软件质量、降低军用软件维护费用的总战略被许多欧洲国家所采纳,并组织开发了集成的程序设计支持环境(IPSE)和可移植的公共工具环境(PCTE);④ 从英国 Alvey 理事会委托编著的《软件可靠性手册》中可以看出,其软件项目管理和软件质量管理的原理和方法与美国使用的原理和方法基本相似。

欧洲的软件质量管理方法如下:

（1）欧洲各主要发达国家都非常重视软件开发技术,欧洲信息技术研究战略计划(ESPRIT)和欧洲研究合作(EUREKA)每年投资 2 亿美元用于研究软件技术,组织大型软件研究项目,如 EAST(EUREKA 先进软件技术)、ESF(欧洲软件工厂)和 PCTE + 等关键项目。

（2）欧洲在某些技术领域处于世界领先地位并推出了一些先进的实用工具。例如,著名的维也纳开发方法(VDM)和 Petri 网技术都是诞生于欧洲并得到全世界公认的形式化技术,且得到了广泛的应用。在软件开发工具方面,著名的软件测试工具 LogiScope 就产生于法国。

（3）欧洲各国在质量管理方面强调质量体系,在 1994 年发布的 ISO 9000 - 3《质量管理与质量保证标准——第 3 部分: ISO 9001 在软件开发、供应和维护中的使用指南》就是以英国标准 BS 5750 为蓝本制定的。该标准把 ISO 9000 标准的一般要求与软件的特点相组合,规定了软件产品研制或生产单位的质量体系,是对这类单位质量保证能力进行认证的依据。

2.3　日本军用软件质量管理的发展

日本是在 20 世纪 80 年代初才开始大规模地开展软件质量管理活动的。1981 年日本科技联盟软件生产管理委员会举办了第一次全国软件质量管理研讨会,会议就如何推动软件质量管理提出了下列五点建议[17]:

（1）摆脱以检查为中心的质量管理。

（2）不要自以为是。

（3）预防规范变更带来的浪费。

（4）集中解决异常现象。

（5）改善可维护性。

针对上述建议,日本科技联盟软件生产委员会、日本标准协会情报技术标准化研究中心、情报处理振兴事业协会和日本质量管理协会等组织做了大量工作,对推动日本的软件质量管理活动起了很大的作用。

日本并不是单纯地模仿西方的软件质量管理方法,而是在认真研究这些方法的基础上,有选择地应用那些看起来最有效、最适合于其特定文化环境的方法。其典型的软件质量管理方法包括:软件质量度量和保证技术(SQMAT)、质量功能展开以及软件质量管理(SWQC)小组活动。

日本电气(NEC)在美国软件质量度量技术的基础上开发了软件质量度量和保证技术,它是以适应于 NEC 全公司为基本方针而开发的软件质量度量和保证技术,主要包括保证软件质量、确定质量指标和评价软件质量度量的方法和技术。其特点包括:① 反馈控制与事前控制相结合;② 多方面度量软件的质量;③ 三层的软件质量度量模型;④ 定量且合理的度量方法;⑤ 可视化管理。NEC 从 1987 年开始进行了 SQMAT 的普及教育活动,收到了很好的效果。

质量功能展开是针对系统分析用户的需求,并将用户的需求系统化,将使用特性转换成设计质量和规范,最后将各模型及工程要素之间的关系系统地展开。质量功能展开是针对系统的实际需要,为达到预定的质量水平,将企业内部各部门的功能、手段等详细地展开。质量功能展开的一般步骤为:① 质量需求展开;② 质量特性展开;③ 工程建模展开;④ 确定质量指标的权重;⑤ 确定计划与管理。

在具体实施时,还要制作质量图、广义质量图等,因而使管理具有较强的可见性。

在影响软件质量的众多因素中,人是最主要的因素,因此以提高人的素质和技术水平为目的的软件质量管理小组活动是一个行之有效的方法。软件质量管理小组活动的重点是提高计划和设计质量,其直接目的不是削减工时,而是在提高技术水平的同时,创造一个能够提高全员设计能力的良好环境。

软件质量管理小组活动的实施分为下述 12 个步骤:① 成立软件质量管理小组;② 确定方针;③ 设定目标;④ 收集数据;⑤ 分析原因;⑥ 研究对策;⑦ 编写软件质量管理报告;⑧ 实施对策和提案;⑨ 汇报;⑩ 公布成果;⑪ 成果评价与表彰;⑫ 确定问题并重复。

软件质量管理小组活动的推进部门一般设置在软件开发部门,这样既便于推动软件质量管理活动,也便于解决技术问题。软件质量管理小组活动注重于对计划和设计质量的事前控制,既重视总结成功的经验,也重视吸取失败的教训。在进行软件质量管理小组活动的同时,还要开展普及教育、信息宣传和自编教材等活动。

2.4 我国军用软件质量管理的发展

2.4.1 我国军用软件质量管理发展概述

同国外相比,我国军用软件质量管理起步较晚,与西方发达国家相比,还存在较大的差距。在国务院《关于印发鼓励软件产业和集成电路产业发展若干政策的通知》发布以来,我国软件工作者做了很大的努力,取得了不小的成绩:一些软件研制单位通过了 ISO 9000 质量体系认证,一些软件开发公司通过了 CMM 2 级或 CMM 3 级评价。

2000 年 3 月,国防科工委颁布了《国防科工委关于加强国防科技工业质量工作问题的若干决定》,国防科工委于 2001 年 9 月颁布了《军工产品软件质量管理规定》。2002 年,国防科工委专门组织软件调研组,对重点型号的软件承制单位进行了调研,并对加强软件质量与可靠性工作进行了现场指导。在 2002 年 9 月召开的国防科技工业质量工作会上指出,软件质量是当前比较薄弱的环节,应充分重视软件质量问题,积极借鉴国外软件质量管理方面的经验,加强国防科技工业内部各单位的交流,促进软件质量控制和可靠性工作。

原航天工业总公司在 1996 年颁发了《中国航天工业总公司软件质量管理规定》,明确规定了软件也是产品,必须和硬件一样纳入型号配套管理,列入产品配套表和技术配套表,实施产品管理。对软件开发过程、组织与职责、过程控制、配置管理、软件独立评测等方面提出了明确的、可检查和度量的要求,使软件的研制和管理有了计划、经费、岗位和组织等方面的保证。

在承担型号软件开发项目的研究室或工程组一级,对软件的质量比较重视,主动跟踪国际先进技术,尽量应用各种提高软件开发质量的技术和方法,以提高型号软件的质量。随着软件问题的不断暴露和软件工程化的推进,软件质量管理工作也越来越引起两总系统的重视,设立了各种形式的加强软件质量管理的机构,例如,软件工程技术组、软件专家组等。

为了进一步推进软件工程化的深入开展,实现以测试促开发、以测试促管理的目的,原航天工业总公司于1996年组织建立了以航天软件评测中心、软件检测站、软件开发项目组的软件测试人员组成的三级软件评测体系。

在规范的执行方面,软件开发都有统一的规定,大多数研究所都编制了企业级规范,有些重点型号还编制了统一的项目规范或管理规定。

在软件评审方面逐步规范,由原来只进行最终评审过渡到按开发阶段分阶段进行评审。

在软件质量管理上,按照软件的安全关键性等级和软件规模实施了分级分类管理,对A、B级软件逐步提出了可靠性和安全性的定性和定量要求。

在开发过程中,配置管理已经得到了严格的执行,并配备了一定的软件开发工具和环境。软件质量的定量评价正处于探索和试验阶段,一般通过审查和评审来进行定性的软件质量控制。

型号设计师队伍已经重视软件文档的编写工作,各单位均有具体的软件文档编制规范或模板。

由于我国军用软件质量管理起步较晚,军用软件质量管理基本上是以软件开发项目为中心,以软件工程化带动和推进软件质量管理,其具体方法如下:

(1)依据软件工程原理,按照一定的软件开发方法学,确定适当的软件生存周期模型,分阶段实施了软件质量管理和控制。

(2)型号软件纳入了产品配套表,对软件产品的研制进行了严格的质量管理。

(3)根据软件的规模和安全关键性等级,对软件进行了分级分类管理。

(4)落实型号研制人员的岗位职责,软件研制人员经培训合格后持证上岗。

(5)制定并实施了大型项目的软件规范。

(6)建立并完善了软件独立测试机构,提出并实施了软件仿真测试,加强了软件开发项目组内的软件测试力量,对A、B级软件开展了独立的确认测试。

(7)为总结型号软件开发方面的教训,编写了型号软件故障启示录;为总结型号软件测试经验,编写了软件评测文集与案例,建立了测试实例库。

2.4.2　我国军用软件质量管理现状

随着军事装备体系化、复杂化、高技术化趋势的日益显著,各类军用软件的使用越来越广泛,结构也越来越复杂。对武器装备所起的作用,军用软件已不再是硬件的附属物,已经成为与硬件并列的、独立的技术状态管理项目。军用软件要求具有很高的可靠性、可维护性和安全性,以保证最大限度地发挥系统的整体作战效能。因此,军用软件开发中必须采用有效的手段和工具进行软件的质量保证活动,以支持开发人员在最短的时间内,用最小的费用开发高质量的软件,满足应用需求,同时减少维护费用。

但是,在国内由于受多种因素的影响和制约,军用软件的质量和可靠性问题一直没有引起人们足够的重视。软件在开发、设计阶段缺乏严格的需求分析和评审;在调试、验收阶段,由于缺乏科学的测试手段也无法对软件进行必要的测试;在使用、维护阶段,不能严格按照软件配置进行管理,造成软件在生存周期中,存在着更改随意性大、质量难控制的问题。这些都不可避免地造成了软件的技术状态混乱,给用户的使用和维护工作带来了困难,影响了战斗力的提高。军用软件质量管理存在的一些不足如下:

1. 承制方尚未建立完善的软件质量保证体系

目前,虽然已经建立基本的军用软件质量体系标准,如 GJB 9001B—2009等,但是实施程度较差。在现阶段,军事科研软件的开发大多集中于军队直属单位中,大多是院校、科研所及相关部门。参与软件开发单位一般较多,但单位内部没有建立较为完善的软件质量保证体系。由于质量体系的不完善导致了软件开发过程缺乏行之有效的管理和监督,软件的质量保证工作基本上是由软件开发者自身完成的。而实践已经证明,采用这种方法开发软件是无法保证产品质量的。

2. 军方尚未有效参与软件需求定义

软件需求是度量软件质量的基础,不符合需求的软件就不具备质量。但当前的型号研制中,军用软件需求定义阶段缺少军方的有效参与,设计人员无法全面、准确地理解和定义装备的作战使用需求,同时对军用软件隐含的需求(如软件的可维护性)重视不够,导致在后续工作中软件修改、返工频繁,不但影响了软件研制进度,而且一些质量问题和缺陷也带进了后面阶段的工作中,软件质量难以保证。

3. 软件测试不够充分

目前,军用软件承制方多数没有建立专门的软件测试组,而是在软件开发的各阶段主要由开发人员采取自测和互测相结合的方式。由于软件开发人员任务重,他们在测试上不可能花费很多时间,容易走过场,致使测试的作用和可信度大大降低,一些隐含的错误和缺陷被遗留到软件产品交付投入运行阶段。

4. 文档在软件质量保证中的作用尚未引起足够的重视

软件文档是计算机软件产品不可缺少的一部分,它关系到系统能否有效运行、开发和维护,是保证软件质量的一个重要手段,它主要体现在文档本身的可追溯性和可改进性。但是,在实际工作中,文档的形成过程是一项艰苦、枯燥的劳动,人们常常忽视它,致使文档的编制和管理存在着许多亟待解决的问题。一是软件开发人员对文档编制不感兴趣,编制不及时;二是软件文档格式不规范,内容不完整,可读性差;三是文档审核、管理把关不严,未经许可随意更改的现象比较普遍。这些问题导致了软件透明度低、可维护性差。

2.5 军用软件质量管理的发展趋势

2.5.1 军用软件质量管理的地位作用更加突出

随着军用软件在作战、训练、战备、管理等军事领域的广泛应用,其地位和作用更加突出,必须充分认识到软件质量问题的严重性和紧迫性,努力提高军用软件的质量和管理水平。

(1) 在软件开发过程中,由于组织松散,人员流动频繁,"作坊式"开发与生产、管理落后、文档不全等种种不足,造成软件先天质量低,可靠性、可维护性和保障性差。

(2) 有相当数量的高新技术装备从国外引进,软件资料缺乏,我军将面临严重的软件维护和保障问题。

因此,必须针对军用软件研制及使用保障过程中存在的种种不足,强化质量意识,加强质量管理制度建设,建立健全软件质量管理体系,不断提升质量管理能力。

2.5.2 军用软件质量管理的理论研究日益深入

军用软件在研制开发过程中,对质量管理理论具有明显的依赖性。针对目前对军用软件质量管理理论研究较少的现状,迫切需要加强相关领域的研究。

(1) 加强军用软件质量管理基础理论研究。军用软件质量管理基础理论主要包括基本概念和基本原理,军用软件质量管理的特点、要求和原则,以及面对当前软件开发和使用保障过程中遇到的新问题,提出解决的对策、措施和研究重点,以便系统地研究和解决。

（2）加强军用软件质量管理基本规律研究。军用软件质量管理基本规律是进行质量管理活动的基本遵循和依据。应根据军用软件自身的特点和要求，借鉴质量管理活动的基本规律，从军用软件的需求分析、设计、开发、测试、定型与鉴定、质量监督、项目管理、验收、配置以及维护等不同活动的特点出发，来研究军用软件质量管理的基本规律。

（3）加强军用软件质量管理方法手段研究。要紧贴军用软件质量管理的实际，区分不同活动的特殊要求，围绕军用软件质量形成的全过程，深入开展质量管理方法手段的研究。

2.5.3 军用软件质量管理体系的建设逐步加强

现代高技术兵器大量采用计算机系统，软件为完成智能化的任务，也越来越复杂，外军已经把军用软件作为装备纳入了管理体系。我军新一代武器陆续装备，指挥自动化系统也初具规模，软件的成分大大增加。但军用软件在设计、开发、测试、维护、使用管理上还很薄弱。因此，针对军用软件的特殊性，建立系统化、正规化的质量管理体系十分重要。

（1）建立军用软件质量管理部门。有必要在总部一级建立一个集中统一的软件管理部门，负责制定用以规范和指导军用软件发展的法规、制度和技术标准，在总体上规范和指导各军兵种的软件开发与采办；在各军兵种成立相应的部门，负责指导、规范本军兵种的软件开发与采办工作。

（2）健全军用软件质量管理体系。在准确把握军用软件质量需求的基础上，研究如何加强组织体系建设，形成科学合理的质量管理体系，明确各层次、各部门的质量管理职责，提高质量管理的保障能力和水平。

（3）健全军用软件质量管理的相关法规和技术标准。健全完善的法规和技术标准是军用软件质量管理的前提。为保证军用软件质量管理的顺利实施，必须加强顶层设计和体系结构的总体规划，建立满足军事需求的、统一的软件体系，结构和标准规范，解决好软件的发展同步、功能配套、兼容匹配。通过行政法规明确管理目标、责任、原则、组织、资源保证，通过技术法规指导软件的设计、开发、使用、维护和保障。

2.5.4 军用软件质量管理的建设水平不断提高

早在 20 世纪 70 年代，美国国防部在研究软件项目失误原因时就发现，70%的失败项目在于管理不善，而非技术原因。因此，要提高软件的管理水平，就必须加强对军用软件的质量控制。

（1）运用全寿命管理的思想提高质量。对军用软件从需求分析到新系统替代的整个生存周期过程中各阶段及各环节的活动,实施前后衔接、持续不断、首尾响应、协调统一的管理,明确每一个阶段、每一个部门的管理任务和目标。例如,美军曾专门成立了一个全寿命软件保障一体化小组参与 F/A－22 研制工作。该小组建立了描述全寿命保障概念的准则,并在开发阶段就预先规划 F/A－22 服役一两年内的软件升级工作。

(2)用软件工程的原则与方法研制、开发、维护军用软件。军用软件系统复杂,软件度量、工作量估计、需求变化和风险管理难度大,开发进度和质量难以保证。运用软件工程的思想加强软件开发,有助于提高软件产品的质量和开发效率,减少维护的困难。

(3)建立相应的规章制度,明确职责与职权,使软件质量管理工作规范化、标准化。软件开发时间周期长,参与人员、部门多,在整个生存周期内,软件的开发环境、运行环境都会发生变化。通过建立一套评估、控制和实施软件质量管理的机制,有利于实现软件质量管理的科学化、制度化和经常化。

基础理论篇

　　基础理论篇,综述了军用软件质量管理的基本理论与思想精髓,军用软件工程的概念、内涵、基本原理,军用软件生存周期的概念、过程、模型,军用软件项目管理的概念、组织方式、知识体系,军用软件风险的概念、来源、分类,军用软件风险分析、识别、评估、控制等管理过程,军用软件质量管理体系的概念与内涵、建设依据与原则、确定与优化方法、运行模式等。

第3章 军用软件工程

在计算机系统发展的过程中,早期所形成的一些错误概念和做法曾严重地阻碍了计算机软件的开发,导致了 20 世纪 60 年代"软件危机"的发生。60 年代后期,西方的计算机科学家开始认真研究解决软件危机的方法,提出借鉴工程界严密完整的工程设计思想来指导软件的开发与维护,并取得了可喜成果,从而一门新的学科——软件工程学(Software Engineering)诞生了[20]。软件工程学是一门指导软件开发和维护的工程学科,是为了经济地获得能够在实际机器上有效运行的可靠软件而建立和使用的一系列完善的工程化原则。它应用计算机科学、数学及管理科学等原理,借鉴传统工程的原则、方法来生产软件,以达到提高质量、降低成本的目的。本章从军用软件工程概念入手,阐述了军用软件工程的概念、基本原理,介绍了军用软件的开发模型、开发方法和生存周期模型。

3.1 软件工程概述

20 世纪 50 年代以后,计算机的应用有了更深入、更普遍的发展,人们对软件的需求量急剧增加。但此时计算机软件的开发技术却远远没有跟上硬件技术的发展,使得软件开发的成本逐年剧增,更为严重的是,软件的质量没有可靠的保证。软件开发的速度与计算机普及的速度不相适应,软件开发技术已经成为影响计算机系统发展的"瓶颈"。在计算机系统发展的过程中,早期所形成的一些错误概念和做法曾严重地阻碍了计算机软件的开发,导致了 20 世纪 60 年代"软件危机"的发生。

3.1.1 软件危机

20 世纪 60 年代末,随着计算机硬件技术的进步及计算机元器件质量的逐步提高,整机的容量、运行速度及工作可靠性都有了明显的提高,硬件的生产成本显著下降,使计算机得到了日益广泛的应用。但是,计算机软件开发仍处于"手工作坊"阶段,软件的质量主要取决于开发人员的程序设计技术,软件技术的发展不能满足人们对软件的要求,妨碍了计算机技术的发展,引发了所谓的

"软件危机"[21]。

软件危机是在计算机软件的开发和维护过程中所遇到的一系列严重问题：一方面是如何开发软件，怎样满足对软件日益增长的需求；另一方面是如何维护数量不断膨胀的已有软件。具体表现在以下方面[22]：

（1）软件开发不能满足日益增长的需要，软件"供不应求"的现象使人们不能充分利用现代计算机硬件提供的巨大潜力。

（2）对软件开发成本和开发进度的估计很不准确，而为了赶进度和省成本所采取的一些权宜之计又往往以损害软件的质量为代价，从而不可避免地引起用户的不满。

（3）用户经常不满意所完成的软件。软件开发人员对用户需求了解不透，就仓促编写程序。这种"闭门造车"式开发出来的软件产品势必无法满足用户的实际需要。

（4）软件价格昂贵。随着微电子学技术的不断进步和生产自动化程度的日益提高，硬件成本逐步下降。然而，软件开发需要大量的人力，软件成本随着软件规模和数量的不断扩大而持续上升，软件成本占到了计算机系统总成本的90%。目前，软件已成为许多计算机系统中花费最多的项目。

（5）软件质量难以保证。软件质量保证技术还没有真正应用到软件开发的全过程。软件产品的质量取决于开发人员的技术水平、意志品质和团队精神，软件开发整体上仍然受非智力的个性心理特征的制约。如何控制和管理软件产品的质量，是整个软件行业面临的问题。

（6）软件的可维护性差。软件是一种逻辑产品，不是一种实物。软件故障是由软件中的逻辑故障所造成的，不是硬件的"用旧"、"磨损"问题。软件维护不是更换某种设备，而是要纠正逻辑缺陷。软件中的错误改正较为困难。

（7）软件的可移植性差。当硬件环境发生变化时，软件很难适应新的环境。

软件危机的典型事例是美国IBM公司在1963年到1966年间为IBM 360计算机开发的OS 360操作系统[5]。在开发期内，每年在该项目上的花费约为五千万美元，总共投入了5000人年的工作量，最多时有1000人同时投入了这项开发工作，总共编写了近100万行源程序。但由于该系统过于庞大，OS 360变得极不可靠，每次修改后的新版本都大约存在1000个左右的错误，并且有理由认为这是一个常数。事后，该项目的负责人在总结组织开发过程中的沉痛教训时指出："……正像一只逃亡的野兽落在泥潭中做垂死挣扎，越是挣扎，陷得越深。最后无法逃脱灭顶的灾难，……程序设计工作正像这样一个泥潭，……一批批程序员被迫在这样的泥潭中拼命挣扎，……谁也没有料到问题竟会陷入这样的困

境。"这个反映软件危机的典型事例成了软件技术发展过程中的一个重要历史
标志。

3.1.2 软件工程的概念

如何解决困扰软件发展的种种问题,在国际上进行了许多次讨论,其焦点就
是如何来应对软件危机。1968 年,北大西洋公约组织(NATO)在联邦德国召开
计算机科学会议,在此次会议上 Fritz Bauer 首次正式提出了"软件工程"的概
念[24]。会议讨论建立并使用正确的工程方法,借鉴机械工程的技术和方法,来
开发、维护和管理软件,从而解决或缓解软件危机。从 20 世纪 60 年代后期起,
人们开始认真研究解决软件危机的方法,围绕软件项目,开展了有关开发模型、
方法以及支持工具的研究,各种有关软件的技术、思想、方法和概念不断地被提
出,软件工程逐渐发展成一门独立的学科。

关于软件工程,目前还没有统一的定义,以下是几个具有代表性的定义[25]。

(1)著名的软件工程专家 B. W. Boedhm 对软件工程的定义:"软件工程是
开发、运行、维护和修复软件的系统方法"。这个定义概括了软件工程是一种系
统方法,而不是单独的个人技巧的体现。

(2)Frize Bauer 在 NATO 会议上对软件工程的定义:尽力使用完善的工程
化原则,以较经济的手段获得能在实际机器上有效运行的可靠软件的一系列
方法。

(3)IEEE 在软件工程术语汇编中的定义:软件工程是把系统化的、规范化
的、可度量的途径应用于软件开发、运行和维护的过程,即把工程化的方法应用
于软件中。

(4)美国 GE 公司对软件工程的描述是:软件工程将一套形式化过程应用
于计算机软件的定义、开发和维护,软件生存期中的每一步骤都要文档化和评
审,各个过程都来自各种成熟的技术方法,软件开发要求管理和技术并重。

(5)GB/T 11457 中对"软件工程"的定义是:"软件工程是软件开发、运行、
维护和引退的系统方法。"其目的是为软件生存期活动提供工程化的手段,提高
软件的质量、降低成本以及缩短开发周期等。这一定义强调的是,在软件开发过
程中遵循系统工程思想和应用工程化原则的重要性。软件有生存周期,要确定
开发的过程,要强调做好对过程的控制,这是软件工程中最重要的环节。同时,
还要注意这里指出的系统方法,应理解为管理方法、思想方法、技术方法、设计方
法、实现方法等各个方面的一系列方法。

本书主要采用 GB/T 11457 中对软件工程的定义。软件工程的内容很丰
富,而且还在不断地发展和完善之中。根据军用软件开发和质量管理的特点和

实际,认为软件工程主要包括三个要素:即方法、工具和过程。

软件工程方法为软件开发提供了"如何做"的技术,是指导研制软件的某种标准规范。它包括了多方面的任务,如项目计划与估算、软件系统需求分析、数据结构、系统总体结构的设计、算法的设计、编码、测试以及维护等。软件工程方法常采用某种特殊的语言或图形的表达方法及一套质量保证标准。

软件工具是指软件开发、维护和分析中使用的程序系统,为软件工程方法提供自动的或半自动的软件支撑环境。目前,已经推出了许多软件工具,这些软件工具集成起来,建立起计算机辅助软件工程(Computer Aided Software Engineering,CASE)的软件开发支撑系统。CASE 将各种软件工具、开发机器和一个存放开发过程信息的工程数据库组合起来形成了一个软件工程环境。

软件工程的过程则是将软件工程的方法和工具综合起来以达到合理、及时地进行计算机软件开发的目的。过程定义了方法使用的顺序、要求交付的文档资料、为保证质量和协调变化所需要的管理及软件开发各个阶段完成的"里程碑"。

在软件工程概念的基础上,针对军用软件的特点和要求,本书将"军用软件工程"的概念定义为:"军用软件工程是指为军用软件开发、运行、维护和引退的系统方法,是软件工程理论和方法在军事领域中的应用。"针对军用软件的特点和应用的特殊性,军用软件工程包括军用软件的开发方法与技术、工具与环境、管理以及军用软件工程标准四个要素。

3.1.3 软件工程的基本原理

自从 1968 年在联邦德国召开的国际会议上正式提出并使用了"软件工程"这个术语以来,研究软件工程的专家学者们陆续提出了 100 多条关于软件工程的准则或"信条"[26]。著名的软件工程专家 B. W. Boedhm 于 1983 年综合了软件工程专家学者们的意见,并总结了开发软件的经验,提出了软件工程的七条基本原理。这七条原理被认为是确保软件产品质量和开发效率的原理的最小集合,又是相互独立、缺一不可、相当完备的最小集合。下面简单介绍软件工程的这七条基本原理[27]。

1. 用分阶段的生存周期计划严格管理

根据这条基本原理,可以把软件生存周期划分成若干个阶段,并相应地制定出切实可行的计划,然后严格按照计划对软件开发与维护进行管理。需要制定的计划有项目概要计划、里程碑计划、项目控制计划、产品控制计划、验证计划和运行维护计划等。各级管理人员必须严格按照计划对软件开发和维护工作进行管理。据统计,在不成功的软件项目中,有一半左右是由于计划不周造成的。

2. 坚持进行阶段评审

据统计,在软件生存周期各阶段中,编码阶段之前的错误约占 63%,而编码错误仅约占 37%。另外,错误发现并改正得越晚,所付出的代价越高。坚持在每个阶段结束前进行严格的评审,就可以尽早发现错误。因此,这是一条必须坚持的重要原理。

3. 实行严格的产品控制

由于外部环境的变化,在软件开发的过程中改变需求是难免的,但决不能随意改变需求,只能依靠科学的产品控制技术来顺应用户提出的改变需求的要求。为了保持软件各个配置成分的一致性,必须实行严格的产品控制。其中主要是实行基准配置管理(又称为变动控制),即凡是修改软件的建议,尤其是涉及基本配置的修改建议,都必须按规定进行严格的评审,评审通过后才能实施。这里的"基准配置"是指经过阶段评审后的软件配置成分,即各阶段产生的文档或程序代码等。

4. 采用现代程序设计技术

实践表明,采用先进的程序设计技术既可以提高软件开发与维护的效率,又可以提高软件的质量。多年来,人们一直致力于研究新的"程序设计技术"。例如,20 世纪 60 年代提出的结构化程序设计技术,以及后来提出的面向对象的分析(Object-Oriented Analysis,OOA)和面向对象的设计(Object-Oriented Design,OOD)技术等。

5. 结果应能清楚地审查

软件产品是一种看不见、摸不着的逻辑产品。因此,软件开发小组的工作进展情况可见性差,难以评价和管理。为了更好地进行评价和管理,应根据软件开发的总目标和完成期限,尽量明确地规定出软件开发小组的责任和产品标准,从而能清楚地审查所得到的结果。

6. 开发小组的人员应少而精

软件开发小组人员的素质和数量是影响软件质量和开发效率的重要因素。实践表明,素质高的人员与素质低的人员相比,其软件开发的效率可能高出几倍甚至几十倍,而且所开发的软件中的错误也要少得多。另外,开发小组的人数不宜过多,因为随着人数的增加,人员之间交流情况、讨论问题的通信开销将急剧增加,这不但不能提高生产效率,反而由于误解等原因可能会增加出错的概率。

7. 承认不断改进软件工程实践的必要性

遵循上述七条基本原理,就能较好地实现软件的工程化生产。但是,软件工程不能停留在已有的技术水平上,应积极主动地采纳或创造新的软件技术,要注意不断总结经验,收集工作量、进度和成本等数据,并进行出错类型和问题报告的统计。这些数据既可用来评估新的软件技术的效果,又可用来指明应优先进行研究的软件工具和技术。

3.1.4 软件工程的基本目标

从技术和管理上采取多项措施以后,组织实施软件工程项目的最终目的是保证项目成功,即达到以下几个主要目标[28]:

(1) 付出较低的开发成本。

(2) 达到预期的软件功能。

(3) 取得较好的软件性能。

(4) 使软件易于移植。

(5) 需要较低的维护费用。

(6) 能按时完成开发工作,及时交付使用。

在项目的实际开发中,使以上几个目标都达到理想的程度往往非常困难,而且上述目标很可能是相互冲突的。图3-1表明了软件工程目标之间存在的相互联系。有些目标是互补的,如高可靠性与易于维护之间、低开发成本与按时交付之间。有些目标之间则是互斥的,如低开发成本与高可靠性之间、高性能与高可靠性之间[29]。

以上几个目标是判断软件开发方法或管理方法优劣的衡量尺度。在一种新的开发方法提出以后,人们关心的是它对满足哪些目标比现有的方法更为有利。实际上实施软件项目开发的过程就是在以上目标的冲突中取得一定程度平衡的过程。

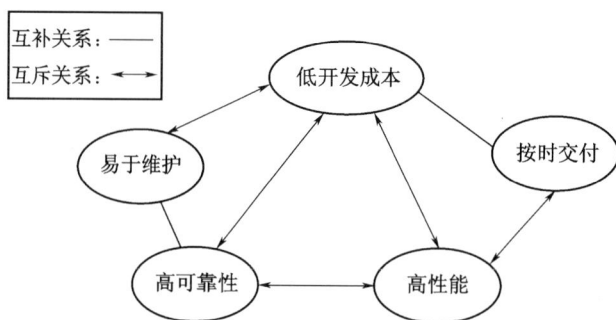

图3-1 软件工程目标之间的关系

3.2 军用软件的生存周期概述

20世纪60年代末提出软件工程概念后,人们在探索如何实施软件工程的过程中逐步认识到,要得到高质量的软件,只做好编程工作是远远不够的,编程之前,还须进行软件需求分析和软件设计,且其质量对最终软件产品的质量更具有决定作用;而且程序编完之后,还要进行其重要性并不次于编程工作、而其工作量一般要比编程大得多的软件测试工作。直到20世纪70年代中期,软件生存周期的概念才逐渐形成。此后,人们又进一步探索软件生存周期究竟有哪些过程,以及如何实施这些过程才能取得令人满意的结果等问题。

3.2.1 软件过程

软件过程(Software Procedure),是为了获得高质量软件所需要完成的一系列任务的框架,规定了完成各项任务的工作顺序,在完成开发任务时必须进行的一些必要的活动[30]。其中活动的执行可以是顺序的、重复的、并行的、嵌套的或者是有条件引发的。

由软件过程定义可知,软件过程实际上定义了运用方法的顺序、应该交付的文档数据、为保证软件质量和协调变化所需要采取的管理措施以及标志软件开发各阶段任务完成的里程碑。为了得到高质量的软件产品,软件过程必须科学、合理。

软件过程可概括为三类,即基本过程类、支持过程类和组织过程类。

(1)基本过程类:包括获取过程、供应过程、开发过程、运作过程和维护过程。

(2)支持过程类:包括文档编制过程、配置管理过程、质量保证过程、验证过程、确认过程、联合评审过程、审核过程以及问题解决过程。

(3)组织过程类:包括基础设施过程、改进过程、培训过程以及管理过程。

有效的软件过程可以改进对软件的维护,使得软件对于需求的变更具有更好的适应性,对于未来的版本更新可以进行适当的分配。

3.2.2 军用软件生存周期

软件生存周期(Software Life Cycle),是指一个软件产品从需求确定、设计、开发、测试直至投入使用,并在使用中不断地修改、增补和完善,直至被新的系统所替代而停止该软件的使用的全过程[31]。软件的生存周期可以理解为一个软件从提出开发要求开始直到该软件废弃为止的整个时间周期,从时间的角度对软件开发和维护的复杂问题进行分解,把软件的生存周期依次划分为若干阶段,每个阶段都有相对独立的任务,然后逐步完成每个阶段的任务。

据此,"军用软件生存周期(Military Software Life Cycle)"可定义为:"从军用软件产品设计开始到产品不能再使用时为止的时间周期。通常包括需求阶段、设计阶段、实现阶段、测试阶段、安装和验收阶段、运行和维护阶段,有时还包括引退阶段。"

"军用软件生存周期模型"(Military Software Life Cycle Model)的定义为:"一个框架,它含有遍历系统从确定需求到终止使用这一生存周期的军用软件产品的开发、运行和维护中需实施的过程、活动和任务。"

这里所描述的过程是指把输入转换为输出的一组彼此相关的活动。术语"活动"包括资源的使用。这里所描述的活动是指为实现某个目的而采取的任一步骤或执行的任一职能,既可能是脑力的,也可能是体力的。活动包括经理和技术人员为完成项目和组织的任务而做的全部工作。这里所描述的任务是指软件过程中的一个妥善定义的工作单位,它能为管理者提供可视的项目状态的检验点。任务有就绪准则(前提条件)和完成准则(后续条件)。

软件工程界之所以十分重视软件生存周期模型,就因为人们认识到软件产品与硬件产品一样。要保证其质量,首先要保证软件产品的开发过程具有高质量,而要使得软件开发过程具有高质量,就必须妥善定义软件过程。为此,需要在软件开发工作的开始,就科学地选定要具体采用的软件生存周期模型,按照该模型妥善定义整个软件开发过程所划分的各个阶段,作为该软件开发和管理工作的共同依据。因此,软件生存周期模型具有如下方面的作用[32]:

(1)给出具体软件开发工作的活动框架。

(2)帮助定义软件过程,特别是软件开发或维护过程。

(3)为全面策划软件项目提供基本依据。

(4)为软件获取和使用保障提供全面的考虑和参考。

3.2.3　军用软件生存周期过程

1. 军用软件生存周期过程概貌

军用软件生存周期过程规定了一个公共框架,其目的如下:

(1)为要获得软件产品、含军用软件产品的系统和软件服务的人员或单位提供获取过程,说明做好军用软件获取工作所必须完成好的活动任务。

(2)为军用软件产品的供应、开发、运作和维护者提供相应的过程,说明他们做好相应工作所必须完成好的活动任务。

(3)为各种军用软件管理者提供管理过程及相关的支持过程,说明做好管理工作所必须完成好的管理活动任务和支持活动任务。

（4）为质量保证人员提供军用软件质量保证及与之密切相关的支持过程，说明做好软件质量保证工作所必须完成好的各种支持活动任务。

（5）特别是还提供了一种过程，指明如何定义、控制和改进军用软件生存周期过程，供一个单位的领导者考虑改进本单位软件过程，提高软件过程能力时参考。

2. 军用软件生存周期过程的活动

军用软件生存周期过程包括三类17种过程的活动。其中，基本过程如下：

（1）获取过程：为获取军用系统、军用软件产品或军用软件服务的组织即需方而定义的活动。

（2）供应过程：为向需方提供军用系统、军用软件产品或军用软件服务的组织即供方而定义的活动。

（3）开发过程：为定义并开发军用软件产品的组织即开发者而定义的活动。

（4）运作过程：为在规定的环境中为其用户提供运行计算机系统服务的组织即操作者而定义的活动。

（5）维护过程：为提供维护军用软件产品服务的组织即维护者而定义的活动。也就是对军用软件的修改进行管理，使它保持合适的运行状态。该过程包括软件产品的迁移和退役。

支持过程类有如下8种过程：

（1）文档编制过程：为记录军用软件生存周期过程所产生的信息而定义的活动。

（2）配置管理过程：为实施军用软件配置管理而定义的活动。

（3）质量保证过程：为客观地保证军用软件产品和过程符合规定需求以及已制定的计划而定义的活动。联合评审、审核、验证和确认可以作为质量保证技术使用。

（4）验证过程：根据军用软件项目需求，按不同深度为（需方、供方或某独立方）验证软件产品而定义的活动。

（5）确认过程：为（需方、供方或某独立方）确认军用软件项目的软件产品而定义的活动。

（6）联合评审过程：为评价一项活动的状态和产品而定义的活动。该过程可由任何两方采用，其中一方（评审方）以联合讨论会的形式评审另一方（被评审方）。

（7）审核过程：为判定符合需求、计划和合同而定义的活动。该过程可由任何两方采用,其中一方(审核方)审核另一方(被审核方)的软件产品或活动。

(8)问题解决过程:为分析和解决问题(包括不合格)而定义的活动,不论问题的性质或来源如何,它们都是在实施开发、运作、维护或其他过程期间暴露出来的。

组织过程类有如下4种过程:

(1)管理过程:为军用软件生存周期过程中的管理,包括项目管理而定义的基本活动。

(2)基础设施过程:为建立军用软件生存周期过程基础设施而定义的基本活动。

(3)改进过程:为某一组织(即需方、供方、开发者、操作者、维护者,或另一过程的管理者)建立、测量、控制和改进其生存周期过程所需开展的工作而定义的基本活动。

(4)培训过程:为提供经过适当培训的人员而定义的活动。

3.2.4 军用软件生存周期模型

在军用软件项目策划的早期,首先要选择适用的软件生存周期模型,然后才能按照所选择的模型安排各阶段工作和管理的活动和任务。选择模型时一般需要考虑的因素如下:

(1)适合软件项目本身的特点,如规模、复杂性、需求的确定性等。

(2)满足应用系统生存周期模型和整体开发进度的要求。

(3)有利于控制和消除软件开发风险。

(4)所采用的软件开发方法学。

(5)能否得到相应的工具,如快速原型工具。

(6)软件开发和管理人员的知识和技能。

3.3 军用软件开发方法与工具

军用软件工程学的最终目标是以较少的投资获得质量较高的软件产品,也就是说要"高产优质"。同其他工程学科一样,达到这个最终目标的两个主要途径是"纪律化"和"自动化"。研究软件方法的目的是使开发过程"纪律化",就是寻找一些规范的"求解过程",使开发工作能够有计划、有步骤地进行。研究软件开发工具的目的是使开发过程"自动化",就是使开发过程中的某些工作用计算机来完成或用计算机来辅助完成。方法和工具之间有着密切的联系,方法是主导,工具则是辅助。

3.3.1 软件开发方法的概念

软件开发方法是"编制软件的系统方法。它确定开发的各个阶段,规定每一阶段的活动、产品、验证步骤和完善准则[33]"。在软件工程的要素构成中,开发方法是基础和实施依据。

早期的程序设计是一种个体的、手工作坊式的劳动,对于一个提出的问题,程序员可以任意地"发明"出一个解答,而没有任何规章制度需要遵循。但是当软件进入大规模生产时期,软件就不再是个人的成果而是集体的劳动成果了,所以软件产业面临的第一个问题就是"纪律化"。

一项软件产品的诞生涉及到许多人,包括用户和软件人员两方面。每一方面又有许多人,每个人对问题的理解可能不同,对问题的处理方式也可能不同;软件产品的开发周期又较长,即使是同一个人,在不同的时期,对问题的理解和处理还有可能不同;而且随着计算机技术的发展,处理问题的选择余地就更大。软件开发过程中,缺乏强有力的内部纪律,每个人可以任意地自行其是,这是造成软件危机的主要原因之一。

为了使软件研制走上工程化的轨道,必须寻找一些标准的规程,以便对开发人员进行指导和约束,使他们遵照一定的方式来理解和处理问题,这是使开发获得成功的关键。软件方法就是指导研制软件的某种标准规程,它告诉人们"什么时候做什么以及怎样做"。由于软件研制过程是相当复杂的,它涉及的因素很多,所以各种软件方法又有不同程度的灵活性和试探性。软件方法不可能像自动售货机的使用规程那样用简单的几句话就可以叙述清楚,也不应该像机器的操作规程那样机械地使用。一般说来,一个软件方法往往规定了明确的工作步骤、具体的描述方式以及确定的评价标准。

1. 明确的工作步骤

研制一个软件系统要考虑并解决许多问题,如果同时处理这些问题,将会束手无策或造成混乱。正确的方式是将这样的问题排好先后次序,每一步集中精力解决一个问题。像为加工机械产品规定一道道工序那样,软件方法也提出了处理问题的基本步骤,这包括每一步的目的、产生的工作结果、需具备的条件以及要注意的问题等。

2. 具体的描述方式

工程化生产必须强调文档化,即每个人必须将每一步的工作结果以一定的书面形式记录下来,以保证开发人员之间有效地进行交流,也有利于维护工作的顺利进行。软件方法规定了描述软件产品的格式,这包括每一步应产生什么文档、文档中记录哪些内容、采用哪些图形和符号等。

3. 确定的评价标准

对于同一个问题,其解决方案往往不是唯一的,选取哪一个方案较好呢? 有些软件方法提出了比较确定的评价标准,因而可以指导人们对各个具体方案进行评价,并从中选取一个较好的方案。

在软件方法的指导和约束之下,面对错综复杂的问题,开发人员就可按统一的步骤、统一的描述方式,纪律化地开展工作。毫无疑问,这是"高产优质"的有力保证。

3.3.2 软件开发的基本方法

软件开发的基本方法有许多,例如结构化方法、面向对象方法等,这些方法都是以软件生存周期为基本特征的软件工程方法。

1. 结构化方法

结构化方法(Structured Method),是较传统的软件开发方法。在 20 世纪 60 年代初,就提出了用于编写程序的结构化程序设计(Structured Programming,SP)方法,而后发展到用于设计的结构化设计(Structured Design,SD)方法、用于分析的结构化分析(Structured Analysis,SA)方法等;在早期软件生存周期的各个阶段中所使用的软件开发方法就是结构化方法[35]。

结构化方法的基本思想可以概括为自顶向下、逐步求精,采用模块化技术和功能抽象将系统按功能分解为若干模块,从而将复杂的系统分解成若干易于控制和处理的子系统,子系统又可分解为更小的子任务,最后的子任务都可以独立编写成子程序模块,模块内部由顺序、选择和循环等基本控制结构组成。这些模块功能相对独立,接口简单,使用维护非常方便。所以,结构化方法是一种非常有用的软件开发方法,是其他软件工程方法的基础。但是,由于结构化方法将过程与数据分离为相互独立的实体,因此开发的软件可复用性较差,在开发过程中要使数据与程序始终保持相容也很困难。这些问题通过面向对象方法就能得到很好的解决。

2. 面向对象方法

面向对象方法(Object-Oriented Method),是针对结构化方法的缺点,为了提高软件系统的稳定性、可修改性和可重用性而逐渐产生的[7]。这种方法的思想源于 60 年代末期的两种程序设计语言,在 70 年代开始研究面向对象的程序设计问题。开始主要用在程序编码中,以后又逐渐出现了面向对象的分析和设计方法,是当前软件开发方法的主要方向,也是目前最有效、实用和流行的软件开发方法之一[10]。这种方法的特点是提出了对象的概念,对象可以认为是需求中或设计中的实体。一个实体可以有自身的行为,也可以有对其他对象采取的动

42

作,称为操作。当某些对象之间要发生联系时,说明什么对象在什么条件下应该进行什么样的操作等,称为消息。这样一个系统就可以使用在消息控制下的对象间的操作概念来描述和实现。

面向对象方法的出发点和基本原则,是尽可能模拟人类习惯的思维方式,使开发软件的方法与过程尽可能接近人类认识世界、解决问题的方法与过程,将客观世界中的实体抽象为问题域中的对象。它主要有以下几个特点[10]:

(1) 认为客观世界是由各种对象组成的,任何事物都是对象。

(2) 把所有对象都划分为各种对象类,每个类定义一组数据和一组方法。

(3) 按照子类与父类的关系,把若干对象类组成一个层次结构的系统。

(4) 对象彼此之间仅能通过传递消息相互联系。

面向对象方法的主要优点是使用现实的概念抽象地思考问题,从而自然地解决问题,保证软件系统的稳定性和可重用性以及良好的维护性。但是面向对象方法也不是十全十美的,在实际的软件开发中,常常要综合地应用结构化方法和面向对象方法。

3.3.3 软件开发的常用工具

软件开发工具也是软件工程的主要内容之一。软件开发工具为软件开发方法提供自动的或半自动的软件支撑环境。当一种方法提出并证明有效后,往往就会随之研制出相应的软件开发工具,来帮助实现和推行这种方法,提高软件设计效率,减轻劳动强度。

目前已经推出很多软件开发工具,如需求分析阶段的 PSL/PSA 系统;编码阶段的各种语言编译工具、编辑程序、连接程序等软件工具;测试阶段的测试数据产生程序、动态分析程序、静态分析程序等软件自动测试工具;维护阶段的版本控制系统等。从广义上来讲,软件分析、设计阶段的各种图形工具,如数据流图(DFD)等也可以称为软件开发工具。

众多的工具组合起来,可以组成工具箱或集成工具,供软件开发人员在不同阶段按需选用。如果把诸多的软件开发工具集成起来,使得一种工具产生的信息可以为其他的工具所使用,这样建立起来的软件开发支撑系统称为计算机辅助软件工程,它是将各种软件工具、开发工具和存放开发过程信息的工程数据库组合起来形成的软件工程环境[33]。

3.4 军用软件开发模型

类似于其他工程项目中安排各道工序那样,为反映软件生存期内各种活动应如何组织,软件生存期的六个阶段应如何衔接,需要用软件生存期模型做出直观的图示表达。软件生存期模型是从软件项目需求定义直至软件经使用后废弃为止,跨越整个生存期的系统开发、运作和维护所实施的全部过程、活动和任务的结构框架。最早的软件开发模型是 1970 年 W. Royce 提出的瀑布模型,而后随着软件工程学科的发展和软件开发的实践,相继提出了快速原型模型、增量模型、螺旋模型、喷泉模型、形式化方法模型等。

3.4.1 瀑布模型

瀑布模型也称为线性顺序过程模型,是由 Winston Royce 于 1970 年提出的,规定了各项软件工程活动,包括制定开发计划、需求分析和说明、软件设计、程序编码、测试和运行、维护,并且规定了它们自上而下、相互衔接的固定次序,如同瀑布流水,逐级下落,如图 3 - 2 所示[19]。

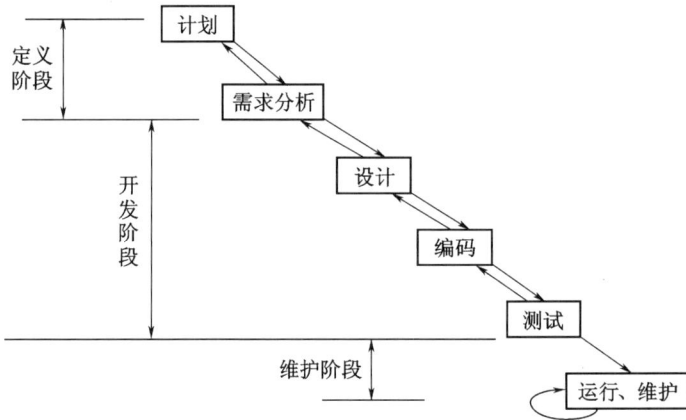

图 3 - 2 瀑布模型

然而软件开发的实践表明,上述各项活动之间并非完全是自上而下,呈线性图式。实际情况是,每项开发活动均应具有以下特征:

(1) 从上一项活动接受本项活动的工作对象,作为输入。

(2) 利用这一输入实施本项活动应完成的工作。

(3) 给出本项活动的工作成果,作为输出传给下一项活动。

(4) 对本项活动实施的工作进行评审,若其工作得到确认,则继续进行下一项活动。否则返回前一项活动,甚至更前项的活动进行返工。

为了保证软件开发的正确性,每一阶段任务完成后,都必须对它的阶段性产品进行评审,确认之后再转入下一个阶段。如评审过程中发现错误和疏漏,应该返回到前面的有关阶段修正错误、弥补漏洞,然后再重复前面的工作,直至该阶段的工作通过评审后再进入下一阶段。

严格按照软件生存周期的阶段划分,顺序执行各阶段构成软件开发的瀑布模型,是传统的软件工程生存期模式。采用瀑布模型进行开发组织时,应指定软件开发规范或开发标准,其中要明确规定各个开发阶段应交付的产品,这为严格控制软件开发项目的进度,最终按时交付产品以及保证软件产品质量创造了有利条件。瀑布模型为软件开发和维护提供了一种有效的管理模式。

瀑布模型之所以广泛流行,是因为它在支持结构化软件开发、控制软件开发的复杂性、促进软件开发工程化等方面起着显著作用。但与此同时,瀑布模型在大量软件开发实践中也逐渐暴露出它的缺点。其中最为突出的是该模型缺乏灵活性,特别是无法解决软件需求不明确或不准确的问题,这些问题可能导致最终开发出的软件并不是用户真正需要的软件,并且这一点往往在开发过程完成后才有所察觉。面对这种情况,无疑需要进行返工或不得不在维护中纠正需求的偏差,为此必须付出高额的代价,给软件开发带来损失。并且,随着软件开发项目规模的日益庞大,该模型的不足所引发的问题显得更加严重。

为弥补瀑布模型的不足,近年来已经提出了多种其他模型,下面分别进行介绍。

3.4.2 快速原型模型

为了克服瀑布模型的这种缺陷,人们提出了快速原型模型。快速原型模型的基本思想是:软件开发人员根据用户提出的软件基本需求快速开发一个原型,以便向用户展示软件系统应有的部分或全部的功能和性能,在征求用户对原型的评价意见后,进一步使需求精确化、完全化,并据此改进、完善原型,如此迭代,直到软件开发人员和用户都确认软件系统的需求并达成一致的理解为止。软件需求确定后,便可进行设计、编码、测试等以后的各个开发步骤。可见,原型主要是为了完成需求分析阶段的任务而构建的。利用原型确定软件系统需求的过程如图 3 - 3 所示[10]。

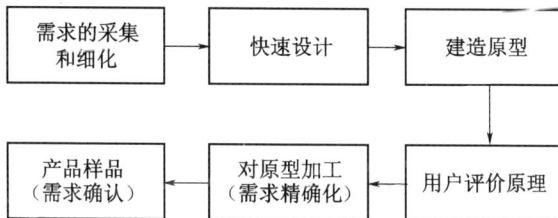

图 3 - 3   快速原型

快速原型的开发途径有三种:

（1）仅模拟软件系统的人机界面和人机交互方式。

（2）开发一个工作模型,实现软件系统中重要的或容易产生误解的功能。

（3）利用一个或几个类似的正在运行的软件向用户展示软件需求中的部分或全部功能。

总之,建造原型应尽量采用相应的软件工具和环境,并尽量采用软件重用技术,在运行效率方面可以做出让步,以便尽快提供;同时,原型应充分展示软件系统的可见部分,如人机界面、数据的输入方式和输出格式等。

虽然用户和开发人员都非常喜欢原型模型,因为它使用户能够感受到实际的系统,开发人员能很快建造出一些东西。但该模型仍然存在着一些问题,原因如下:

（1）用户看到的是一个可运行的软件版本,但不知道这个原型是临时搭起来的,也不知道软件开发者为了使原型尽快运行,并没有考虑软件的整体质量或今后的可维护性问题。当被告知该产品必须重建,才能使其达到高质量时,用户往往叫苦连天。

（2）实际过程中开发人员常常需要采取折衷的办法,以使原型能够尽快工作。开发人员很可能采用一个不合适的操作系统或程序设计语言,仅仅因为它通用和有名;可能使用一个效率低的算法,仅仅为了演示功能。经过一段时间之后,开发人员可能对这些选择已经习以为常了,忘记了它们不合适的原因。于是,这些不理想的选择就成了系统的组成部分。虽然会出现问题,原型模型仍是软件工程的一个有效典范。建立原型仅仅是为了定义需求,之后就该抛弃,实际的软件在充分考虑了质量和可维护性之后才被开发。它比瀑布模型更符合人们认识事物的过程和规律,是一种较实用的开发框架。它适合于那些不能预先确切定义需求的软件系统的开发。

3.4.3　增量模型

增量模型也称渐增模型,使用该模型开发软件时,把软件产品作为一系列的增量构件来设计、编码、集成和测试。首先开发产品的基本部分,然后再逐步开发产品的附加部分。为了使所开发的产品的各个部分最后能有机地组合起来,首先应该有一个统一的体系结构设计。增量模型的开发过程如图 3 - 4 所示[20]。在该模型中,产品的设计、实现、集成和试验是以一系列增量构件为基础进行的,构件是由一些模块的编码构成并能提供特定的功能。例如,在操作系统中,调度程序是一个构件,文件管理系统也是一个构件。在增量模型的每一个阶段,都要编码一个新的构件,然后集成到先前已构成的产品中并作为一个整体进行测试,当这个产品满足规定的功能,即满足它的需求规范时,这个过程停止。开发者可以任意分解目标产品以得到一些构件,但是这些构件必须能集成为一个满足需要功能的产品。如果目标产品只能分解为很少的构件,那么增量模型可能退化为建造与修改模型。如果目标产品分解为太多的构件,那么每个阶段结束时,用户可能得不到需要的功能,并且有更多的时间浪费在集成上,因此构件的大小应适中,这取决于用户的需求。一个典型的产品通常由 10 个 ~ 50 个构件组成。

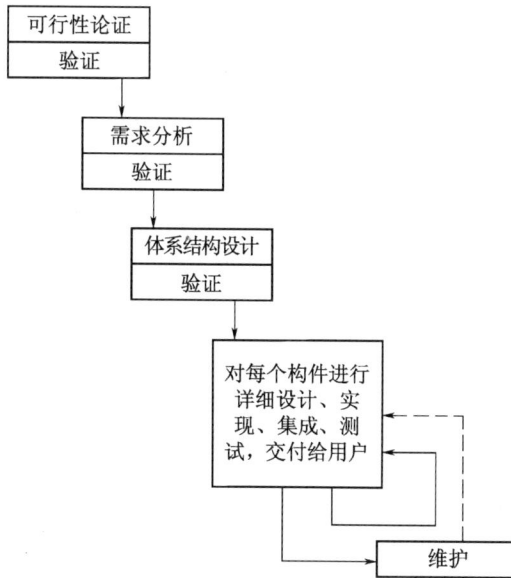

图 3 - 4 增量模型的开发过程

瀑布模型和快速原型模型都是提交完整的可操作的软件。客户希望交付的产品满足所有的需求,并且应该得到全面的和正确的文档,这些文档能应用于各种维护。但是客户为了得到其产品,必须等数月或者数年。

而增量模型在每个阶段都交付一个可操作的产品,但是它仅仅满足客户需求的一个子集。完整的产品划分成一些构件,产品是以一次一个构件的方式开发的。在每个阶段之后,客户都能得到一个产品,从第一个构件交付开始,客户就能做有用的工作。使用增量模型,整个产品的某些部分在开发期之内是可用的。当使用增量模型时,第一个增量经常是核心产品,它满足用户的基本需求,而许多附加功能将在以后的增量中交付。当没有足够的人员在规定的期限内开发完整的产品时,或者由于不可克服的客观原因而把交付期限规定得太短时,增量开发方式是特别有用的。

增量模型的一个难点是后来开发的构件必须能够集成到先前已开发的产品中而不毁坏已开发的功能。而且,现存的产品必须容易扩充,后开发的构件必须是简单和直观并容易集成。因此,对于增量模型,产品的体系结构的设计必须是开放的。

3.4.4 螺旋模型

螺旋模型是由 TRW 公司的 Barry Bochem 于 1988 年提出的,它将瀑布模型和原型模型结合起来,加入了两种模型均忽视的风险分析,特别适合于大型复杂系统的开发过程,不仅体现了两种模型的优点,而且弥补了两者的不足。

"软件风险"是普遍存在于任何软件开发项目中的实际问题。对于不同的项目,其差别只是风险有大有小而已。在制定软件开发计划时,系统分析员必须回答:项目的需求是什么,需要投入多少资源以及如何安排开发进度等一系列问题。然而,若要他们当即给出准确无误的回答是不容易的,甚至是不可能的。但系统分析员又不能完全回避这一问题。凭借经验的估计给出的答案难免带来一定的风险。实践表明,项目规模越大,问题越复杂,资源、成本和进度等因素的不确定性越大,承担项目所冒的风险也越大。总之,风险是软件开发不可忽略的潜在不利因素,它可能在不同程度上损害到软件开发过程或软件产品的质量。软件风险驾驭的目标是在造成危害之前,及时对风险进行识别、分析,采取对策,进而消除或减少风险的损害。

螺旋模型的结构如图 3-5 所示,它由四部分组成:制定计划、风险分析、实施开发、客户评估。在笛卡儿坐标的四个象限上分别表达了四个方面的活动[33]。

沿螺旋线自内向外每旋转一圈便开发出一个更为完善的新的软件版本。例如,在第一圈,在制定计划阶段,确定了初步的目标、方案和限制条件以后,转入风险分析阶段,对项目的风险进行识别和分析。如果风险分析表明,需求有不确定性,但是风险可以承受,那么在实施开发阶段,所建的原型会帮助开发人员和用户,对需求做进一步的修改。软件开发完成后,客户会对工程成果做出评价,给出修正建议。在此基础上进入第二圈螺旋,再次进行制定计划、风险分析、实施开发和客户评估等工作。假如风险过大,开发者和用户无法承受,项目有可能终止。多数情况下,软件开发过程是沿螺旋线的路径连续进行的,自内向外,逐步延伸,最终总能得到一个用户满意的软件版本。

如果软件开发人员对所开发项目的需求已有了较好的理解,则无需开发原型,可采用普通的瀑布模型。这在螺旋模型中可认为是单圈螺旋线。相反,如果对所开发项目的需求理解较差,则需要开发原型,甚至需要不止一个原型的帮

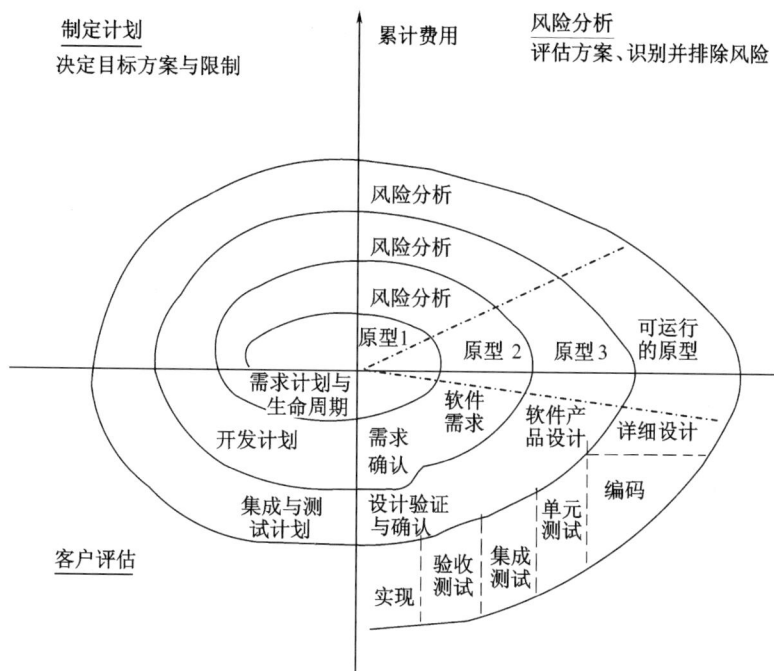

图 3-5 螺旋模型

助,此时就要经历多圈螺旋线。但在实际开发中,应该尽量降低迭代次数,减少每次迭代的工作量,这样才能降低开发成本和时间;反之,由于时间和成本上的开销太大,客户无法承受,软件系统的开发有可能中途夭折。螺旋模型不仅保留了瀑布模型中系统地、按阶段逐步地进行软件开发和"边开发、边评审"的特点,而且还引入了风险分析,并把制作原型作为风险分析的主要措施。用户始终关心、参与软件开发,并对阶段性的软件产品提出评审意见,这对保证软件产品的质量是十分有利的。但是,螺旋模型的使用需要具有相当丰富的风险评估经验和专门知识,而且费用昂贵,所以只适合大型软件的开发。

3.4.5 喷泉模型

喷泉模型是一种较新的软件生存周期模型。它是以面向对象的软件开发方法为基础,以用户需求为动力,以对象来驱动的模型。喷泉模型如图 3-6 所示。喷泉模型的特点如下:

(1)整个开发过程(包括维护过程)包括五个阶段,即需求分析、设计、实现、测试和维护。因此,软件系统可维护性较好。

(2)各阶段相互重叠,表明了面向对象开发方法各阶段间的交叉和无缝

49

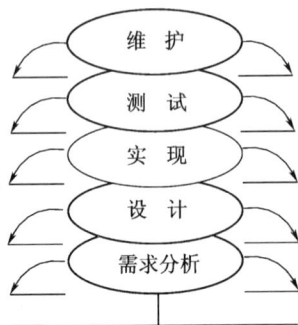

图 3-6　喷泉模型

过渡。

（3）整个模型是一个迭代的过程,包括一个阶段内部的迭代和跨阶段的迭代。

（4）模型具有增量开发特性,即能做到边分析、边设计;边实现、边测试,使相关功能随之加入到演化的系统中。

（5）模型是对象驱动的,对象是各阶段活动的主体,也是项目管理的基本内容。

（6）模型很自然地支持软件部件的重用。

3.4.6　形式化方法模型

形式化方法模型包含了一组活动,它们带来了计算机软件用数学描述的方法。形式化方法使得软件开发人员能够通过采用一个严格的、数学的表示体系来说明、开发和验证基于计算机的系统。用于软件形式化开发方法的模型有两种：变换模型和净室软件过程模型。

1. 变换模型

变换模型是一种用于软件的形式化开发的方法。在软件需求分析确定以后,便用形式化的规格说明语言将其描述为"形式化软件规格说明",然后对其进行一系列自动或半自动的变换,最终得到软件系统的目标程序。变换模型如图 3-7 所示[48]。由于一开始就要求做出正确、完全的需求分析在多数情况下是做不到的,因此,变换模型也应引入迭代机制,即将第一次用变换模型得来的目标程序作为"原型",让用户评价,以便使用户需求精确化、完全化,再把精确化后的需求作为输入,第二次用变换模型进行变换等。

2. 净室软件过程模型

美国 IBM 公司的 H. D. Mills、M. Dyer 和 R. C. Linger 等人从 20 世纪 80 年代

50

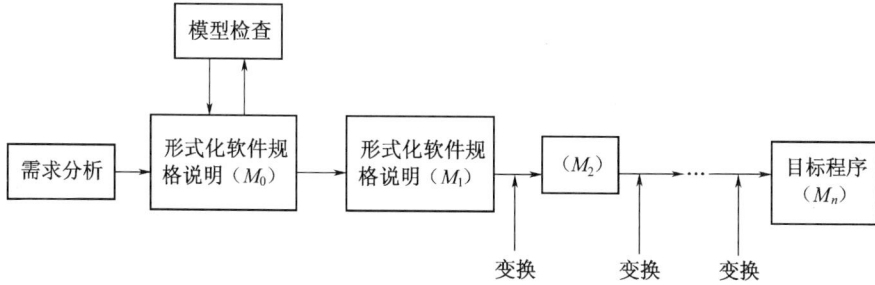

图 3－7 变换模型

初开始研究净室软件工程法,80 年代中期得到迅速发展。"净室"(Clean room)的概念来自集成电路的生产过程,为了不受灰尘的破坏作用而建立几乎没有灰尘的净室。受此启发能否设法达到在软件开发过程中不引入缺陷,开发出不含有缺陷的软件,这就是"净室"方法追求的目标。

净室软件过程是软件开发的一种形式化方法,它力求在分析和设计阶段就消除错误,确保正确,然后在无缺陷或"洁净"的状态下实现软件的制作,以生成极高质量的软件[47]。它使用盒结构规约进行分析和设计建模,并且强调将正确性验证而不是测试,作为发现和消除错误的主要机制。它使用测试来获取认证,使被交付的软件的出错率达到最低。

净室软件过程模型是一种严格的软件工程方法,它是一种强调正确性的数学验证和软件可靠性认证的软件工程模型,其目标和结果是降低出错率,这是使用形式化方法难于或不可能达到的。

形式化方法提供了一种机制,它能够消除使用其他软件工程模型难以克服的问题,包括二义性、不完整性和不一致性都能被更容易地发现和纠正。它不是通过专门的复审,而是通过数学分析来实现。当在设计中使用形式化方法时,它们能作为程序验证的基础,从而使得软件开发人员能够发现和纠正在其他情况下发现不了的错误。

3.5 传统软件工程和面向对象软件工程

传统的软件工程曾经给软件产业带来了巨大的进步,部分地缓解了软件危机,但是它仍然存在比较明显的缺点。面向对象的软件工程追求的目标是使解决问题的方法空间同客观世界的问题空间结构达到一致,对于软件工程濒临的困境和人工智能所遇到的障碍都能有希望进行突破,所以它必将成为软件开发的主流方法。

3.5.1 传统的软件工程

传统的软件工程采用瀑布模型作为软件工程的基本模型,把软件开发和运行过程划分为六个阶段:软件计划、需求分析、软件设计、程序编码、软件测试、运行和维护等,强调各阶段的完整性和先后顺序,根据不同阶段的工作特点,运用不同的手段完成各阶段的任务。软件开发人员遵循严格的规范,在每一阶段工作结束时都要进行阶段评审和确认,以得到该阶段的一致、完整、正确和无多义性的文档资料,把这些文档资料作为阶段结束的标志"冻结"起来,并以它们作为下一阶段工作的基础。然后,再一步步地实现这些目标,从而保证软件的质量。

1. 传统软件工程存在的问题

这种开发方法与以前随心所欲的个人化的脑力劳动方式相比无疑是一个极大的进步,在解决软件危机方面跨出了关键的一步;但是,一直要等到开发后期(即软件测试阶段)才能得到可运行的软件,如果发现与用户需求不符,或者发现有较大错误,势必造成很大的损失和浪费,严重时甚至导致软件项目开发的失败。

大量实践和研究表明,软件系统产生的错误有 60% ~ 80% 都是需求定义不准确或错误导致的。造成需求定义不准确的主要原因是:在开发初期,用户缺乏计算机与信息系统方面的知识,常常难以清楚地给出所有需求,而开发人员缺乏用户方的业务知识,不易给出软件系统切合实际的描述。然而,传统的软件工程方法在开发过程中不允许用户的需求发生变化,这也正是瀑布模型的僵化所在,从而导致了种种问题的发生。

2. 传统结构化技术的缺点

传统软件工程使用的基本技术是结构化的分析与设计技术,这种技术虽然有许多优点,但也有许多明显的缺点,用这种技术开发出的软件,其稳定性、可修改性和可重用性都比较差。

首先,结构化的分析与设计技术的本质是功能分解,是围绕实现处理功能的过程来构造系统的。结构化方法强调过程抽象和模块化,将实际问题映射为数据流和加工,加工之间通过数据流进行通信,数据作为被动的实体被主动的操作所加工,是以过程(或操作)为中心来构造系统和设计程序的。然而,用户需求的变化大部分是针对加工的,因此这种变化对基于过程的设计来说是灾难性的,用这种技术设计出的系统往往是不稳定的。也就是说,用户需求的变化往往造成系统结构的较大变化,从而需要花费很大的代价才能实现这种变化。

其次,结构化的分析与设计技术清楚地定义了目标系统的接口。当系统对外界的接口发生变动时,结构化的分析与设计技术很难扩充新的接口,即这样的系统较难修改和扩充。

另外,结构化方法从本质上仍具有冯·诺依曼计算机的特点,把数据和操作作为分离的事实,以至在实现阶段,一些具有潜在可重用价值的软件部件(也称为软件构件)已和具体应用环境密不可分。上述种种原因都使得用结构化分析与设计技术开发出的软件可重用性差。

3.5.2　面向对象的软件工程

为了解决传统软件工程中存在的问题,除了从软件过程模型中寻找适当的模型外,还应该从考虑问题的方法上着手,即尽可能地使分析、设计和实现一个系统的方法接近认识一个系统的方法,接近认识客观世界的渐进过程,这就是面向对象方法研究的课题。

通常,把面向对象方法出现之前的各种软件工程方法称为传统的软件工程方法,它是一种结构化的软件工程方法,把面向对象方法在软件工程领域中的全面运用称为面向对象的软件工程方法。面向对象的软件工程继承和发扬了传统软件工程的某些成熟思想和方法(在软件开发过程中仍采用分析、设计、编程、测试和其他相关技术),所不同的是在构造系统的思想方法上进行了改进。

1. 面向对象方法的基本思想

面向对象方法的基本思想是从现实世界中客观存在的事物出发来构造软件系统,并在系统构造中尽可能运用人类的自然思维方式[47]。开发一个软件是为了解决某些问题,这些问题所涉及的业务范围称为该软件的问题域。面向对象方法强调直接以问题域(现实世界)中的事物为中心来思考问题、认识问题,并根据这些事物的本质特征,把它们抽象地表示为系统中的对象,作为系统的基本构成单位。因此,面向对象方法可以使系统直接地映射问题域,保持问题域中事物及其相互关系的本来面貌。

面向对象方法学的出发点和基本原则是:尽可能模拟人类所习惯的思维方式,使开发软件的方法和过程尽可能接近人类认识世界、解决问题的方法和过程,即使描述问题的问题域与实现解法的求解域在结构上尽可能一致。

面向对象的软件工程包括面向对象的分析、面向对象的设计、面向对象的编程和面向对象的测试。

2. 面向对象方法的主要优点

面向对象方法在某种程度上可以克服传统方法学的缺陷,缓解软件危机,它具有许多特点,主要表现在以下几点[47]:

(1)符合人们通常的思维方式。面向对象方法强调把问题域的概念直接映射到对象以及对象之间的接口,符合人们通常的思维方式,减少了结构化方法从问题域到分析阶段的映射误差。

(2)高度连续性。面向对象方法从分析到设计再到编码采用一致的模型表示,后一阶段可以直接利用前一阶段的工作成果,弥合了结构化方法从数据流图到模块结构图转换的鸿沟,减少了工作量并降低映射误差。

(3)重用性好。面向对象方法具有的继承性和封装性支持软件复用,并易于扩充,能较好地适应复杂大系统不断发展和变化的要求。

(4)可维护性好。在客观世界以及作为它的映射的软件系统中,实体的结构是相对稳定的。面向对象方法通过把属性和服务封装在"对象"中,当外部功能发生变化时,保持了对象结构的相对稳定,使改动局限于一个对象的内部,减少了改动所引起的系统波动效应。

第4章 军用软件项目管理

军用软件项目管理是在军用软件项目活动中运用一系列的知识、技能、工具和技术,以满足或超过相关利益者对军用软件项目的要求的管理过程。军用软件项目管理是在 ISO 10006 的基础上,结合软件工程自身的特点而发展起来的一种针对性较强的管理方法,它的目标是在可预见的工程和预算前提下,确保交付满足最终用户需求的高质量软件产品。在装备发展过程中,对军用软件项目实施有效的管理是软件成败的关键。军用软件项目管理已经得到越来越多的军工企业和军队相关部门的重视,学习和借鉴国际上先进的软件项目管理经验是非常明智和有益的。本章从军用软件项目概念入手,阐述了军用软件项目管理的特点、过程,围绕军用软件项目管理中的九大知识领域,分别介绍了相关知识和内容。

4.1 军用软件项目管理概述

军用软件项目管理关注计划和资源分配以保证在预算内按时完成质量合格的系统。项目管理也面临技术开发同样的问题:复杂和变化。复杂的产品需要很多有着不同背景和能力的开发者参与开发。市场竞争和需要使开发过程需要变化,带来了经常性的资源重新分配,并使得对军用软件项目状况的跟踪也变得困难。管理者和开发者使用同样的方法处理问题:通用模型、交流、基本原理和配置。

4.1.1 军用软件项目管理的定义

1. 军用软件项目的定义、特性与约束

在定义军用软件项目管理之前先来看项目是怎么定义的。根据美国项目管理协会(PMI)的定义:项目(Project)是为完成某一独特的产品或服务所做的一次性努力。从根本上说,项目就是一系列的相关工作。

中国项目管理研究委员会对项目的定义是:项目是一个特殊的将被完成的有限任务。它是在一定时间内,满足一系列特定目标的多项相关工作的总称。

根据这个定义,军用软件项目实际包含三层含义:

(1)军用软件项目是一项有待完成的任务,有特定的环境和要求。

(2)在一定的组织机构内,利用有限资源(人力、物力、财力等),在规定的时间内(指军用软件项目有明确的开始时间和结束时间)为特定客户完成特定目标的阶段性任务。

(3)任务要满足一定性能、质量、数量、技术指标等要求。

从上面的两个定义可以看出,军用软件项目具有如下一些基本特性[53]:

(1)军用软件项目的独特性。所有军用软件项目都具有一个明确定义的目标。

(2)军用软件项目的临时性。每个军用软件项目都具有明确的起止时间。

(3)军用软件项目的组织性。每个军用软件项目都具有一位军用软件项目发起人来为军用软件项目提供目标和资金。

(4)军用软件项目的资源消耗性。军用软件项目需要来自不同领域的各种资源,包括人、硬件、软件及其他资产。

(5)军用软件项目的目标冲突性。军用软件项目三要素为时间期限、成本和达到标准,在实际项目操作中,存在领域知识和专业知识的交互,这会造成对军用软件项目需求理解的不一致。即使是项目发起人,对军用软件项目的要求也会随着项目的发展而逐步细化。这也是军用软件项目开发过程中具有不同开发模式的原因所在,增加了对项目目标理解不一致的可能性。

(6)军用软件项目后果的不确定性。军用软件项目的目标、持续时间和成本预算都有可能发生变更,这种不确定性是军用软件项目管理富于挑战性的主要原因之一,但同时也是军用软件项目成功率不高的原因之一。每个军用软件项目都会以不同方式受到三个要素的约束:时间、成本、要求。

为了使军用软件项目能成功完成,军用软件项目经理必须考虑并平衡这三个经常冲突的因素。有时会出现这样的情况:三要素都满足,但仍不能令顾客满意,这也是为什么优秀的军用软件项目经理除了考虑这三个因素之外,还考虑其他如质量等约束的原因。

2. 军用软件项目管理的定义、特征及知识领域

军用软件项目管理就是"在军用软件项目活动中运用一系列的知识、技能、工具和技术,以满足或超过相关利益者对军用软件项目的要求。"军用软件项目管理是为了满足甚至超越军用软件项目涉及人员对军用软件项目的需求和期望而将理论知识、技能、工具和技巧应用到军用软件项目的活动中去。要想满足或超过军用软件项目涉及人员的需求和期望,需要在下面这些相互间有冲突的要求中寻求平衡:范围、时间、成本和质量;有不同需求和期望的军用软件项目涉

及人员;明确表示出来的要求(需求)和未明确表达的要求(期望)。军用软件项目管理同样体现出管理的四个基本职能,即计划、组织、领导和控制。

军用软件项目管理贯穿整个军用软件项目的生存期,是对军用软件项目的全过程管理。军用软件项目管理具有以下特征:

(1)军用软件项目管理的对象是军用软件项目。

(2)系统工程思想贯穿军用软件项目管理的全过程。

(3)军用软件项目管理的组织具有一定的特殊性。

(4)军用软件项目管理的体制是基于团队管理的个人负责制,军用软件项目经理是整个军用软件项目组中协调、控制的关键。

(5)军用软件项目管理的要点是创造和保持一个使军用软件项目顺利进行的环境,使置身于这个环境的人们能在集体中协调工作以完成预定的目标。

(6)军用软件项目管理的方法、工具和技术手段具有先进性。

军用软件项目管理知识领域描述了军用软件项目经理必须具备的关键能力,军用软件项目管理可划分为三个部分、九个知识领域[53]:

(1)核心知识领域,包括:

① 范围管理:涉及确定并管理成功完成军用软件项目所需要的所有工作。

② 时间管理:估算完成军用软件项目所需要时间,建立可接受的军用软件项目进度计划,以及保证军用软件项目能按时完成。

③ 成本管理:制定并管理军用软件项目成本。

④ 质量管理:确保军用软件项目完成各方明确表达的或隐含的需求。

(2)辅助知识领域,包括:

① 人力资源管理:如何有效利用军用软件项目涉及的人员。

② 沟通管理:生成、收集、分发和储存军用软件项目信息。

③ 采购管理:从实施军用软件项目的组织外部获取产品、服务。

④ 风险管理:识别、分析军用软件项目相关风险并制定应对计划。

(3)其他,主要指军用软件项目集成管理(或综合管理)。它会影响其他知识领域并受其他知识领域影响。

对知识领域的九个方面,还规定了各个领域的子过程或子阶段:

(1)军用软件项目综合管理,包括三个基本的子过程:制订军用软件项目计划、军用软件项目计划执行、综合变更控制。

(2)军用软件项目范围管理,可分成五个阶段:启动、范围计划、范围界定、范围核实、范围变更控制。

(3)军用软件项目时间管理,可由五项任务组成:活动定义、活动排序、活动时间估计、军用软件项目进度编制、军用软件项目进度控制。

（4）军用软件项目成本管理,包括四个过程:制订资源计划、成本估计、成本预算、成本控制。

（5）军用软件项目质量管理,主要包括四个过程:质量规划、质量控制、质量保证、全面质量管理。

（6）军用软件项目人力资源管理,包括如下几个主要的过程:人力资源规划、招聘与解聘、筛选、定向、培训、绩效评估、职业发展、团队建设。

（7）军用软件项目风险管理,可归纳为四个主要过程:风险识别、风险估计、风险应对计划、风险控制。

（8）军用软件项目沟通管理,包括如下一些基本的过程:编制沟通计划、信息传递、绩效报告、管理收尾。

（9）军用软件项目采购管理,主要包括:编制采购计划、编制询价计划、询价、选择供应商、合同管理、合同收尾。

3. 军用软件项目经理的工作描述与需具备的能力

军用软件项目经理的基本职责可以归纳为领导军用软件项目的计划、组织和控制工作,以实现军用软件项目的目标,即军用软件项目经理领导军用软件项目团队完成军用软件项目目标。军用软件项目经理需要协调各个团队成员的活动,使这些成员成为一个和谐的整体,履行各自的工作。

4.1.2 军用软件项目管理的特点

军用软件工程发展的实践证明,软件项目成败的关键往往在于软件项目管理能力水平的高低,管理得好就能带来效率,赢得时间,最终将在技术前进的道路上取得领先地位。军用软件项目管理除涉及计算机软硬件领域技术外,还涉及到系统工程学、心理学、社会学、经济学乃至法律等方面的问题。需要用到多方面的综合知识,特别是要涉及到社会的因素、精神的因素、人的因素,比技术问题复杂得多。

软件产品与其他任何产业产品相比有它自己的特点,它是无形的,没有物理属性,它是一个物理系统的逻辑映射,因此难以理解难于驾驭。但它确实是把思想、概念、算法、流程、组织、效率、优化等融合在一起了。文档编制的工作量在整个军用软件项目研制过程中占有很大的比重,但人们往往并不重视,因而直接影响了软件的质量。软件开发工作技术性很强,要求参加工作的人员具有一定的技术水平和实际工作的经验。另外,人员的流动对军用软件项目的影响很大,离去的人员不但带走了重要信息,还带走了工作经验。

军用软件项目管理的特点包括:

（1）智力密集,可见性差。软件工程充满了大量高强度的脑力劳动。软件开发的成果是不可见的逻辑实体,软件产品质量不易衡量,对于不深入掌握软件知识或缺乏软件经验的人员,是不可能领导做好软件管理工作的。

(2)单位生产。软件在内容、形式各异的基础上研制或生产,与其他领域中大规模现代化生产有着很大的差别,也自然会给管理工作造成许多实际困难。

(3)劳动密集,自动化程度低。军用软件项目经历的各个阶段都渗透了大量的个体劳动,这些劳动十分细致、复杂和容易出错。尽管近年来已经有了软件工具和 CASE 的研究,但远未达到自动化的程度。软件产品质量的提高自然受到了很大影响。

(4)使用方法繁琐,维护困难。软件工作渗透人的因素:不仅要求软件人员具有一定的技术水平和工作经验,而且还要求他们具备良好的心理素质。软件人员的情绪和他们的工作环境对工作有很大的影响。

军用软件项目管理的主要职能包括:

(1)制定计划。规定待完成的任务、要求、资源和进度等。

(2)建立组织。为实施计划,保证任务的完成,需要建立分工明确的责任制度。

(3)配备人员。配备各种层次的技术人员和管理人员。

(4)指导。鼓励和动员软件人员完成所分配的工作。

(5)检验。对照计划和标准,监督和检查实施的情况。

4.1.3 军用软件项目管理的过程

为使军用软件项目开发获得最终成功,必须对软件项目的工作范围、可能遇到的风险、需要的资源(人,软/硬件)、要实现的任务、过程中的里程碑、花费的工作量(成本),以及进度的安排做到心中有数。军用软件项目管理应该提供这些信息,这种管理开始于技术工作开始之前,在软件从概念到实现的过程中持续进行,最后终止于军用软件项目工程结束。

通常,军用软件项目管理包括以下过程[53]:

(1)军用软件项目启动。通常军用软件项目管理人员和用户是在系统工程启动阶段确定军用软件项目的目标和范围。当明确了目标和范围后,就考虑可能的解决方案,标明技术和管理上的要求,确定合理精确的成本估算,实际可行的任务分解以及可控的进度安排。

(2)度量。度量的工作是为了有效地定量地进行管理。度量的目的是为了把握软件工程实际情况和它所生产的产品质量。在对过去未度量的事项进行度量时,需要解决是哪些适合于过程和产品,如何使用收集的数据,用于比较个人、过程或产品的度量是否合理。

（3）估算。在军用软件项目管理过程中一个关键的活动是制定军用软件项目计划。在做计划时，必须就需要的人力、军用软件项目持续时间、成本做出估算。这种估算大多是参考以前的花费做出的。管理人员可使用各种估算技术，并可用一种估算技术作为另一种估算技术的交叉检查。

（4）风险分析。风险分析对军用软件项目管理是决定性的。风险分析实际上就是贯穿在软件工程过程中的一系列风险管理步骤，其中包括风险识别、风险估计、风险管理方案、风险解决和风险监督，它能让人们去主动"攻击"风险。

（5）进程安排。军用软件项目的进程安排与任何一个军用软件项目的进度安排没有实质上的不同。首先识别一组军用软件项目任务，再建立任务之间的相互关联，然后估算各个任务的工作量，分配人力和其他资源，制定进度时序。

（6）追踪和控制。军用软件项目管理人员追踪在进度安排的每个任务，如果任务实际完成日期滞后于进度安排，则管理人员可以使用一种自动的军用软件项目进度安排工具来确定在军用软件项目的中间里程碑上进度延误所造成的影响。此外，还可以对资源重新定向，对任务重新安排或者可以修改交付日期以调整已经暴露的问题。

4.2 军用软件项目范围管理

军用软件项目范围管理包括了用以保证军用软件项目包含且只包含所有需要完成的工作、以顺利完成军用软件项目所需要的所有过程。军用软件项目范围管理过程主要涉及定义及控制军用软件项目应该包括和不应包括的内容，主要有：

（1）启动。授权开始军用软件项目或军用软件项目阶段。

（2）范围计划编制。编制一个书面范围说明，作为将来军用软件项目决策的基本依据。

（3）范围定义。将军用软件项目可交付成果分成几个小的、更易管理的单元。

（4）范围核实。将军用软件项目范围的接受正式化。

（5）范围变更控制。控制军用软件项目范围的变更。

4.2.1 启动

启动是承诺开始一个新军用软件项目或一个已存在军用软件项目可以进入下一个阶段的过程。军用软件项目的正式启动将军用软件项目与执行组织的日常事务性的工作相联系。对某些组织，项目只有在需求评估、可行性研究、初步计划或其他同等分析完成以后,才能正式启动。而且这些分析本身也是分别启动的。某些类型的军用软件项目,特别是内部服务或新产品开发项目,可能会非正式地启动,先进行有限的工作以便获得正式启动所需的批准。

4.2.2 范围计划编制

范围计划编制是将生产军用软件项目产品所需进行的军用软件项目工作(军用软件项目范围)渐进明细和归档的过程。军用软件项目范围计划编制始于最初的输入,如产品描述、军用软件项目章程、各种约束条件和假定的最初定义等。注意产品描述包括产品要求和产品设计,产品应反映已经达成共识的客户要求,产品设计要满足上述产品要求。范围计划编制的输出有范围说明和范围管理计划,并带有详细依据。范围说明通过确定项目目标和主要的军用软件项目可交付成果,为军用软件项目队伍与军用软件项目顾客间达成协议奠定了基础。军用软件项目队伍制定与军用软件项目工作分解层次相适应的多个范围说明。

4.2.3 范围定义

军用软件项目范围定义把主要的军用软件项目可交付成果分解成较小的且更易管理的单元,以达到如下目的:

(1) 提高对成本、时间及资源估算的准确性。

(2) 为绩效测量与控制定义一个基准计划。

(3) 便于进行明确的职责分配。

恰当的范围定义对军用软件项目成功来说是十分关键的。当范围定义不明确时,变更就不可避免地出现,并破坏军用软件项目的节奏,造成返工、延长军用软件项目工期、降低工作人员的生产效率和士气,从而造成军用软件项目最后的成本大大超出预算。

范围蔓延是军用软件项目经理最怕出现的两种情况之一,另一种是特征蔓延。一旦一个军用软件项目陷入范围蔓延,军用软件项目开发商会被军用软件项目发起人拖住,轻则延期超预算,重则军用软件项目失败。所以一般在需求分析结束时,开发商都应要求军用软件项目发起人在确认需求规格说明书后签署同意。

4.2.4 范围核实

范围核实是军用软件项目干系人(发起人、客户和顾客等)正式接受军用软件项目的过程。范围核实需要审查可交付成果和工作结果,以确保它们都已正确圆满地完成。如果军用软件项目被提前中止,范围核实过程应当对军用软件项目完成程度建立文档。范围核实不同于质量控制,前者主要关心对工作结果的"接受",而后者主要关心工作结果的"正确性"。这些过程一般平行进行,以确保可接受性和正确性。

4.2.5 范围变更控制

军用软件项目范围变更控制关心的是:

(1)对造成范围变更的因素施加影响,以确保这些变更得到一致认可。

(2)确定范围变更已经发生。

(3)当范围变更发生时,对实际的变更进行管理。范围变更控制应当全过程地与其他控制过程结合起来,如进度控制、成本控制、质量控制等。

4.3 军用软件项目时间管理

军用软件项目时间管理包括为确保军用软件项目按时完成所需要的各个过程。

(1)活动定义。确定为完成各种军用软件项目可交付成果所必须进行的诸项具体活动。

(2)活动排序。确定各活动之间的依赖关系,并形成文档。

(3)活动历时估算。估算完成单项活动所需要的工作时段数。

(4)制定进度计划。分析活动顺序、活动历时和资源需求,以编制军用软件项目进度计划。

(5)进度计划控制。控制军用软件项目进度计划的变化。

这些过程相互作用,同时与其他知识领域中的各个过程相互作用。根据军用软件项目需要,每一过程都包含了个人或多人或团体的共同努力。在每一军用软件项目阶段,每一过程一般至少涉及一次。尽管各过程作为彼此独立、相互间有明确界面的组成部分分别介绍,但在实践中它们可能会交叉重叠、互相影响。在某些军用软件项目特别是小型军用软件项目中,活动排序、活动历时估算和进度计划编制彼此之间联系极为紧密,而被视为一个过程(例如,它们可以由单独一人在较短时间内完成)。但是,由于其中每一过程中所使用的工具和技术不同,在这里仍按不同的过程进行介绍。

4.3.1 活动定义

活动定义就是对工作分解结构(WBS)中规定的可交付成果或半成品的产

生所必须进行的具体活动进行定义,并形成文档。为使军用软件项目目标得以实现,在这个过程中对活动做出定义无疑是必要的。

4.3.2 活动排序

活动排序是确定各活动之间的依赖关系,并形成文档。为了进一步编制切实可行的进度计划,首先必须对活动进行准确的顺序安排。活动排序可以利用计算机进行(例如使用军用软件项目管理软件),也可以用手工来做。在较小的军用软件项目中,或在大型军用软件项目的早期阶段(当具体细节不清晰时),手工技术更为有效。手工技术和自动技术也可以结合起来使用。

4.3.3 活动历时估算

活动历时估算即根据军用软件项目范围和资源的相关信息为进度表设定历时输入的过程。历时估算的输入通常来自军用软件项目组中对特定活动最熟悉的个人或群体。估算通常是逐步精确,并且其质量水平是已知的。军用软件项目队伍中最熟悉具体活动性质的个人或团体应当完成历时估算。

估算出为完成一个活动所需要的工作时段数,通常要同时考虑间歇时间。

军用软件项目总历时也可以用这里介绍的工具和方法来估算,但是,通过进度计划编制结果来计算更为适合。军用软件项目组可将军用软件项目历时作为概率性随机分布(应用概率技术),或作为单点估计(应用定数技术)。

4.3.4 制定进度计划

制定进度计划就是确定军用软件项目活动的起始和完成日期。如果起始和完成日期不现实,则军用软件项目就不大可能按期完成。在进度计划定稿之前,进度计划的编制过程必须反复进行(连同提供输入的过程,尤其是历时估算和成本估算过程)。

4.3.5 进度计划控制

进度计划控制的内容包括:

(1)对造成进度变化的因素施加影响,以保证这种变化朝着有利的方向发展。

(2)确定进度是否已发生变化。

(3)在变化实际发生和正在发生时,对这种变化实施管理。进度计划控制必须与综合变化控制等其他控制过程紧密结合。

4.4 军用软件项目成本管理

军用软件项目成本管理包括确保在批准的预算内完成军用软件项目所需要的诸过程。主要过程如下：

(1) 资源计划编制。资源计划编制就是确定完成军用软件项目活动所需物质资源(人、设备、材料)的种类，以及每种资源需要量。

(2) 成本估算。编制一个为完成军用软件项目各活动所需资源成本的近似估算。

(3) 成本预算。将总成本估算分配到各单项工作上。

(4) 成本控制。控制军用软件项目预算的变更。

军用软件项目成本管理首先关心的是完成军用软件项目活动所需资源的成本，但也应该考虑项目决策对使用军用软件项目产品成本的影响。例如，利用限制设计审查次数可以降低军用软件项目成本，但可能增加顾客的运营成本。军用软件项目成本管理的这种广义观点常称为"全生存周期成本计算"。

在许多应用领域，对军用软件项目产品的未来财务执行的预测和分析是在军用软件项目之外进行。但在其他领域(例如资金筹措军用软件项目)，军用软件项目成本管理也包括这一工作。在包括这种预测和分析的情况下，军用软件项目成本管理将包括一些附加的过程和许多一般管理技术，例如投资回报、折算成本流、回收期分析等。

军用软件项目成本管理应该考虑军用软件项目利益关系者的信息需求，不同的军用软件项目利益关系者会在不同的时间，以不同的方式测量军用软件项目成本。例如，采购物品的成本可能在承诺、订购、发货、收货或会计记账时计量。

当军用软件项目成本被用作奖励和识别体系的因素时，为了确保奖励反映实际绩效，可控的和不可控的成本应该分别估算和预算。

在某些军用软件项目上，特别是小型军用软件项目，资源计划编制、成本估算和成本预算彼此之间联系极为紧密，从而被视为一个过程。

4.4.1 资源计划编制

资源计划编制就是确定完成军用软件项目活动所需物质资源(人、设备、材料)的种类，以及每种资源需要量。这个过程必须同成本估算密切地结合进行。

4.4.2 成本估算

成本估算就是编制一个为完成军用软件项目各活动所必需资源成本的近似

估算。当军用软件项目根据合同进行时,应当注意将成本估算同报价区别开来。成本估算是编制对可能定量结果的评估——为了提供产品或服务,执行组织要付出多少成本。报价是一种经营决策——这种产品或服务,执行组织要收取多少成本——成本估算仅为做出决策应考虑的许多因素之一。

成本估算包括确定和考虑各种不同的成本估算替代方案。例如在大多数应用领域,普遍认为在设计阶段多做些工作有可能节省生产阶段的成本。成本估算过程必须考虑这种附加设计工作的成本能否抵消期望节省的成本。

4.4.3　成本预算

成本预算就是为了确定测量军用软件项目实际绩效的基准计划而把整个成本估算分配到各个工作项上去。

4.4.4　成本控制

成本控制的内容包括:

(1)对造成成本基准计划变化的因素施加影响,以保证这种变化朝着有利的方向发展。

(2)确定成本基准计划是否已发生变化。

(3)在实际变化发生和正在发生时,对这种变化实施管理。

成本控制具体细节包括:

(1)监视成本执行以寻找出与计划的偏差。

(2)确保所有有关变更都准确地记录在成本基准计划中。

(3)防止不正确、不适宜或未核准的变更纳入成本基准计划中。

(4)将核准的变更通知有关军用软件项目干系人。

成本控制包括查找出现正负偏差的原因。该过程必须同其他控制过程(范围变更控制、进度计划控制、质量控制和其他控制)紧密地结合起来。例如对成本偏差采取不适当的应对措施可能会引起质量或进度方面的问题,或引起军用软件项目在后期出现无法接受的风险。

4.5　军用软件项目质量管理

军用软件项目质量管理包括了保证军用软件项目满足其目标要求所需要的过程。它涵盖了"全面管理职能的所有活动,这些活动决定着质量的政策、目标、责任,并在质量体系中凭借质量计划编制、质量控制、质量保证和质量提高等措施决定着对质量行政的执行、对质量目标的完成以及对质量责任的履行",

其中：

（1）质量计划编制。确定与军用软件项目相关的质量标准，并决定如何满足这些标准。

（2）质量控制。监控具体军用软件项目结果以确定其是否符合相关的质量标准，并制定相应措施来消除导致绩效不令人满意的原因。

（3）质量保证。定期评价总体军用软件项目绩效，以提供军用软件项目满足相关质量标准的信心。

这些过程彼此之间及其与其他知识领域的过程之间存在相互的影响。根据项目需要，每一过程都包含了一个或多个个人或团体的共同努力。在每一个军用软件项目阶段中，每一过程一般至少涉及一次。虽然这里各个过程是作为彼此独立、相互间有明确分界的组成部分分别介绍的，但在实践中，它们可能会交叉重叠，互相影响。

本节描述的质量管理基本方法符合国际标准化组织（ISO）的方法，具体细节可参考 ISO 9000 族标准和准则系列。这种常规方法同样也符合：

（1）质量管理的专有方法，例如戴明、Juran、Crosby 等推荐的方法。

（2）非专有方法，例如全面质量管理（TQM）、持续改进等方法。

军用软件项目质量管理不仅针对军用软件项目的管理，同时针对军用软件项目的产品。任何方面没能满足质量要求都将对部分或全部军用软件项目干系人造成严重的消极后果。例如：

（1）通过军用软件项目队伍加班以达到客户要求，可能会增加雇员之间的摩擦，造成消极后果。

（2）为了达到军用软件项目进度计划目标而匆匆进行军用软件项目质量检查，可能有些缺陷不会被发现，从而造成消极后果。

质量是"实体中与它满足明确需求和隐含需要的能力相关的所有特性的总和"。明确需求和隐含需要是制定军用软件项目需求的输入。在军用软件项目管理领域，质量管理的一个重要方面是通过军用软件项目范围管理把隐含需要转变成明确需求。

军用软件项目管理团队须注意不要把质量和等级混淆。等级是"对功能用途相同但质量要求不同的实体所做的分类或排序"。低质量是需解决的问题，低等级则不是。例如，软件产品可以是高质量（无明显错误、有可读性好的文件）和低等级（有限的功能）；或是低质量（许多错误、组织差的顾客手册）和高等级（大量功能）。

确定和传达所需的质量和等级标准水平的是军用软件项目经理和军用软件项目管理团队的责任。军用软件项目管理团队还应认识到现代质量管理是对军

用软件项目管理的补充,例如,两种管理原则都承认以下方面的重要性:

（1）客户满意。理解、管理和影响需求从而达到客户的期望。它不仅需要符合要求(军用软件项目应生产出其承诺的产品),而且应该具有适用性(产品和服务必须满足实际需要)。

（2）防止跳过检查。避免错误的成本总是大大低于补救错误的成本。

（3）管理职责。成功需要队伍的全员参与,但为成功提供所需资源仍然是项目管理的责任。

（4）阶段内过程。戴明和其他学者提出的重复的 PDCA 质量环,与前面的阶段与过程组合非常相似。

另外,执行组织主动采取的质量提高措施(如 TQM、持续改进措施等),不仅能提高军用软件项目管理的质量,同时也能提高军用软件项目产品的质量。然而,军用软件项目管理团队须特别注意两者之间的一个重要区别:军用软件项目的一次性意味着军用软件项目持续时间不可能长到足以等到回报,所以对产品质量提高的投资,特别是缺陷预防和鉴定,也必须由执行组织承担。

4.5.1 质量计划编制

质量计划编制就是确定与军用软件项目相关的质量标准并决定达到标准的方法。它是军用软件项目计划制定中主要的组成过程之一,应该定期进行,并与其他军用软件项目计划编制过程同步。例如,预期的管理质量可能要求对成本和进度做调整,或预期的产品质量可能要求对一个特定问题做详细的风险分析。在 ISO 9000 系列出台之前,这里所描述的质量计划编制活动作为质量保证的一部分而被广泛讨论。

4.5.2 质量保证

质量保证是在质量体系中实施的全部有计划、有系统的活动,以提供满足项目相关标准的信心。它应贯穿于整个军用软件项目。在 ISO 9000 系列标准出台之前,质量计划编制中描述的活动被广泛地包括在质量保证中。

通常质量保证由质量保证部或类似名称的组织单位提供,但并非必须如此。质量保证的提供对象可能是军用软件项目管理团队和执行组织的管理层(内部质量保证),或是客户和间接涉及军用软件项目工作的其他单位(外部质量保证)。

4.5.3 质量控制

质量控制是监控具体军用软件项目结果以决定它们是否符合相关的质量标

准及确定排除不满意结果原因的方法。质量控制应贯穿于整个军用软件项目。军用软件项目结果包括产品结果（如可交付成果），和军用软件项目管理结果（如成本和进度计划绩效）。通常质量控制由质量控制部或具有类似名称的组织单位执行，但并非必须如此。

军用软件项目管理团队应具有质量控制统计的工作知识，尤其是抽样和概率，以帮助他们评估质量控制的输出。另外，他们必须知道以下所列各项之间的差别：

（1）预防（把错误排除在过程之外）和检查（把错误排除在到达客户之前）。

（2）特性抽样（结果符合或不符合）和变量抽样（结果是在测量符合程度的连续坐标系排列表示）。

（3）特殊原因（异常事件）和随机原因（正常过程偏差）。

（4）许可的误差（如果在许可的误差规定范围内，结果是可以接受的）和控制限度（如果结果在控制限度内，表明过程在控制之中）。

4.6　军用软件项目人力资源管理

军用软件项目人力资源管理包括了使军用软件项目涉及的人员达到最有效使用所必须的过程。它包括所有军用软件项目干系人：军用软件项目发起人、客户、个体贡献者等。军用软件项目人力资源管理过程如下：

（1）组织的计划编制。确定、分配军用软件项目角色、职责和报告关系，并形成文档。

（2）人员获取。获取军用软件项目所需要的人力资源，并将他们分配到军用软件项目上进行工作。

（3）团队组建。为加强军用软件项目实施而提高个人或队伍的技能。

这些过程之间并且与其他知识领域的过程间相互作用。根据军用软件项目需要，每一过程都包含了一个或多个个人或团体的共同努力。在每一个军用软件项目阶段中，每一过程一般至少涉及一次。虽然这里各个过程是作为彼此独立、相互间有明确界面的组成部分，但在实践中它们可能会交叉重叠，互相影响。

众多的主题中包括：

（1）领导、沟通、谈判和其他一些主题。

（2）委派、激励、培训、指导及其他有关针对个人的措施。

（3）队伍组建、冲突处理及其他有关针对团体的事宜。

（4）工作表现评价、招聘、退休金、劳动关系、保健和安全规则及其他与人力资源职能管理有关的事宜。

这些材料的绝大部分可直接适用于对军用软件项目人员的领导和管理，军用软件项目经理和军用软件项目管理团队应熟悉这些知识。不仅如此,他们还必须深刻意识到在军用软件项目中运用这些知识。例如:军用软件项目的一次性意味着人员和组织关系通常都是暂时的、全新的。军用软件项目管理团队必须细心选择适合这种短暂关系的技术;军用软件项目生存周期从一个阶段进入另一个阶段,军用软件项目干系人的性质和数量也随着变化。从而造成在一个阶段有效的技术在另一个阶段可能是无效的。

军用软件项目管理团队必须注意使用适合军用软件项目目前需求的技术;人力资源管理活动一般不是军用软件项目管理团队的直接职责。然而军用软件项目管理团队应充分重视行政管理的要求以保证一致性。

4.6.1　组织计划编制

组织计划编制涉及决定、分配军用软件项目角色、职责和报告关系,并形成文档。角色、职责和报告关系可以分配给个人或小组。这些个人和小组可能是军用软件项目执行组织的一部分,也可能来自军用软件项目执行组织之外。内部小组经常与诸如工程部、市场部或会计部门的具体职能部门相联系。

对于绝大多数军用软件项目,大多数组织计划编制作为早期军用软件项目阶段的一部分完成。然而,这些过程的结果应在军用软件项目进行中定期审查以保证其连续的适用性。如果启动组织不再生效,则应该立即对它进行修改。

组织计划编制经常与沟通计划编制密切相关,因为军用软件项目组织结构对军用软件项目沟通需求有重要影响。

4.6.2　人员获取

人员获取是获得分配到和工作于军用软件项目上的所需的人力资源(个人或团体)。在大多数情况下,最好的资源不一定能得到,但军用软件项目队伍必须注意确保获得的资源能满足军用软件项目的需要。

4.6.3　团队组建

团队组建包括加强作为个人贡献者的军用软件项目个人能力以及团队的整体能力。个人发展(管理技能、技术技能)是团队组建的必要基础。团队组建是军用软件项目达到其目标的重要的能力。当单个队伍成员既对职能经理负责、同时也对军用软件项目经理负责时,军用软件项目团队组建经常变得很复杂。对这种双重报告关系的有效管理经常是军用软件项目成功的关键因素,并通常是军用软件项目经理的责任。虽然团队组建定位于实施过程,但团队组建贯穿于整个军用软件项目。

4.7　军用软件项目沟通管理

军用软件项目沟通管理包括确保及时、正确地产生、收集、发布、储存和最终处理项目信息所需的过程。它提供了成功所必须的人、思想和信息之间的重要联系。参与军用软件项目的每一个人都必须做好传送和接收信息的准备,理解他们以个人身份涉及的信息将如何影响整个军用软件项目。主要过程如下:

(1) 沟通计划编制。确定军用软件项目干系人的信息需求和沟通需求;何人,在何时,需要何种信息,以及信息提供的方法。

(2) 信息分发。军用软件项目干系人可以及时得到所需要的信息。

(3) 绩效报告。收集并发布绩效信息,包括状态报告、进度测量和预测。

(4) 管理收尾。产生、收集和发布阶段定型或军用软件项目完成的信息。

这些过程之间并且与其他知识领域的过程间相互作用。根据军用软件项目需要,每一过程都包含了一个或多个个人或团体的共同努力。在每一个军用软件项目阶段中,每一过程一般至少涉及一次。

一般进行沟通的管理技能与军用软件项目沟通管理相关,但并不一样。沟通是一个含义更为广泛的题目,并且涉及一套非军用软件项目所独有的完整的知识体系。例如:发送人/接收人模式,反馈回路、沟通障碍等;选择媒体,何时使用书面沟通,何时使用口头沟通;何时使用非正式备忘录,何时使用正式报告等;书写风格,使用主动语态还是被动语态,句式结构,用词选择等;表达技巧,体态语言、直观教具设计等;会议管理技术,起草议程、处理冲突等。

4.7.1　沟通计划编制

沟通计划编制包括确定军用软件项目干系人的信息和沟通需求:何人,在何时需要何种信息,以及如何将信息提供给他们。虽然所有军用软件项目都需要进行军用软件项目信息沟通,但所需要的信息和发布的方法差别甚远。识别军用软件项目干系人的信息需求,并选择一套适用的方法满足这些需求是军用软件项目成功的一个重要因素。

在大多数军用软件项目中,沟通计划编制大部分工作是在军用软件项目早期阶段完成的。但是,该过程的结果在军用软件项目的全过程中应定期审查,并根据需要修正,以保证持续适用性。因为军用软件项目的组织结构对军用软件项目的沟通需求有较大的影响,所以沟通计划编制通常与组织计划编制密切相关。

4.7.2 信息发送

信息发送涉及向军用软件项目干系人及时提供所需的信息。它包括实施沟通管理计划以及对始料不及的信息需求的应对。

4.7.3 绩效报告

绩效报告涉及绩效信息的收集和发布,以便向军用软件项目干系人提供有关资源如何利用来完成军用软件项目目标的信息。该过程包括:状态报告,描述军用软件项目目前所处位置,如与进度计划和预算矩阵相关的状态;进度报告,描述军用软件项目队伍的成绩,如进度计划完成百分比,或者完成的任务有哪些,没有完成的任务有哪些;预测,预计军用软件项目未来的状况和进度。绩效报告一般应提供关于范围、进度计划、成本和质量的信息。许多军用软件项目还要求关于风险和采购的信息。报告可以是综合的,也可以是以例外报告为基础的。

4.7.4 管理收尾

军用软件项目或军用软件项目阶段在达到目标或因故终止后,需要进行收尾。管理收尾包含项目结果文档的形成(这些文档可以使发起人或客户对军用软件项目产品的验收正式化),包括军用软件项目记录的收集、对符合最终规范的保证、对军用软件项目的成功、效果及取得的教训进行的分析、以及这些信息的存档以备将来利用。管理收尾活动不能等到军用软件项目结束才进行,军用软件项目的每个阶段都要进行适当的收尾,保证重要的、有价值的信息不流失。另外,人才数据库中的雇员技能应该得到更新,以反映新的技能和熟练程度的提高。

4.8 军用软件项目风险管理

风险管理是对军用软件项目风险进行识别、分析和应对的系统的过程。它包括把对于军用软件项目目标而言正面事件的概率和影响结果扩大到最大和把负面事件的概率和影响结果降低到最小。

(1)风险管理计划编制。决定如何采取和计划一个军用软件项目的风险管理活动。

(2)风险识别。确定何种风险可能影响军用软件项目,并将这些风险的特性整理成文档。

（3）定性风险分析。对军用软件项目风险和条件进行定性分析,将它们对军用软件项目目标的影响按顺序排列。

（4）定量风险分析。测量风险出现的概率和结果,并评估它们对军用软件项目目标的影响。

（5）风险应对计划编制。开发制定一些程序和技术手段,用来提高实现军用软件项目目标的机会和减少对实现军用软件项目目标的威胁。

（6）风险监控。在军用软件项目的整个生存周期内,监视残余风险,识别新的风险,执行降低风险计划,以及评价这些工作的有效性。

军用软件项目风险是一种不确定的事件或条件,一旦发生,会对军用软件项目目标产生某种正面或负面的影响。风险有其成因,同时,如果风险发生,也导致某种后果。如风险成因可能是需要获取某种许可,或是军用软件项目的人力资源受到限制。风险事件本身则是获取许可所花费的时间可能比计划的要长,或是可能没有充足的人员来完成军用软件项目工作。以上任何一种不确定事件一旦发生,都会给军用软件项目的成本、进度计划或质量带来某种后果。风险条件包括军用软件项目环境中可能导致军用软件项目风险的某些方面,如不良的军用软件项目管理,或对不能控制的外部参与方的依赖。

军用软件项目风险既包括对军用软件项目目标的威胁,也包括促进军用软件项目目标的机会。风险源于存在于所有军用软件项目之中的不确定因素。已知风险是那些已经经过识别和分析的风险。对于已知风险,进行相应计划是可能的。虽然军用软件项目经理们可以依据以往类似军用软件项目的经验,采取一般的应急措施处理未知风险,但未知风险是无法管理的。

组织单位对风险予以关注,是因为风险与对军用软件项目成功的威胁相关联。对军用软件项目构成威胁的某些风险,如果这些风险与所冒风险的回报相平衡,可能会被接受。例如,对于可能延期的进度采用"快速跟进",冒此风险是为了达到工期提前的目的。有些风险是一些机会,对于这些风险可能应当努力追求,以便使军用软件项目目标受益。

要成功完成军用软件项目,组织单位必须在军用软件项目的全过程中贯彻实施风险管理。衡量组织单位的风险管理是否尽责,一个方法是看它是否致力于收集有关军用软件项目风险和风险特性的高质量数据信息。

4.8.1 风险管理计划编制

风险管理计划编制是决定如何采取和计划一个军用软件项目的风险管理活动的过程。风险管理的水平、类型和可见度不仅要与风险相称,也要与军用软件项目对组织单位的重要性相称。为了保证这一点,对随后进行的各种风险管理过程做好计划是非常重要的。

4.8.2 风险识别

风险识别是确定何种风险可能会对军用软件项目产生影响,并将这些风险的特性归档。一般而言,风险识别的参与者尽可能地包括以下人员:军用软件项目队伍、风险管理小组、来自公司其他部分的某一问题的专家、客户、最终使用者、其他军用软件项目经理、军用软件项目干系人、外界的专家等。

风险识别是一个不断重复的作业过程。第一次反复可能是由军用软件项目队伍的某一部分或由风险管理小组进行的。军用软件项目队伍整体和主要军用软件项目干系人可能做第二次反复。为了取得一个不带偏见的客观分析,可能由没有参与军用软件项目的人员进行最终的反复。一旦风险被识别出来,通常就可以开发甚至实施简单和有效的风险应对。

4.8.3 定性风险分析

定性风险分析是评估已识别风险的影响和可能性的过程。这一过程按风险对军用软件项目目标可能的影响对风险进行排序。定性风险分析是在明确特定风险和指导风险应对两方面确定其重要性的方法。与风险相关的行动的时间危机程度可能会夸大风险的重要性。对手头信息的质量进行评估,也有助于调整对风险的估计。定性风险分析要求使用已有的定性分析方法和工具来评估风险的概率和后果。重复进行定性分析,得到的结果变动趋势表示需要采取或多或少的风险管理措施。运用这些工具可以帮助人们修正军用软件项目计划中经常出现的偏差。在军用软件项目生存周期内,为了跟上军用软件项目风险的变化应再次进行定性风险分析。这一作业过程可以引发进一步的定量风险分析或直接导出风险应对计划。

4.8.4 定量风险分析

定量风险分析过程的目标是量化分析每一风险的概率及其对军用软件项目目标造成的后果,从而分析军用软件项目总体风险的程度。这一过程使用诸如蒙特卡罗模拟的技术手段和决策分析,来达到如下目标:

（1）测定取得某一特定军用软件项目目标的概率。

（2）量化军用软件项目的风险暴露,决定可能需要的成本大小和进度计划应急准备金。

（3）通过量化各风险对军用软件项目风险的相应贡献,甄别出最需要关注的风险。

（4）找出理想的和可实现的成本、进度计划及工作范围目标。

一般来讲，定量风险分析随定性风险分析之后进行，它需要有风险识别。风险定性和定量分析过程可以单独或一同采用。对时间和预算的考虑，以及对风险及其后果定性和定量说明的需要，决定采取以上哪种方法。反复定量分析取得的结果中所反映的趋势，可以反映对风险管理措施或多或少的需求。

4.8.5 风险应对计划编制

风险应对计划编制是一个开发方案和制定措施的过程，目的是为了提升实现军用软件项目目标的机会、降低对军用软件项目目标的威胁。它包括确定和派遣人员或单位，去负责每个已经认可的风险应对行动。这一过程保证已识别出的风险得到合适的处置。风险应对计划编制的有效性将直接决定军用软件项目的风险是增加还是减少。

风险应对计划编制必须与以下各项相适应：风险的严重性、应对挑战所需成本的有效性、完成任务的适时性、军用软件项目环境下的现实性、得到所有参与方的认同，并且由一个专人负责。通常需要从多个选择方案中挑选最佳的风险应对方案。

4.8.6 风险监督和控制

风险监督和控制跟踪已识别的风险，监视残余风险和识别新的风险，保证风险计划的执行，并评估这些计划对降低风险的有效性。风险监督和控制记录与应急计划实施相关联的风险量度。风险监督和控制是军用软件项目整个生存周期中的一种持续进行的过程。随着军用软件项目的成长，风险会不断变化，可能会有新的风险出现，也可能预期的风险会消失。

良好的风险监督和控制过程能为我们提供信息，帮助我们在风险发生前做出有效决策。为了定期对军用软件项目风险水平的可接受程度做出评估，所有军用软件项目干系人之间的沟通是必要的。

风险监督的目的是决定：

（1）风险应对措施是否已经按计划得到实施。

（2）风险应对措施是否像期望的那样有效，或是否需要制定新的应对方案。

（3）军用软件项目假设是否仍然成立。

（4）风险暴露与以前的状态相比是否发生了变化，并做出趋势分析。

（5）某一风险触发器是否已经发生。

（6）适当的政策和程序是否得到了遵从。

（7）先前未曾识别出的风险是否已经发生或出现。

风险控制可能涉及选择备用战略方案、实施某一应急计划、采取纠正行动或重新制定军用软件项目计划。风险应对承担人应定期向军用软件项目经理和风险小组负责人报告计划的有效性、任何未曾预料到的影响以及任何需要的缓解风险的中期纠正措施。

4.9　军用软件项目采购管理

军用软件项目采购管理包含为达到军用软件项目范围而从执行组织外部获取货物和服务所需的过程。为简单起见，通常又把货物和服务（无论是一项还是多项）称为"产品"。主要过程如下：

（1）采购计划编制。决定何时采购何物。

（2）编制询价计划。形成产品需求文档，并确定可能的供方。

（3）询价。获得报价单、投标、出价或在适当的时候取得建议书。

（4）供方选择。从可能的卖主中进行选择。

（5）合同管理。管理与卖方的关系。

（6）合同收尾。合同的完成和解决，包括任何未解决事项的决议。

军用软件项目采购管理是从买方—卖方关系中买方的角度进行讨论的。在军用软件项目的许多层次上都存在买方—卖方关系。根据应用领域的不同，卖方可以称为转包商、卖主或供应商。卖方通常以军用软件项目方式管理他们的工作。在这种情况下：买方成为客户，并且是卖方的一个重要的军用软件项目干系人；卖方的军用软件项目管理团队应关注军用软件项目管理的所有过程，而不仅仅是军用软件项目采购管理的过程。

合同条款是卖方许多过程的关键性输入。合同本身实际上可能就包括输入（如重要的可交付成果、关键里程碑、成本目标）。或者合同可能会限制军用软件项目队伍的选择（例如在设计性军用软件项目中，对人员配备的决定经常需要得到买方的批准）。

4.9.1　采购计划编制

采购计划编制是确定从军用软件项目组织外部采购哪些产品和服务能够最好地满足项目需求的过程，它必须在范围定义工作中完成。采购计划编制涉及的需要考虑的事项包括是否采购、怎样采购、采购什么及何时采购。

当军用软件项目从执行组织以外获得产品和服务（军用软件项目范围）时，对每项产品和服务都要执行一次从询价计划编制到合同收尾的过程。必要时，军用软件项目管理团队可能会寻求合同和采购专家的支持，并且让这些专家作为军用软件项目队伍的一员,尽早参与某些过程;当军用软件项目不从执行组织以外获得产品和服务时,则不必执行从询价计划编制到合同收尾的过程。

采购计划编制需要考虑的事项还应包括可能的卖主,特别是在买方希望对合约订立施加一定程度的影响或控制时更是如此。

4.9.2 询价计划编制

询价计划编制包括支持询价工作所需的文档准备工作。

4.9.3 询价

询价是从预期的卖主那里获取有关军用软件项目需求如何被满足的意见反馈(投标和建议书)。本过程绝大部分实际工作由可能的卖主承担,一般来说该阶段军用软件项目没有成本发生。

4.9.4 供方选择

供方选择包括投标书或建议书的接受及用于选择供应商的评价标准的应用。在供方选择决策过程中,除了成本或价格以外,还需要评价许多因素。

价格可能是决定现货采购的首要因素。但是,如果卖方不能够按时交货,则最低建议价格不一定是最低成本。

建议书通常分为技术(方法)部分和商务(价格)部分。两部分分别进行评价。

对于关键产品,可能需要有多个供方。下面阐述的工具和技术可以单独或结合运用。如加权系可以应用于:选择一个供方与其签署一份标准合同;对所有建议书排序以确定谈判顺序;对主要采购军用软件项目,这个过程可以重复。根据初步建议书,列出合格卖主简短清单,然后根据更为详细和综合的建议书进行更为详细的评价。

4.9.5 合同管理

合同管理是确保卖方履行合同要求的过程。对于具有多个产品和服务供应商的大型军用软件项目,合同管理的一个关键方面是管理各个供货商之间的组织界面。合同关系的法律属性决定,军用软件项目队伍应强烈地意识到在管理合同中所采取的行为的法律含义。

合同管理包括了在合同关系中应用适当的军用软件项目管理过程,并把这些过程的输出集成到军用软件项目的整体管理中。当涉及多个供货商和多种产

品时,这种集成和协调会经常在多个层次发生。必须执行的军用软件项目管理过程包括:

(1)军用软件项目计划实施。用以授权承包商在适当时间进行工作。

(2)绩效报告。用以监控承包商成本、进度计划和技术绩效。

(3)质量控制。用以检查和核实分包商产品的充分性。

(4)变更控制。用以保证变更能得到适当地批准和并且保证所有应该知情的人员获知变更。

(5)合同管理也有财务管理的成分。付款条款应在合同中定义并应建立卖方执行进度和支付的联系。

4.9.6 合同收尾

合同收尾类似于管理收尾,它涉及产品核实(所有的工作是否正确地、满意地完成)和管理收尾(更新记录以反映最终结果,并为将来使用对这些信息归档)。合同条款可以对合同收尾规定具体的程序。提前终止合同是合同收尾的一种特殊情况。

第5章 军用软件质量管理体系

目前军用软件产品的开发已从传统的个人手工作坊式开发进入到有组织、有流程的大规模生产模式,如何对军用软件开发过程进行控制、如何提高军用软件产品质量已成为影响信息化装备充分发挥战斗力的一个关键问题。军用软件质量管理是个全组织、多角色共同参与的、复杂的系统工程过程,好的军用软件质量是各级军用软件管理人员孜孜追求的最高梦想。本章主要介绍了军用软件质量管理体系的发展,阐述了军用软件质量管理体系的八项原则,还包括军用软件质量管理体系的建设等内容。

5.1 军用软件质量管理体系概述

军用软件质量管理体系的知识涵盖了软件工程、CMMI 软件能力成熟度模型、PMP 项目管理以及软件测试技术的理论。其中,软件工程主要介绍了各种生存周期模型,这是软件研发和质量管理的基础,也是 CMMI 软件能力成熟度模型和 PMP 项目管理理论中重点介绍的内容;PMP 项目管理理论适用于任何行业的项目管理工作,它详细介绍了制定项目估算、预算的方法,以及制定项目进度计划的各种技术,这些是 CMMI 软件能力成熟度模型和软件工程的重要补充;CMMI 软件能力成熟度模型是当今最流行的一种对软件研制单位成熟度的评判标准,它所涵盖的内容之广及体系之完整都是前所未有的。CMMI 将软件的管理过程拆分为多个 PA(过程域),并详细介绍了每个 PA 所需要完成的工作、流程以及流程中必备的产出物,它是软件质量管理中的核心部分[52]。但 CMMI 软件能力成熟度模型着重于过程的定义,有些具体的操作方法和技术就必须参考 PMP 项目管理理论或软件测试理论的相关知识。软件测试一直以来都被很多人误解为等同于软件质量管理,多样的软件测试技术正是 CMMI 软件能力成熟度模型 VER(验证)的重要补充内容。总的来说,软件工程中生存周期模型好比盖房子时打下的地基,CMMI 软件能力成熟度模型就是房子的框架结构,PMP 项目管理以及软件测试技术的理论就是填充房子的砖石,而盖好的这座房子就是军用软件质量管理体系。

5.2　军用软件质量管理体系的原则

军用软件质量管理体系基于八项质量管理原则[52]：

（1）以用户为关注焦点的原则。

（2）领导作用的原则。

（3）全员参与的原则。

（4）过程方法的原则。

（5）管理的系统方法原则。

（6）持续改进的原则。

（7）基于事实的决策方法原则。

（8）与供方互利的关系原则。

这些通用原则应当构成启动组织和项目组织的军用软件质量管理体系的基础。

军用软件质量管理体系应当形成文件，且在项目质量计划中包含或引用。

质量计划应当识别实现项目质量目标所必须的活动和资源。应当将质量计划纳入或引用到项目管理计划中。

在合同环境下，用户可能规定对质量计划的要求，但这些要求不应当限制项目组织使用的质量计划的范围。

5.2.1　以用户为关注焦点的原则

军用软件产品项目依赖其用户。因此，军用软件产品项目应当理解用户当前的和未来的需求，满足用户要求并争取超越用户的期望值，满足用户及其他相关方的要求对项目的成功是非常必要的。这些要求应当得到明确理解，以确保所有的过程都受到关注并能够满足这些要求，包括产品目标的项目目标中应当考虑用户和其他相关方的需求和期望。在项目进行中可对目标进行修正。项目目标应当形成文件，纳入项目管理计划。项目目标应当详细说明要完成什么（用时间、成本和产品质量表示）以及要测量什么。

当在时间或成本与产品质量之间确定平衡关系时，应当评价对项目产品的潜在影响，考虑用户的要求。适当时，应当在整个项目进程中建立与所有相关方的接口关系，以便于交换信息。相关方要求之间的任何冲突都应当得到解决。

通常，当用户的要求与其他相关方的要求之间出现冲突时，首先考虑用户的要求，但法规有要求时除外。冲突的解决结果应当取得用户的同意。相关方达成的一致意见应当形成文件。在整个项目进程中需要注意相关方要求的变更，包括来自项目开始后才加入项目的新的相关方的附加要求。

5.2.2 领导作用的原则

领导者确立军用软件项目统一的宗旨及方向。他们应当创造并保持软件研发人员能充分参与实现组织目标的内部环境,应当尽早指定项目负责人。项目负责人是具有规定的职责和权限的个人,负责管理项目并确保项目质量管理体系的建立、实施和保持。项目经理所赋予的权限应当与其所拥有的职责相适应。

启动组织和项目组织的最高管理者应当通过以下途径确保在创建质量文化中的领导作用:

(1) 建立项目质量方针并确定目标,包括质量目标。

(2) 提供基础设施与资源以确保项目目标的实现。

(3) 提供有助于满足项目目标的组织结构。

(4) 依据数据和实际的信息进行决策。

(5) 授权并激励所有项目人员改进项目过程和产品。

(6) 策划未来的预防措施。

5.2.3 全员参与的原则

各级人员都是组织之本,只有他们的充分参与,才能使他们的才干为组织带来收益。项目组织的人员对于其参与项目的职责和权限应当有明确的规定。项目参与者所赋予的权限应当与其所分配的职责相适应。应当选择有能力的人员参与到项目组织中。为了提高项目组织的业绩,应当向这些人员提供适用的工具、技术和方法,以使他们能够监视和控制过程。

5.2.4 过程方法的原则

将活动和相关的资源作为过程进行管理,可以更高效地得到期望的结果,应当识别项目过程并形成文件。启动组织应当将其在开发和使用自己的过程中获得的经验或从其他项目中获得的经验向项目组织传授。项目组织在确定项目过程中应当考虑这些经验,可能还需要确定对该项目特有的过程。可通过以下途径完成:

(1) 识别对该项目适宜的过程。

(2) 识别项目过程的输入、输出和目标。

(3) 识别过程的所有者并确定他们的权限和职责。

(4) 设计项目过程以预见项目生存期中未来的过程。

(5) 确定过程之间的相互关系和相互作用。

过程的有效性和效率可通过内部或外部评审来评定,还可通过标杆或成熟度模型评价法进行评定。成熟度划分一般从"无正式体系"到"同类中最佳"。

5.2.5 管理的系统方法原则

将相互关联的过程作为系统加以识别、理解和管理,有助于组织提高实现目标的有效性和效率。通常,管理的系统方法使组织经策划的过程之间协调和兼容,接口关系明确项目是按一系列经策划的、相互影响的、相互依赖的过程进行的。项目组织控制项目过程。为了控制项目过程,必须确定并连接所需的过程,按与启动组织整个体系一致的体系对其进行整合和管理。应当针对项目过程明确划分和确定项目组织和其他有关的相关方(包括启动组织)之间的职责和权限,并做好记录。项目组织应当确保规定了适当的沟通过程,确保项目过程之间以及项目、其他相关项目和启动组织之间的信息交换。

5.2.6 持续改进的原则

持续改进总体业绩应当是组织的一个永恒目标。持续改进的循环是基于"策划—实施—检查—处置"(PDCA)的概念。启动组织和项目组织负责不断寻求改进各自过程的有效性和效率。为了从经验中学习,应当将项目的管理作为一个过程进行而不是一项孤立的活动。应当建立一个系统,以记录和分析项目中获得的信息,以便将其用于持续改进过程。应当制定自我评定、内部审核和(要求时)外部审核识别改进机会,这些规定也应当考虑所需的时间和资源。

5.2.7 基于事实的决策方法原则

有效的决策是建立在数据和信息分析的基础上的。应当记录项目进展和业绩方面的信息,如记在项目记录卡上为评定项目状态,应当进行业绩和进展评价。项目组织应当分析来自业绩和进展评价的信息,对项目做出有效的决策,修订项目管理计划。应当分析来自以前项目的项目关闭报告的信息,并用于支持现在或未来的项目的改进。

5.2.8 与供方互利的关系原则

组织与供方是相互依存的,互利的关系可增强双方创造价值的能力。当确定获得外部产品(特别是交货期的产品)的战略时,项目组织应当与其供方合作,并可考虑与供方共担风险。项目组织应当与供方一起制定对供方过程和产品规范的要求,以便从中得到的供方知识中受益。项目组织应当确定供方满足其过程和产品要求的能力,并考虑用户的优选供方目录或选择准则。应当研究多个项目选用同一个供方的可能性。

5.3 军用软件质量管理体系建设

软件产品用户的需求和期望是不断变化的,这就促使研制单位持续地改进软件产品和过程。而质量管理体系要求恰恰为研制单位改进产品和过程提供了一条有效途径。为了建设良好的军用软件质量管理体系,一般可参照 ISO 9001 标准建设。

ISO 9001 标准是世界上许多经济发达国家质量管理实践经验的科学总结,具有通用性和指导性。实施 ISO 9001 标准,对促进组织质量管理体系的改进和完善,提高组织的管理水平都能起到良好的作用。按 ISO 9001 标准建立军用软件质量管理体系,可以通过体系的有效应用,促进军用软件研制单位持续地改进产品和过程,实现软件产品质量的稳定和提高,无疑是对用户利益的一种最有效的保护。ISO 9001 标准鼓励研制单位在制定、实施质量管理体系时采用过程方法,通过识别和管理众多相互关联的活动,以及对这些活动进行系统的管理和连续的监视与控制,以实现用户能接受的产品。此外,质量管理体系提供了持续改进的框架,增加用户(消费者)和其他相关方满意的程度。因此,ISO 9001 标准为有效提高研制单位的管理能力和增强市场竞争能力提供了有效的方法。

5.3.1 质量管理部门的职责

由于软件质量管理的专业性和复杂性,可以实行"检、监、控"三分离的职责设置:"质量检验"部门是"系统测试部",负责软件质量的检验(功能测试、性能测试、回归测试等);"质量管理部"的角色和功能定位为:在管理者代表的领导下,独立于研制单位的运行之外,规划、监督、指导和改进研制单位质量体系的运行,检查开发结果是否符合规定,可以更全面、客观、公正地观察研制单位的运行;而各部门经理推动该部门的质量管理工作,负行政责任。这是一种借鉴跨国研制单位做法的设置。

质量管理部的具体职能是:制定质量管理工作计划;对各部门的质量管理工作提出建议指导;跟踪、内审、分析质量管理体系的运行;控制软件和开发文档的版本;确认软件产品的测试结果;组织质量管理体系的改进。

根据 CMMI 的精神,质量管理部组织三个小组的活动,即 SEPG(软件工程过程小组)、SCM(软件配置管理小组)、SQA(软件质量保证小组)。这些小组的成员都是兼职的,是各部门的资深开发人员。在质量管理部的领导下,这些小组把 CMMI 的原则运用到研制单位开发流程的改进中。例如分析质量管理体系各种过程的运行数据,提出对过程的改进方案。由于质量管理部独立于日常的质量体系运行之外,可以公正地、详细地搜集和分析质量体系运行、过程操作、软件产品质量的各种数据,在此基础上提出改进的方案,并监督改进方案的执行。

质量管理部对产品质量进行确认。虽然对软件产品的测试、检验是由专门的部门完成的,但质量管理部要对其进行确认,例如采购的验收、软件的测试等是否按程序文件的规定完成并达到规定的质量要求,开发文档的编写是否符合规定等。

质量管理部的另一个重要工作,是控制软件和开发文档的版本。如果没有文档资料,操作人员就无法运行,开发人员也无法修改维护,所以开发文档也是产品的一部分。软件产品的版本非常复杂,相应的开发文档数量多、版本也很复杂,如果软件或文档的版本搞错了,会给使用带来麻烦;所以版本控制是软件产品质量的重要部分。

对用户满意度进行搜集、分析和评价是质量管理部的另一个重要工作。用户满意是 ISO 9000 质量管理体系的主要要求之一,研制单位对用户的服务部门有市场营销部、产品开发部、工程部等,而对用户服务的效果、用户满意度的调查、搜集、分析和评价,则应由中立的质量管理部进行(正如运动员不能同时又是裁判员一样)。

5.3.2　基于 ISO 9001 标准和 CMMI 原则的开发流程管理文件

基于 ISO 9001 标准,并吸收 CMMI 的原则,研制单位制定了几十个程序文件和指导书,以及记录这些流程操作的记录表格,涵盖了合同评审、采购、项目管理、软件开发、变更控制、设计评审、文档控制、测试控制、不合格品控制、现场安装、售后服务、技术支持、培训管理等软件开发的全过程,另外还有保证质量体系有效性的管理评审、内审、文件/记录控制、纠正/预防措施控制等程序文件,为各项操作提供了科学合理的指导,构成了完整严密的质量保证体系。

合同评审是审核研制单位满足用户要求的能力的措施,由研发、工程、质量管理、市场、财务等各部门对合同进行评审,评价各部门的满足合同要求的能力,并做相应的安排。如果合同有更改,必要时还要进行评审,并及时把更改信息传达到各有关部门。

质量策划是质量体系中的首要工作,就研制单位而言,质量策划体现为制定"项目开发计划",将项目要做什么、质量指标是什么、如何检验、分几个阶段、由哪些人完成、他们的资历如何、需要哪些资源(如开发设备、开发工具)、有哪些质量控制点、如何控制等在项目开始前做详细规划,并得到总经理批准。在开发过程中,由项目管理部控制项目计划的执行。

过程控制在研制单位可以认为是项目管理过程。由项目管理部组织项目的实施,按项目计划的进度跟踪项目,确保项目开发满足项目计划的各种规定,特别是对各种开发文档的评审和各阶段软件测试的确认,保证开发输出的质量。

对于部分模块外包给其他研制单位开发,研制单位首先严格审核承包商的资格,包括人员、设备、资质、以往业绩、管理水平等,与其签订外包合同后,则对承包商进行与本研制单位软件开发相同的开发过程监控和验收。

研制单位建立了严密的售后服务方面的流程,如研制单位技术支持流程、现场技术支持流程、用户本地化技术支持流程、用户走访流程、用户满意调查等,为用户提供全方位的、周到的服务,真正体现了 ISO 9001"让用户满意"的精神。

5.3.3　软件开发的项目管理

1. 项目管理人员(PM)的职责

(1)项目相关信息的交汇者,也是项目信息的最终发布者。

(2)帮助项目组成员明确各自的职责。

(3)跟踪项目组成员的工作情况。

(4)跟踪项目的进展情况。

(5)制定详细的项目计划,并获得相关职能部门经理的认可。

(6)项目实施过程中有关统计数据的收集、整理。

(7)向管理层汇报项目状态。

2. 项目管理过程的主要内容

根据 PM 的定义,项目管理内容包括范围管理(Scope Management)、时间管理(Time Management)、成本管理(Cost Management)、风险管理(Risk Management)、采购管理(Procurement Management)、质量管理(Quality Management)、人力资源管理(Human Resource Management)和项目沟通管理(Communication Management)。在实践中,上述内容从合同评审开始,贯穿于"制定项目计划"、"组织项目实施"、"跟踪项目执行"等整个过程当中。

3. 项目管理过程是一个迭代、不断完善、螺旋式前进的过程

项目管理过程不是一个简单的单向过程,而是一个迭代的、不断完善、螺旋式前进的过程。在实践中,除了要将项目管理内容充实到整个项目管理过程当中之外,还需要定期对项目管理过程进行检查,以改进无法满足实际要求的环节。

在研制单位内部,强调 PM 之间的沟通和 PM 自身的学习,包括:定期召开PM 例会,以便共享项目实施过程中问题解决思路、建议,关注软件开发流程的各个环节,进行流程改善讨论;鼓励参加项目管理专业资格(PMP)认证,规范项

目管理方法和开拓项目管理思路。

5.3.4 软件配置管理

1. 软件配置管理的目标

规划软件配置管理活动;经由选择的软件工作产品能够被识别、控制及是可获取的;对被识别的软件工作产品的调整进行控制;相关的组织和个人能获知软件基准的情况和具体内容。

2. 软件配置管理方面的工作

在指定的时间及时确定软件的配置(如软件产品和它们的描述);在整个软件生存周期中系统地控制这些配置的调整,并维持其完整性和可跟踪性;被置于软件配置管理之下的工作产品包括发布给用户的软件产品(如软件需求文档和代码)以及创建软件产品所必须的内容(如编译器)。

研制单位的软件开发中编制"配置管理计划",并采用配置管理工具软件对软件代码进行配置管理,为代码规定了各层次目录,对每个目录下的代码模块的存取及版本控制,都由软件自动完成,保证各种版本不会混乱。

5.3.5 更改管理

软件开发的一个特点是迭代性——循环反复。由于需求的变化和对软件本身缺陷的修改,文档和代码的变更非常频繁,后面阶段的工作要紧密跟踪前面阶段的变更,所以对变更的控制非常重要和复杂。研制单位每个项目的开发团队都有一个"变更管理小组"(MRB),有专门的召集人,利用自行开发的软件工具进行变更控制,保证了变更各环节受控。

具体做法是:无论是对需求、设计文档或软件运行的缺陷,都可以提出一个"修改请求"(MR),将其提交给有关开发人员;MRB 召集人召开会议,对该 MR 进行评审,同意修改后,有关开发人员做相应修改;修改完成后提交测试部门验证,验证通过后,由 MRB 召集人将该条 MR 关闭。这样就保证了每一个提出的修改要求都能被跟踪和落实。

5.3.6 文档管理

软件开发的一个特点就是文档特别多,而且更新频繁。对开发过程的源代码和各种开发文档进行严格的版本控制、保证只有最新版本非常重要。研制单位对软件开发过程中的文档版本控制也采用"版本控制系统"(Concurrent Versions System,CVS)。对完成的每一份开发文档都要由相关部门人员做有效的评审;开发文档有评审人、批准人,以保证文档的质量;对发布之后的文档做修改要通过"变更控制"的管理。

5.3.7　软件产品质量控制活动

软件质量保证活动包括：规划软件质量保证活动；客观地检验软件产品和活动是按照合适的标准、步骤和需求运作的；相关的组和个人能够获知软件质量保证活动的结果；复审及审核软件产品和活动以验证它们是按照合适的步骤以及标准运作的；定义软件产品的质量目标，制定达到这些目标的计划并监控及调整这些软件计划、软件工作产品、活动和质量目标以满足客户及最终用户对高质量产品的需要和期望；规划项目软件质量管理活动；定义可度量的软件产品质量目标及其优先级；定量化并管理实现软件产品质量目标的实际进展。

对软件产品的质量控制贯穿于开发的全过程。设计控制是研制单位质量管理体系的主体。设计输入是用户需求分析，有书面文件并经用户和研制单位双方确认。设计输出是开发完成的软件及相关使用文档。软件要经过严格测试，相关文档资料要经过评审。在研制单位，参加软件开发的各部门人员组成项目团队，由项目管理工程师组织合同执行（主要是软件开发）的开发过程，各阶段的开发输出都要经过严格的评审，包括详细功能描述、系统模型、用户界面设计、软件结构设计、编程、单元测试、集成测试、系统测试（包括功能测试、性能测试、接口测试、回归测试等），通过后才能为用户安装和初验，试运行、终验全部通过后，软件的开发才算最后完成。

5.3.8　对产品发布的控制

由于研制单位开发部门的软件版本和文档特别多，为避免给用户发货时出现差错，由质量管理部控制发给用户的软件和使用文档。质量管理部严格检查提交来的软件的测试报告、版本信息文档、软件版本号、用户文档是否经过有效的评审等。

5.3.9　对软件开发过程的监督

根据 ISO 9001 标准，研制单位制定了软件开发全过程的一系列流程文件。质量管理部根据这些文件，抽查开发的实际过程是否遵守了流程文件，如果没有遵守，则要求并跟踪开发人员改正，直到确实得到更正。对开发过程的抽查结果列入对开发团队的考核，使质量管理部的抽查具有了权威性。

过程管理篇

　　过程管理篇,按照军用软件质量的形成过程,以及军用软件过程管理的要求,系统阐述了军用软件生存周期内各主要阶段的质量管理工作要求,包括军用软件需求分析的概念、建模、主要内容,软件需求评审、软件需求说明的修改要求等;军用软件设计的概念、原则和基本方法,软件设计的关键问题,软件的体系结构,软件设计质量的分析与评价;军用软件开发的概念、一般要求、详细要求;军用软件质量监督的特点、基本要求;军用软件定型与鉴定的概念、要求和主要内容等。

第6章　军用软件需求分析

军用软件开发的目标是按时按预算开发出满足用户真实需要的软件。有资料表明,在所有影响软件开发成败的因素中,有关需求的因素占到了37%,这表明需求分析的好坏是软件成败的关键所在[42]。军用软件需求分析是在系统分析和软件定义的基础上,对系统总体设计要求、性能要求、设备要求、接口设计要求等进行的分析。其目的是确定系统或子系统的软件需求说明和数据要求说明。在软件需求分析阶段,承办单位必须根据交办单位提出的战术技术要求,软件开发任务书或合同以及其他有关资料,在对用户进行调查研究的基础上,确定软件的功能、性能、接口、数据、环境需求、软件的安全、保密要求以及假设和约束。本章主要阐述软件需求的概念,需求分析的内容和方法,需求获取,需求分析以及需求评审等内容。

6.1　软件需求概述

软件需求在软件开发中是一个非常重要的问题。在开始设计一个软件产品之前,需要了解客户详细而具体的需求,并把它们正确地记录下来。准确而有效地获取用户需求,精确表达用户需求并得到用户认可,是软件项目开发成功的重要一步[44]。

6.1.1　需求的概念

简单地说,"需求"就是用户的需要和要求,是用户对目标软件系统在功能、行为、性能、设计约束等方面的期望。IEEE 软件工程标准词汇表(1997 年)中对需求的定义如下:

(1)用户解决问题或达到目标所需的条件或能力(Capability)。

(2)系统或系统部件要满足合同、标准、规范或其他正式规定文档所需具有的条件或能力。

(3)一种反映(1)或(2)所描述的条件或能力的文档说明。

由定义可知,需求包括用户要解决的问题、达到的目标,以及实现这些需要的条件,表现形式一般为文档形式。

6.1.2　良好需求的特性

软件产品要满足用户所需就要创建良好的需求,据有经验的从事软件工程的程序员总结,良好的需求应包含以下特性:

(1) 正确性:技术可行,内容合法,符合软件设计实际要求。

(2) 完整性:能够表达一个完整的想法。

(3) 清晰性:不易被错误理解,不模棱两可。

(4) 一致性:不与其他需求相冲突。

(5) 可追踪性:可以唯一识别并进行跟踪。

(6) 可验证性:可验证系统能否满足用户需要。

(7) 可行性:可以在预期成本和计划进度内完成。

(8) 模块化:可单独变更而不影响其他需求,或不会造成较大影响。

(9) 独立于设计:不包括项目设计和实现的细节、计划信息等。

6.1.3　需求的层次

软件需求包括不同的层次,即业务需求、用户需求、功能需求和非功能需求。不同层次是从不同角度与不同程度反映着细节问题。

(1) 业务需求(Business Requirement),反映了组织机构或客户对系统、产品高层次的目标要求,它们在项目视图与范围文档中予以说明。

(2) 用户需求(User Requirement),文档描述了用户使用产品必须要完成的任务,这在使用实例(Use Case)文档或方案脚本(Scenario)说明中予以说明。

(3) 功能需求(Functional Requirement),定义了开发人员必须实现的软件功能,使得用户能完成其任务,从而满足业务需求。

(4) 非功能需求(Non-Functional Requirement),描述了系统展现给用户的行为和执行的操作等,它包括产品必须遵从的标准、规范和约束,操作界面的具体细节和构造上的限制。

6.2　软件需求分析建模

6.2.1　需求分析的依据

军用软件需求分析是在系统分析和软件定义的基础上,在完成了可行性研究报告和项目开发计划之后进行的。系统分析提供的有关信息主要有:

（1）系统总体设计要求。

（2）系统性能要求。

（3）设备要求。

（4）接口设计要求。

（5）操作使用要求。

（6）系统设计标准。

（7）系统备份和维护要求。

6.2.2 需求分析建模

需求分析主要是对收集到的需求进行提炼、分析和认真审查,以确保所有的项目相关人员都明白其含义,并找出其中的错误、遗漏或其他不足的地方,形成完整的分析模型的过程。需求分析的目的在于开发出高质量的、详细的需求,从而支持项目估算、软件设计和软件测试。

1. 需求分析的主要工作[45]

（1）定义系统的边界。建立系统与其外部实体间的界限和接口的简单模型,明确接口处的信息流。

（2）建立软件原型。当开发人员或用户遇到需求不确定的问题时,开发软件原型是一种最好的解决方法,它将许多概念和可能发生的事情直观地显示出来。用户通过评价原型,使得项目参与人员能够进一步理解问题,同时找出需求文档与软件原型之间的矛盾。

（3）分析需求可行性。在项目成本和性能要求允许的情况下,分析每一个需求实现的可行性,确定与需求实现相联系的开发风险,诸如与其他需求的冲突、对外界因素的依赖和技术障碍等。

（4）确定需求优先级。开发人员通过分析来确定产品特性或每一个需求实现的优先级,并以此为基础确定产品版本将包括哪些特性或需求。由于软件项目受到时间和资源的限制,一般情况下无法实现软件功能的每一个细节,因此需求优先级有助于开发组织和版本规划,以保证在规定的时间和预算内达到最好的效果。

（5）建立需求分析模型。建立分析模型是需求分析的核心工作。无论何种复杂的工程项目,设计都是从建模开始的,设计者通过创建模型和设计蓝图来描述系统的结构。例如,研制飞机时,设计师们都会利用模型来研究目标课题的某一个侧面,如飞机机身的空气动力布局等。在研发过程的大部分阶段中,设计师都不会去构造一个真实的系统来进行研究,因为这样的话成本太高了,或甚至是不可能的,同时问题本身没有得到足够的简化,很难找到问题的正确答案。所以人们往往会构造一个模型来对复杂系统进行简化和抽象,通过这种简化和抽象来帮助设计人员加深对系统的认知。在进行简化和抽象时需要抓住的是问题的本质,而过滤掉很多其他非本质的因素,从而帮助分析人员降低问题的复杂性,以利于问题的解决。

建模的意义重大,它充分体现了"分而治之"这一概念,把特别复杂而困难的问题分解细化之后,逐个解决它们。所以,模型的作用就是使复杂的信息关联简单易懂,通过创建模型可获得对未来系统更好的理解。这里注意,在软件需求阶段,创建的模型应着重于描述系统必须做什么的问题,而不是如何去做的问题。

(6)创建数据字典。数据字典定义了系统中使用的所有数据项及其结构,至少应该定义客户的数据项,以确保客户和开发人员使用一致的定义和术语。

2. 需求分析模型

模型,就是为了理解事物而对该事物做出的一种抽象,是对现实世界的简化和抽象。通常,软件工程中的模型由一组图形符号和组织这些符号的规则组成。

经过软件的需求分析建立起来的模型称为需求分析模型,它是一种目标系统逻辑表示技术,建模的目的是使用模型来表现系统中的关键方面。然后,可以在形式化的分析、模拟和原型设计中使用这些模型,以研究预期的系统行为,并且可以在编写文档或总结时使用这些模型,以便就系统的性能和外观进行交流。

3. 建模分类

(1)域建模。域建模指的是对问题域创建相应的模型并且把它划分为若干个内聚组的过程。然后,可以在抽象模型中捕获业务流程、规则和数据。

域模型是一种用于理解问题域的工具。注意,需要从信息系统之外的角度来理解这个域,这一点是很重要的。要构造域模型,首先要标识并确定参与者(实体)及其操作(活动)的特征,然后标识管理操作(规则)的策略,收集有关实现这些操作、来自这些操作记录或者记录这些操作(构件/数据)的信息,同时将相关的要素划分为子域,最后确定结果域(核心的/通用的/外部的)以及它们之间交互的特征。

(2)用例建模。用例模型描述了各种参与者(人和其他系统)和被分析的系统之间的主要交互。用例应该说明系统如何支持域和业务流程模型中的业务流程。一般将系统放到上下文环境中,显示系统和外部参与者之间的边界,并描述系统和参与者之间的关键交互。用例建模可以描述利益相关者,例如用户和维护人员所看到的系统行为。

(3)组件和服务建模。组件模型为子系统、模块和组件的层次结构分配需求和职责。每个元素作为一个自包含的单元,可用于开发、部署和执行等目的。组件模型的元素由它们所提供和使用的接口来进行规定。

服务模型将应用程序定义为一组位于外部边界(用例)和架构层之间的抽象服务接口,并且提供了通用的应用程序和基础结构,如安全、日志记录、配置等。支持应用程序需求的这组服务可以与现有的内部和外部提供的接口规范相匹配。其所得到的分析结果可以确定预置策略,并将项目活动划分为特定类型的部分,这取决于给定的服务是否已经存在(内部或者外部的,并且其中每个服务都有适当的活动),还是存在但需要进行修改(定义一个新的接口,并规划其实现),或者必须构建新的服务。

(4)性能建模。可以通过各种各样的方式来度量性能,最显而易见的方式是应用程序执行其关键操作。然而,作为一名软件架构师,必须考虑性能建模过程中其他的几个方面。例如,构建和部署应用程序的速度如何,构建、维护和运行需要多少花费,该应用程序能在多大程度上满足其需求,对于必须使用该应用程序的人来说,需要为其付出多大的开销,该应用程序会对其他应用程序和基础结构产生怎样的影响,关于这些问题的答案,对一个成功的应用程序来说是至关重要的,并且通常称其为应用程序在架构上的质量。对这些质量进行建模是很困难的,甚至比对性能的标准质量进行建模更困难,后者通常解决处理和数据存储方面的需求。

4. 分析建模的方法

人们提出了许多种分析建模的方法,其中两种在分析建模领域占有主导地位,一种是面向数据流的分析方法,另一种是面向对象的分析方法。面向数据流的分析方法是传统的建模方法,而面向对象的分析方法已逐步成为现代软件开发的主流。

面向数据流的分析建模方法是对数据流进行分析,用数据流程图把要开发的软件功能结构表示出来,这种图形是软件的功能模型,所以它是一种建模活动。

面向对象的分析建模不仅仅是新的编程语言的汇总。它是一种新的思维方式,一种关于计算和信息结构化的新思维。面向对象的分析建模可以被看作是一个包含抽象、封装、模块化、层次、分类、并行、稳定、可重用和可扩展性等元素概念的框架。

6.3 软件需求分析的内容

承办单位根据交办单位提供的战术技术要求、软件开发任务书或合同以及其他有关资料,详细分析所开发软件的功能、性能、接口、数据、环境的需求、软件的安全、保密要求以及假设和约束,确定系统对硬件、软件和其他资源的需求。根据这些需求,可能导出系统的补充要求或修订原来的有关文档。

6.3.1　功能需求

必须给出软件的每一项功能及其目的,确定主要功能和次要功能,并用文字、图形、逻辑或数学方法描述其特性。

1. 输入

必须确定与功能有关的所有输入信息,包括其来源、意义、格式、接收方法、数量、输入范围及换算方法,必须说明时间要求、优先顺序(常规作业、紧急情况),操作控制要求和所用的输入媒体。

2. 处理

必须确定输入数据到中间数据直到获得预期输出结果的全部过程,操作的准确顺序,非正常情况的响应。对每种功能的算法及其实现做文字描述,必要时给出图形、逻辑描述或相应的数学描述。

3. 输出

必须确定与功能有关的所有输出信息,包括信息的传送方法、意义、格式、数量、输出范围及换算方法。必须说明时间要求、优先顺序和输出形式(显示、打印等)。

4. 特殊要求

必须确定系统是否有特殊要求或应急措施。

6.3.2　性能需求

定量描述软件系统应满足的具体性能需求,如处理数据的最大容量、精度要求、从询问到响应所允许的最长时间以及适应用户需求变化的能力等。

1. 容量要求

确定系统的容量要求,如处理的记录数和处理数据的最大容量等。

2. 精度要求

确定系统的精度要求,如数据或数值计算的精度要求、数据传输的精度要求等。

3. 时间特性要求

确定系统的时间特性要求,如处理时间、响应时间及其峰值负载期间允许偏离范围,系统各项功能的顺序关系,由于输入类型的不同和操作方式的变化而引起的优先顺序的变化等。

4. 适应性要求

必须指明反映系统环境变化和系统适应能力的各种参数。说明当需求发生某些变化时系统的适应能力,指出为适应这些变化而需要设计的软件成分和过程。

6.3.3　接口需求

必须确定软件与外部的各种接口关系,指明每个接口的特性。

1. 与外部设备的接口

必须指明软件与各种外部设备的接口关系,特别是与输入输出设备和专用设备的接口。必须说明每种设备对软件的要求、设备的型号、功能、控制方法以及在系统中指定的设备号。

2. 与其他系统的接口

必须指明软件与其他系统和设备的接口及其性能要求。

3. 人机接口

必须指明软件的人机界面,明确操作及使用要求。

6.3.4　数据需求

必须定义系统使用的各种数据,并说明数据采集的要求。

必须规定静态数据、动态输入输出数据和内部生成数据的逻辑结构,列出这些数据的清单,说明对数据元素的约束。同时,必须规定数据采集的要求,说明被采集数据的特性、要求和范围。

6.3.5　环境需求

环境需求包括硬件环境与支持软件环境的需求。

1. 硬件环境

必须说明和确定运行软件系统所需的硬件设备。说明当前可用的设备和要求的新设备,必要时可给出设备的余量要求,其主要内容包括:

(1) 主机的型号、数量和内存容量。

(2) 外存储器的种类、容量和要求。

(3) 输入、输出设备的种类、数量和要求。

(4) 通信、网络设备的要求。

2. 支持软件环境

必须指明与软件开发和运行有关的全部支持软件,包括操作系统、高级语言处理程序、数据库管理系统和软件开发工具等。

6.3.6 安全和保密要求

承办单位必须与交办单位共同确定整个系统及子系统的使用范围,确定软件安全措施和保密要求。

6.3.7 可修改性要求

确定哪些软件功能可能发生变动以及功能变动后修改软件所需的时间和范围。

6.3.8 假设和约束

必须说明影响软件开发和运行环境的一些假设、约束及影响系统能力的某些限制。

6.3.9 需求分析阶段的产品与其他要求

1. 软件文档

在软件需求分析阶段,必须完成软件需求说明和数据要求说明的编写工作,并开始起草用户手册和测试计划。如果承办单位要补充或修改系统分析与软件定义阶段的文档,应取得交办单位的同意,并完整、准确地做好修改记录。

2. 软件质量保证计划

软件质量保证计划是保证与提高软件质量的重要手段。在需求分析阶段,应修订或制订质量保证计划。

3. 软件配置管理计划

在需求分析阶段,根据软件配置管理的要求,应编制软件配置管理计划。该计划用于对软件配置项的标识、控制、修改和状态记录。其主要内容如下:

(1)配置标识规程。

(2)配置控制规程。

(3)配置状态记录。

(4)检查和评审规程。

4. 软件标准和规程

在需求分析阶段,还应确定开发软件的标准和规程,其内容包括:

(1)开发过程所用的技术、方法、设计标准和设计约束及有关工具。

(2)程序编制的标准和约定。

(3)在特殊情况下,允许不采用自顶向下方法的准则。

(4)所有非正式文档的内容和格式。

5. 衡量软件需求说明的标准

软件需求说明应是:

(1) 无歧义的,即每个需求只有一种解释。

(2) 完整的,即每个需求在内容、格式和输入数据的定义方面是完整的。

(3) 可验证的,即每个需求都是可验证的。

(4) 一致的,即每个需求之间互相不矛盾。

(5) 可修改的,即需求的修改是易实现的,并保证修改后的需求是完整的、一致的。

(6) 可追踪的,即每个需求的来源是清晰的、并易于追溯其来源。

(7) 易使用的,即在运行和维护阶段易于使用。

6.4　软件需求评审

在软件需求分析阶段末期,必须进行软件需求评审。评审工作由承办单位负责组织,交办单位参加,评审人员由交办单位和承办单位共同确定,以保证双方对软件需求理解的一致性和准确性[45]。

6.4.1　评审目的

评审的目的是审定承办单位是否明确系统的要求,软件需求是否合理、可行,审查软件功能是否覆盖了系统的要求;软件功能与系统要求之间是否一致,并着重审查软件需求说明的准确性、完整性和可理解性。

6.4.2　评审内容

评审的内容应针对软件需求说明、数据要求说明、软件质量保证计划和软件配置管理计划,进行下列项目的分析并得出结论。

(1) 任务和需求。根据战术技术要求、任务书和合同要求,对软件需求说明、数据要求说明进行评审。其内容包括功能、性能、接口、数据、环境需求等。

(2) 可行性。其内容包括技术、经费、人员要求、系统的投资效益分析、风险分析等。

(3) 质量保证。根据软件质量保证计划,检查是否已把质量保证列为软件需求分析阶段的一项重要内容。

(4) 标准化。检查本阶段工作及产生的文档是否符合有关的软件标准。

(5) 可维护性。检查软件需求说明是否规定了软件可维护性的要求。

(6) 安全和保密性。检查软件需求说明是否包括所开发软件的安全和保密措施,以防止对软件的破坏和失泄密事件的发生。

6.4.3　评审结论

评审最终要做出评审结论。如通过评审,软件开发可进入软件设计阶段。如有条件地通过,则承办单位必须根据评审的意见,对软件需求分析阶段工作进行补充或修改,并对补充或修改部分进行评审,直至全部通过评审为止。如未通过,承办单位必须重做软件需求分析阶段的工作。

6.5　软件需求说明的修改

软件需求说明经评审通过后一般不允许修改。如因特殊情况必须修改时,应遵守下列几条规定:

(1)必须取得交办单位和承办单位双方认可,并完整、准确地说明修改内容和原因。

(2)必须建立一个正式的修改规程,以标识、控制、追踪和报告软件需求说明的修改。

(3)提供准确和完整的审查记录,并同时保存修改前和修改后的条款。

(4)如果软件需求说明有重大修改,经承办与交办单位双方同意,可对修改部分重新进行评审。

第7章　军用软件设计

经过需求分析阶段,项目开发者对系统的需求有了完整、准确、具体的理解和描述,知道了系统"做什么",但是还不知道系统应该"怎么做"。对于一个软件系统而言就是要编写程序,使之能在计算机上运行。对于一个大型软件系统来说,必须在编程之前制定一个计划,这项工作就叫做"设计"[44]。软件设计的任务,就是把分析阶段产生的软件需求说明书转换为用适当方法表示的软件设计文档。在 IEEE 610.12—90 中,设计被定义为"定义一个系统或组件的体系结构、组件、接口和其他特征的过程"和"这个过程的结果"。软件设计在软件开发中起着重要作用。本章主要阐述了软件设计的基本概念,分别讲述了软件设计的关键问题、软件结构与体系结构、软件设计质量的分析与评价、软件设计符号以及软件设计策略与方法等内容。

7.1　软件设计概述

设计被作为过程看待时,软件设计是一种软件工程生存周期活动,在这个活动中,要分析软件需求,从而产生一个能够描述软件内部结构的基础的框架。更精确地说,软件设计(结果)必须描述软件体系结构(即软件如何分解成组件并组织起来)和这些组件之间的接口,它必须详细地描述组件,以便能构造这些组件。

软件设计在软件开发中起着重要作用:它让软件工程师设计要实现的方案,生成要实现的蓝图,形成各种不同的模型。可以分析和评价这些模型,以确定使用它们能否实现各种不同的需求,可以检查和评价各种不同的候选方案,进行权衡,最后,除了作为构造和测试的输入和起始点外,可以使用作为结果的模型,来规划后续的开发活动。

过去软件设计曾被狭隘地认为是"编程序"或"写代码",致使软件设计的方法学显得缺乏深度和各种量化的性质。经过软件工程师们多年的努力,一些软件设计技术、质量评估标准和设计方法逐步形成并用于软件工程实践中。

为评价一项设计表示的质量,必须建立良好的设计技术标准:

（1）设计应该展示一种层次性组织,从而可以有指导性地使用软件元素间的控制。

（2）设计应该模块化,也就是说软件应该被逻辑地划分成特定功能和子功能的构件。

（3）设计应该既包含数据抽象,也包含过程抽象。

（4）设计应该导出具有独立功能特征的模块,例如子例程或过程。

（5）设计应该导出降低模块和外部环境间复杂连接的接口。

（6）设计应该使用由软件需求分析过程中获得的信息导出要驱动的可重复的构件方法。

这些标准不是偶然获得的。软件设计过程通过应用基本设计原则、系统化的方法和完全的复审来实现良好的设计。

数据设计将分析时创建的信息域模型变换成实现软件所需的数据结构。实体—关系图定义的数据对象和关系以及数据字典中描述的详细数据内容为数据设计提供了基础。

体系结构设计定义了程序的主要结构元素之间的关系。这种设计表示了计算机程序模块框架,可以由分析模型和分析模型中定义的子系统的交互导出。

人机界面设计描述了软件内部、软件和协作系统之间以及软件同人之间如何通信。一个接口意味着信息流,如数据和/或控制流,因此,数据和控制流图提供了人机界面所需的信息。

详细设计将程序体系结构的结构元素变换为对软件构件的过程性描述。

7.1.1 软件设计模型

软件设计模型被表示成金字塔。这种形状的象征意义是重要的,金字塔是极为稳固的结构,它具有宽大的基础和低的重心。像金字塔一样,人们希望构造坚固的软件设计,于是用数据设计建立宽广的基础,用体系结构和人机界面设计建立坚固的中部,以及应用详细设计构造尖锐的顶部,从而创建出不会被修改之风轻易"吹倒"的设计模型。在设计模型中每种设计表示都同其他表示相关联,而且都可以追踪到软件需求。但是,有些程序员仍然在隐晦地设计,从而导致详细设计发生在编码时,这就类似将金字塔倒立着放在地上———一种非常不稳固的设计结构,最微小的修改也可能导致整个程序的倾覆。

7.1.2 设计目标和原则

不管使用哪种设计方法,软件工程师都应该在数据、体系结构、接口和过程设计方面应用一系列设计目标和基本原则。

1．设计目标

（1）设计必须实现所有包含在分析模型中的明显需求，并且必须满足客户希望的所有隐含需求。

（2）对于那些生成代码和进行测试并随后维护软件的人而言，设计必须是可读的，可理解的。

（3）设计应该提供软件的完整面貌，这与从某个实现视角看到的数据、功能和行为域有关。要达到这些目标，就需要在设计的过程中遵循一些原则。

2．设计原则

（1）设计过程不应该受"隧道视野"的限制。一名好的设计者应该考虑替代的手段，根据问题的要求来判断完成工作所需的资源。

（2）设计对于分析模型应该是可跟踪的。因为设计模型的单独一个元素经常会跟踪到多个需求上，所以对设计模型是如何满足需求所进行的追踪是必要的。

（3）设计不应该从头做起。系统是使用一系列设计模式构造的，很多模式很可能在以前就遇到过。这些模式通常被称为可复用设计构件，应该总是作为一切都从头开始的方法的一种替代选择。时间短暂而资源有限，设计时间应该投入到表示真正的新思想和集成那些已有模式的工作上去。

（4）设计应该缩短软件和现实世界中问题的"智力距离"，也就是说，软件设计的结构应该尽可能模拟问题域的结构。

（5）设计应该表现出一致性和集成性。如果一项设计整体上看上去像是一个人完成的，那它就是一致的。在设计工作开始之前，设计小组应该定义风格和格式的规则，如果明确定义了设计构件之间的接口，那么设计就是集成的。

（6）设计应该能够适应修改。

（7）设计应该能够使得即使遇到异常的数据、事件或操作条件时也能够平滑、轻巧地降级。设计良好的计算机程序应该从不"彻底崩溃"，它应该被设计为能够适应异常的条件，并且即使是在必须中止处理时，也要采用优雅的方式。

（8）设计不是编码，编码也不是设计。即使在为程序构件构造详细的过程设计时，设计模型的抽象级别也比源代码要高，在编码级别上做出的唯一设计决策，是描述能使过程性设计被编码的实现细节。

（9）在创建设计时就应该能够评估质量，而不是在事情完成之后。

（10）应该复审设计以减少概念性即语义性错误。有时人们在复审设计中更为注重细节，只见树木，不见森林。在关注设计模型的语法之前，设计者应该确保已经检查过设计的主要概念性元素，检查内容包括是否有忽略、含糊性、不一致性。

正确应用上述设计原则时,软件工程师创建的设计就会展现出外部和内部的质量因素。外部质量因素是那些用户能轻易观察到的软件特性,例如速度、可靠性、正确性、可用性。内部质量因素对软件工程师是重要的,它们能带来技术角度上的高质量设计。要取得内部质量因素,设计者必须理解基本的设计概念。

软件设计既是过程又是模型。设计过程是一系列迭代的步骤,它们使设计者能够描述要构造的软件的所有侧面,然而,要注意的是,设计过程不仅仅是一本菜谱,创造性的技能、以往的经验、对于什么能形成"良好"软件的感觉以及对质量的全部责任是设计成功的关键因素。

7.1.3　软件设计的基本方法

早期的设计方法主要是结构化的设计方法,它和结构化的分析方法一起被称为经典的系统分析设计方法。它通过一种模块化的程序开发标准和自顶向下分解求精的方法,将数据流转换为功能设计的定义。而目前面向对象的设计逐渐成为主要的设计方法,因为它用更符合人们认识世界的自然思维方式,平滑地从软件分析转换到软件设计。无论采用哪种具体的软件设计方法,模块化设计、抽象与求精、信息隐藏、模块独立性等有关原理都是设计的基础,它们为"程序正确性"提供了必要的框架。下面讲述在软件设计任务时应该遵循的基本原理和软件设计的有关概念。

1. 抽象

在考虑任何问题的模块化解决方案时,可以给出许多抽象级别。在最高的抽象级别中,解决方案使用问题环境的语言来进行概括性的术语描述,在低一些的抽象级别中,会有更加面向过程的倾向。为了描述解决方案,要一同使用面向问题的术语和面向实现的术语,最后,在最低的抽象级别中,用能够直接实现的方式描述解决方案。

软件工程过程中的每一个步骤都是软件解决方案在抽象级别上的求精。在系统工程中,软件被划分为基于计算机系统的一种元素。在软件需求分析中,使用问题环境中熟悉的术语来描述软件解决方案。在设计过程中,降低了抽象级别。最终,源代码就达到了最低的抽象级别。

2. 求精

求精即人们常说的分解。它和系统分析的求精一样,是自上而下的细化过程,展开软件的层次结构,直到形成程序设计语句。区别只是在实现的层次上,软件设计需要在更低的层次上实现对功能和数据的描述。所以求精过程就是详细描述的过程。

求精实际上是一个推敲的过程。这个过程从高抽象级别定义的功能描述或信息描述开始,也就是说,该描述概念性地说明了功能或信息,但没有提供有关功能内部工作的情况或信息的内部结构。求精使设计者去推敲原始声明,并在后续的求精活动中提供越来越多的细节。

3. 模块化

计算机软件的模块化是指软件被划分为独立命名的、可独立访问的构成成分,把它们集成在一起来满足问题的要求。这些独立的成分就称为模块。

有效划分模块的方法,即模块划分的标准。

(1)模块可分解性。如果一种设计方法提供了将问题分解成子问题的系统化机制,它就能降低整个系统的复杂性,从而实现一种有效的模块化解决方案。

(2)模块可组装性。如果一种设计方法使现存的可复用的设计构件能被组装成新系统,它就能提供一种不是一切从头开始的模块化解决方案。

(3)模块可理解性。如果一个模块可以作为一个独立的单位,即不用参考其他模块而被理解,那么它就易于构造和修改。

(4)模块连续性。如果对系统需求的微小修改只需要对单个模块,而不是整个系统的修改,则修改引起的副作用就会被最小化。

(5)模块保护。如果模块内出现了异常情况,并且它的影响被限制在模块内部,则错误引起的副作用就会被最小化。

4. 信息隐蔽

模块化的原理会引起上面提到的问题,即究竟要如何分解?分解到什么地步?信息隐蔽的原则将解决这个问题。

隐蔽的含义是,有效的模块化可以通过定义一组独立模块来实现,这些模块相互之间只交流实现软件功能必需的信息。抽象有助于定义组成软件的过程或信息实体。隐蔽定义并加强了对模块内部过程细节或模块使用的任何局部数据结构的访问约束,将信息隐藏用作模块化系统的设计标准,为在测试及以后维护中需做修改时提供了极大的方便,因为大多数数据和过程对软件其他部分是隐蔽的,修改时无意中引入的错误就不太可能传播到软件中其他位置。例如,在程序设计中应尽可能定义局部变量,而尽量不定义全局变量。在分解模块时也要注意,独立模块之间仅交换为了完成系统功能所必需的信息,否则就要考虑合并模块,使它满足这个要求。所以,信息隐蔽是模块分解的原则之一。

5. 模块独立性

"模块独立"概念是模块化、抽象、逐步求精和信息隐蔽等概念的直接结果,也是完成有效的模块设计的基本标准。

开发具有独立功能而且和其他模块之间没有过多的相互作用的模块,可以做到模块独立。换句话说,希望这样设计软件结构,使得每个模块完成一个相对独立的特定子功能,并且和其他模块之间的关系很简单。

模块的独立性很重要的原因主要有如下两条:

(1) 有效的模块化,即具有独立模块的软件比较容易开发出来。这是由于这样能够分割功能而且接口可以简化。当许多人分工合作开发同一个软件时,这个优点尤其重要。

(2) 独立的模块比较容易测试和维护。这是因为相对来说,修改设计和程序需要的工作量比较小,错误传播范围小,需要扩充功能时能够"插入"模块。

总之,模块独立是设计的关键,而设计又是决定软件质量的关键环节。

模块独立性是通过两项质量标准来衡量的,即内聚和耦合。内聚是模块相对功能密度的度量,耦合是模块间相对独立性的度量。

6. 耦合

耦合性即模块之间联系的紧密程度,主要分析传递的信息、调用的方式。在软件设计中要尽量有较低的耦合,模块之间简单的耦合意味着软件易于理解,当错误发生时系统更少遭受"连锁反应"。

耦合可以分为如下几种:

(1) 非直接耦合(No Direct Coupling)。模块之间无直接联系。

(2) 数据耦合(Data Coupling)。模块之间通过传送简单变量数据加以联系。例如高级语言中函数、子程序、过程的按值传参,类的数值属性。

(3) 标记耦合(Stamp Coupling)。模块之间通过参数表传递记录信息。例如高级语言中函数、子程序、过程的按地址即指针传参。两个模块必须都了解数据结构和要求的操作。

(4) 控制耦合(Control Coupling)。传递控制信息的模块之间的耦合。调用模块控制被调用模块的输出,因为它传递的是控制参数,例如开关变量、标志值等,决定了被调用模块要执行的操作,进而产生相应的输出。

(5) 外部耦合(External Coupling)。模块与外部环境相联系的耦合。

(6) 公用耦合(Common Coupling)。指一些模块引用一个全局数据区。很多模块都是利用数据库传递数据的,通过数据库管理系统来控制对表的记录和字段进行读写,不同的模块读共同的字段但是写不同的字段,这样虽然不会造成数据的安全性和统一性被破坏,但可理解性较差。当然,如果不仅读共同的字段也写共同的字段,就要防止共同写一个字段所造成的后果。而数据库的加锁机制和业务提交/回滚机制正是帮助程序避免出现潜在的危险。

(7) 内容耦合(Content Coupling)。一个模块直接读取另一个模块的内容数据时,就产生了内容耦合。其耦合性最差,应该避免。

7. 内聚

内聚是信息隐蔽功能的自然扩展。内聚性即模块内部各部分联系紧密的程度。内聚模块的内部不可分割,联合起来在软件运行中完成单一的任务。内聚性可以分为如下几种情况:

(1) 偶然内聚(Coincident Cohesion)。模块内各成分之间没有结构关系,只是程序员为了缩短程序长度而编写成了一个程序模块。它是最差的内聚,它们在一起完成一组松散但相关的任务。这是应该避免的内聚。

(2) 逻辑内聚(Logical Cohesion)。模块内各成分之间在逻辑上有相互联系。前面控制耦合的被调用模块就是逻辑内聚的实例。

(3) 时间内聚(Temporal Cohesion)。模块内各成分之间,不仅在逻辑上而且在时间上也有相互联系。把需要同时执行的操作放在一个模块里。例如系统的初始化,需要顺序执行一系列程序,不能缺少任何一个。

(4) 通信内聚(Communicational Cohesion)。模块内的所有成分均集中于一个数据结构的某个区域内。模块里不同的处理都是使用同样的数据或数据结构,或使用相同的输入数据,产生相同的输出数据。这样可以把共用的数据隐蔽起来。

(5) 顺序内聚(Sequential Cohesion)。模块内各成分之间,一个成分的输出恰是另一个成分的输入,且在同一数据结构上进行加工处理。模块里不同处理必须顺序执行,而且上一个处理的输出还是下一个的输入,它们密切相关。

(6) 功能内聚(Functional Cohesion)。模块内各成分都是完成该模块的单一功能所不可缺少的部分。

这里要注意,重要的不是区分模块内聚或耦合的等级,而是在模块分解时需要得到高内聚、低耦合的模块,以提高模块的独立性。

7.2 软件设计关键问题

设计软件时,必须处理许多关键问题。一些是所有软件都必须处理的质量问题,如性能。另一个重要问题是软件组件的分解、组织、打包方法,这些问题很基本,所有设计方法都必须以某种方式处理它。其他的问题是"处理软件行为的某些不在应用领域内的方面,而这些行为涉及支持领域"。这些问题通常与系统的功能性横断相交,称为剖面。剖面一般不是软件功能分解的单元,而是以系统的方式影响组件的性能和语义。下面是一些关键的横断问题。

7.2.1 并发性

在设计软件时,如何将软件分解为多个进程、任务和线程,以处理相关的效率、同步和调度问题是软件工程中非常重要的问题。

7.2.2 实践的控制与处理

如何组织数据和控制流,如何通过不同的机制(如隐含调用和回调)处理交互和临时事件是软件工程设计的关键性问题。

7.2.3 组件的分布

如果把软件看成是由组件构成的,如何将软件分布到各个硬件上,组件如何通信,如何使用中间件来处理异构软件是软件工程的又一个关键问题。

7.2.4 错误和异常处理、容错

在软件运行和设计中经常会出现错误和异常现象,因此,在软件工程中特别是军用软件如何阻止和容许故障,如何处理异常条件成为军用软件设计的重点问题。

在软件出现故障或违反指定接口的情况下,软件仍能维持规定性能水平的能力,称为软件容错。对于规定功能的软件,在一定程度上具有容错能力,称为容错软件。容错软件有三个共同特性。首先,容错的对象是一个规定功能的软件,这些功能是由"软件需求规格说明"定义的。容错只是为了保证当缺陷导致出现故障时,不会导致失效,并能维持规定功能。其次,容错的能力总有一定限度,因为软件缺陷的多少很难预料。输入信息的构成也很复杂,软件容错总有一定限度。即使是容错软件有时也会失效。第三,软件容错是指在软件自身存在缺陷且运行中出现故障时,它能屏蔽故障,避免失效。实现容错软件的主要方法是使用冗余技术。冗余技术的例子有 N – 版本程序(N-Version Program)设计技术和恢复块(Recovery Block)程序设计技术。除了冗余技术之外,实现容错软件的技术还有故障检测技术、故障恢复技术、破坏估计、故障隔离技术和继续服务等技术。

软件容错的主要目的是提供足够的冗余信息和算法程序,使系统在实际运行时能够及时发现程序设计错误,采取补救措施,以提高软件可靠性,保证整个计算机系统的正常运行。软件容错技术主要有恢复块方法和 N – 版本程序设计,另外还有防卫式程序设计等。

(1)恢复块方法。故障的恢复策略一般有两种:前向恢复和后向恢复。前

向恢复是指使当前的计算继续下去,把系统恢复成连贯的正确状态,弥补当前状态的不连贯情况,这需要有错误的详细说明。后向恢复是指系统恢复到前一个正确状态,继续执行。这种方法显然不适合实时处理场合。

1975 年,B. Randell 提出了一种动态屏蔽技术称为恢复块方法。恢复块方法采用后向恢复策略。它提供具有相同功能的主块和几个后备块,一个块就是一个执行完整的程序段,主块首先投入运行,结束后进行验收测试,如果没有通过验收测试,系统经现场恢复后由一后备块运行。这一过程可以重复到耗尽所有的后备块,或者某个程序故障行为超出预料,从而导致不可恢复的后果。设计时应保证实现主块和后备块之间的独立性,避免相关错误的产生,使主块和后备块之间的共性错误降到最低限度。验收测试程序完成故障检测功能,它本身的故障对恢复块方法而言是共性,因此,必须保证它的正确性。

(2)N - 版本程序设计。1977 年出现的 N - 版本程序设计,是一种静态的故障屏蔽技术,采用前向恢复的策略,其设计思想是用 N 个具有相同功能的程序同时执行一项计算,结果通过多数表决来选择。其中 N 份程序必须由不同的人独立设计,使用不同的方法、不同的设计语言、不同的开发环境和工具来实现。目的是减少 N - 版本软件在表决点上相关错误的概率。另外,由于各种不同版本并行执行,有时甚至在不同的计算机中执行,必须解决彼此之间的同步问题。

(3)防卫式程序设计。防卫式程序设计是一种不采用任何一种传统的容错技术就能实现软件容错的方法,对于程序中存在的错误和不一致性,防卫式程序设计的基本思想是在程序中包含错误检查代码和错误恢复代码,使得一旦错误发生,程序能撤销错误状态,恢复到一个已知的正确状态中去。其实现策略包括错误检测、破坏估计和错误恢复三个方面。

除上述三种方法外,提高软件容错能力亦可以从计算机平台环境、软件工程和构造异常处理模块等不同方面实现。此外,利用高级程序设计语言本身的容错能力,采取相应的策略,也是可行的办法。软件容错虽然起步较晚,但具有独特的优势,费用增加较少。而硬件容错的每一种策略都要增加费用。目前,软件容错已成为容错领域重要分支之一。

7.3　软件体系结构

严格地说,软件体系结构是"一个描述软件系统的子系统和组件,以及它们之间相互关系的学科。"体系结构试图定义结果软件的内部结构(根据《牛津英语词典》,"结构"是某个事物被构造和组织的方式)[10]。但是,在 20 世纪 90 年代中期,软件体系结构开始作为一个更广泛的学科出现了,它涉及以更一般的方式研究软件结构和体系结构,这引发了大量的关于在不同抽象层次上设计软件的思想,其中一些概念在特定软件的体系结构设计中有用(如体系结构风格),也在详细设计中有用(如低层的设计模式)。但它也可以用于设计一般的系统,导致了程序族(也称为产品线)的设计。可以认为,多数这些概念是试图描述或复用一般的设计知识。

7.3.1 体系结构和视图

可以描述软件设计的不同高层剖面并形成文档,这些剖面通常称为视图:"一个视图表示了软件体系结构显示的软件系统某个特定特性的某个特定方面"。这些不同的视图与关联软件设计的不同问题相关,如逻辑视图(满足功能需求)与进程视图(并发问题)、物理视图(分布问题)与开发视图(设计如何分解为实现单元)。其他作者使用了不同的术语,如行为、功能、结构和数据模型视图[9]。总之,软件设计是多剖面的产品,它由设计过程产生,并由一些相对独立和正交的视图组成。

体系结构风格是"施加在一个体系结构上的、定义一组或一族满足它们的体系结构的一组约束。"体系结构风格可以被认为是提供软件高层组织(宏观体系结构)的元模型。不同的作者已经标识了大量的主要体系结构风格[11]:

(1)一般结构(如分层、管道线、过滤器、黑板)。

(2)分布式系统(如客户/服务器、三级结构、代理)。

(3)交互式系统(如模型—视图—控制器、表象—抽象—控制)。

(4)自适应系统(如微内核、反射)。

(5)其他(如批处理、解释器、过程控制、基于规则)。

7.3.2 设计模式

设计模式即微观体系结构模式。简单地讲,模式是"给定上下文中普遍问题的普遍解决方案"。体系结构风格可以被认为是描述软件高层组织的模式(宏观体系结构),其他设计模式可用于描述较低层次的、更局部的细节(微观体系结构):

(1)创建型模式(如构造者、工厂、原型、单件)。

(2)结构型模式(如适配器、桥接器、组合、装饰器、剖面、代理)。

(3)行为型模式(如命令、解释器、迭代器、协调器、备忘录、观察者、状态、策略、模板、访问者)。

7.3.3　程序和框架族

另一个复用软件设计和组件的途径是设计程序族,又称为软件产品线。标识族中成员的公共特性,使用可复用可裁剪组件来解决族内成员之间的可变性问题,就可以实现程序族。

在面向对象编程中,一个关键概念是框架:可以通过适当的特定插件(又称为热点)实例化的、部分完成的软件子系统。

7.4　软件设计质量的分析与评价

7.4.1　质量属性

对于得到一个高质量(可维护性、可移植性、可测试性、可追踪性、正确性、健壮性、适应性)的软件设计,多种质量属性都认为是重要的,可区分为在运行时间可区别的质量属性(性能、安全性、可用性、功能性、可使用性)、运行时间不可区别的质量属性(可修改性、可移植性、可复用性、可集成性、可测试性)、与体系结构相关的质量属性(概念完整性、正确性、完备性和可构造性)[36]。

7.4.2　质量分析与评价技术

有多种工具和技术来帮助人们确保软件设计的质量:

(1)软件设计评审。有正式的和半正式的,通常是以小组方式进行,来验证和保证设计结果的质量(如体系结构评审、设计评审和检查、基于场景的技术、需求追踪)。

(2)静态分析。正式或半正式的静态(不可执行的)分析技术,可以用于评价一个设计(如故障树分析或自动交叉检查)。

(3)模拟与原型。这是评价设计的动态的技术(如性能模拟或可行性原型)。

7.4.3　度量

使用度量可以评定或定量估计软件设计的不同方面:规模、结构、质量。已经提供了许多度量,它们多数依赖产生设计的方法。这些度量可以分为以下两类:

(1)面向功能(结构化)设计的度量。通过功能分解得到的设计结构,通常表示为结构图(有时称为层次图),可以计算其多种度量。

（2）面向对象设计度量。设计的总体结构通常表示为类图,可以计算多种度量,也可以计算每个类内部的内容的度量。

7.5 软件设计符号

有许多表达软件设计成果的符号和语言,一些主要用于描述设计的结构组织,另一些用于描述软件行为。某些符号主要在体系结构设计中使用,另一些则主要用于详细设计,少部分可以用于这两个步骤。另外,一些符号通常用于特定方法的上下文中。这里,将符号分为描述结构(静态)视图和行为(动态)视图两类。

7.5.1 结构描述(静态视图)

下面的符号,主要是(但不总是)图形,描述和表示软件设计的结构方面,即它们描述主要的组件和组件间的联系(静态视图)[10]:

（1）体系结构描述语言(Architecture Description Languages, ADL)。文本(通常是形式化的)语言,以组件和组件间相互联系的方式描述软件体系结构。

（2）类图和对象图。用于表示类或对象的集合,以及它们之间的联系。

（3）组件图。用于表示组件集合和组件间联系。

（4）协作责任卡(Collaboration Responsibilities Cards, CRC)。用于表示组件(类)的名称、责任和协作组件名称。

（5）部署图。用于表示一组(物理)节点及其相互联系,表示了系统的物理外观。

（6）实体联系图。用于表示存储在信息系统中数据的模型。

（7）接口描述语言(Interface Description Languages, IDL)。类编程语言,用于定义软件组件的接口(输出的操作的名字和类型)。

（8）Jackson 结构图。以顺序、选择和重复的方式描述数据结构。

（9）结构图。用于描述程序的调用结构(一个模块调用的其他模块,调用某个模块的其他模块)。

7.5.2 行为描述(动态视图)

下面的符号和语言,一些是图形的,一些是文本的,用于描述软件和组件的动态行为。多数符号用于详细设计。

（1）活动图。用于表示从活动(在一个状态机内进行的非原子执行)到活动的控制流。

（2）协作图。用于表示发生在一组对象之间的交互,重点是对象、对象的链接、对象在链接上交换的消息。

（3）数据流图。用来表示数据在一组处理过程之间的流动。

（4）决策表和决策图。用于表示条件和行动的复杂组合。

（5）流程图和结构化流程图。用于表示控制流和要完成的对应活动。

（6）序列图。用于表示一组对象之间的交互,重点是按时间顺序的消息交换。

（7）状态变迁与状态图。用于表示状态机中,状态之间的控制流。

（8）形式化描述语言。文本语言,使用来自数学的基本符号(如逻辑、集合、顺序)来严格和抽象地定义软件组件接口和行为,通常形式是前置条件和后置条件。

（9）伪码和程序设计语言。结构化的类编程语言,通常在详细设计阶段,用于描述一个过程或方法的行为。

7.6 软件设计策略与方法

有各种一般的策略来帮助指导设计过程。与一般的策略不同,方法则更为专门,方法通常建议和提供了与方法一起使用的一组符号,并描述了遵循方法时要使用的过程,以及使用方法的指南[10]。这些方法作为传递知识的手段和作为软件工程师小组的公共构架,很有用处。

（1）一般策略。常常被引用的设计过程中有用的一般策略是分而治之和逐步求精、自顶向下与自底向上、数据抽象与信息隐藏、使用启发式规则、使用模式和模式语言、使用迭代和增量方法。

（2）面向功能(结构化)设计。这是软件设计的一个经典方法,分解的中心集中在标识主要的软件工程上,然后以自顶向下的方式,不断详细描述和细化这些功能。结构化设计通常在结构化分析后进行,产生数据流图对应的过程描述。研究人员提出了各种策略(如变换分析和事务分析)和启发式方法(如输入/输出、影响范围/控制范围)来将一个数据流图变换为通常用结构图表示的软件体系结构。

（3）面向对象的设计。设计人员已经提出了许多基于对象的软件设计方法,这个领域从 20 世纪 80 年代中期的基于对象的设计(名词＝对象,动词＝方法、形容词＝属性)发展到面向对象的设计,其中,继承和多态性起着关键的作用,在发展到基于组件的设计,可以定义和访问元信息(如通过反射)。虽然面向对象设计源于数据抽象,人们提出了责任驱动的设计作为面向对象设计的另一个选择。

（4）数据结构为中心的设计。数据结构为中心的设计（如 Jackson 方法、Warnier-Orr 方法）从程序要操纵的数据结构开始，而不是从程序要完成的功能开始。软件工程师首先描述输入输出的数据结构（如使用 Jackson 的结构图），然后基于这些数据结构图来开发程序的控制结构。人们提出了各种启发式规则来处理特殊情况，例如，当输入结构与输出结构不匹配时。

（5）基于组件的设计。一个软件组件是一个独立的单元，具有良好定义的接口和可以独立组合和部署的依赖性。基于组件的设计要解决为了改进复用而提供、开发、集成这些组件有关的问题。

（6）其他方法。还有一些其他非主流的方法，即形式化和严密的方法。

第8章　军用软件开发

在武器装备系统建设中,软件系统的规模和复杂程度越来越高,想在计划的时间节点,和预算内完成整个软件项目的难度也越来越大。要确保软件开发质量,提高软件完备性、可靠性和兼容性,降低软件开发风险,缩短开发周期,必须从军用软件开发工作的源头抓起。武器系统研制中计算机软件配置项(CSCI),以及固件软件部分的开发,应与《武器装备研制项目管理》结合使用,并满足军用软件的研制开发和保障的基本要求,软件开发过程应与合同中正式审查和审核的进度相协调[44]。本章主要阐述了军用软件开发的基本概念,讲述了军用软件开发的一般要求和军用软件开发的详细要求等内容。

8.1　基本概念

8.1.1　软件产品

软件产品(Software Product),是指作为定义、维护或实施软件过程的一部分而生成的任何制品,包括过程说明、计划、规程、计算机程序和相关的文档等,无论是否打算将它们交付给顾客或者最终用户。软件产品在开发过程中也称为软件工作产品。

8.1.2　软件开发

软件开发(Software Development),是指产生软件产品的一组活动。可包括新开发、修改、重用、再工程、维护或者任何会产生软件产品的其他活动。

8.1.3　软件开发文件

软件开发文件(Software Development File),是指与特定软件开发有关的资料库。其内容一般包括(直接或通过引用)有关需求分析、设计和实现的考虑理由和约束条件;开发方内部的测试信息;以及进度和状态信息。

8.1.4　软件开发库

软件开发库(Software Development Library,SDL),是指一组受控制的软件、

文档和用于促进软件开发及后续保障的有关工具和程序的集合[44]。开发配置（研制技术状态，以下略）为软件开发库内容的组成部分。软件开发库以人、机器或两者都可读的形式存储和控制存取软件和文档，包括与软件开发项目有关的管理数据。

8.2　软件开发的一般要求

军用软件开发前，军方依据作战使命，通过反复论证，确定软件的战术技术指标，编制投标书，并发布招标信息。通过竞标，军方选择最佳竞标方作为军用软件的承包方。

8.2.1　软件开发管理

软件过程是指人们用于开发和维护软件及其相关产品的一系列活动、方法、实践和革新。软件开发过程管理是指在软件开发过程中，除了先进技术和开发方法外，还有一整套的管理技术。这套管理技术可以有效地对软件开发项目进行管理，以便于按照进度和预算完成软件项目计划，实现预期的经济效益和社会效益。

承制方应按照下列要求进行软件开发管理[44]。

1. 软件开发过程

承制方应对可交付软件开发过程实施管理。计算机软件配置项的软件开发过程应与合同中正式审查和审核的进度相协调。软件开发过程应包括以下主要活动，它们可以重叠，也可以交叉或循环进行：

（1）系统要求分析和设计。

（2）软件需求分析。

（3）概要设计。

（4）详细设计。

（5）编码和计算机软件单元测试。

（6）计算机软件部件集成和测试。

（7）计算机软件配置项测试。

（8）系统集成和测试。

交叉循环也可能包括试验与评价（但尽可能不包括），尽量把交叉循环限制在早期为宜。

2. 正式审查和审核

在软件开发过程中，承制方应按合同的要求进行以支持正式审查和审核。图 8 -1 给出了正式审查和审核与软件、硬件研制关系的示例[44]。图 8 -2 表示

114

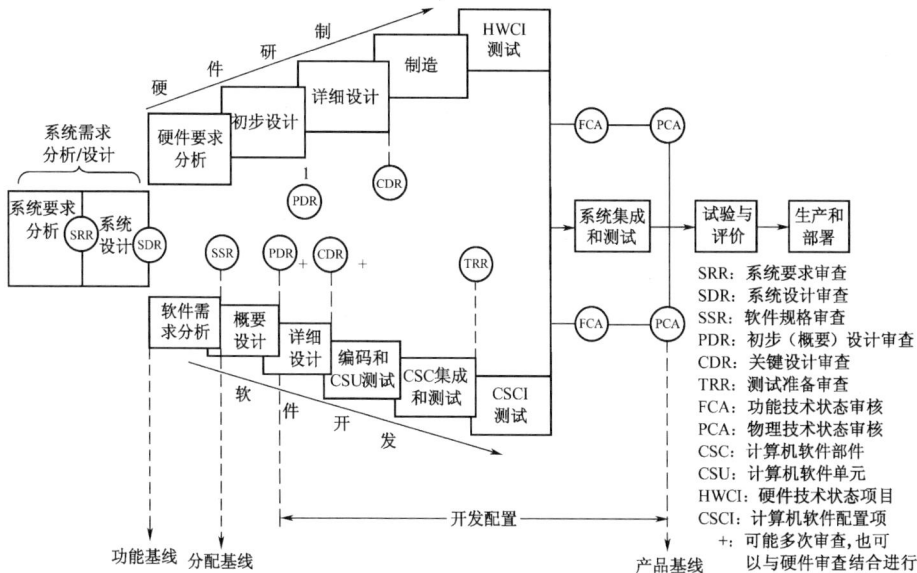

图 8 - 1　系统研制与审查和查核示例

了软件的正式审查和审核的时间,也展示了可交付产品同各基线及开发配置(研制技术状态,以下略)的关系[44]。

3. 软件开发计划

承制方应编写软件开发计划(Software Development Plan,SDP)。签约机构批准软件开发计划之后,承制方应依照软件开发计划开展活动。软件开发计划的修改应获得签约机构的批准。

4. 风险管理

承制方应建立和实施风险管理规程。承制方应确认、分析、优先考虑和管理软件开发项目的各个方面,包括潜在的技术、费用或进度上的风险。

5. 安全保密

承制方应遵守合同中规定的安全保密要求。

6. 转承制方管理

承制方应将所有必要的合同要求传递给各转承制方,以确保交付给签约机构的所有软件和相应文档都是根据主合同要求开发的。承制方应向转承制方提出对开发软件的基线要求。

7. 同软件独立验证和确认机构的接口

承制方应按合同规定划分同软件独立验证和确认的机构的接口。

8. 软件开发库

承制方应建立软件开发库。承制方应对驻留在软件开发库内的软件及其相

115

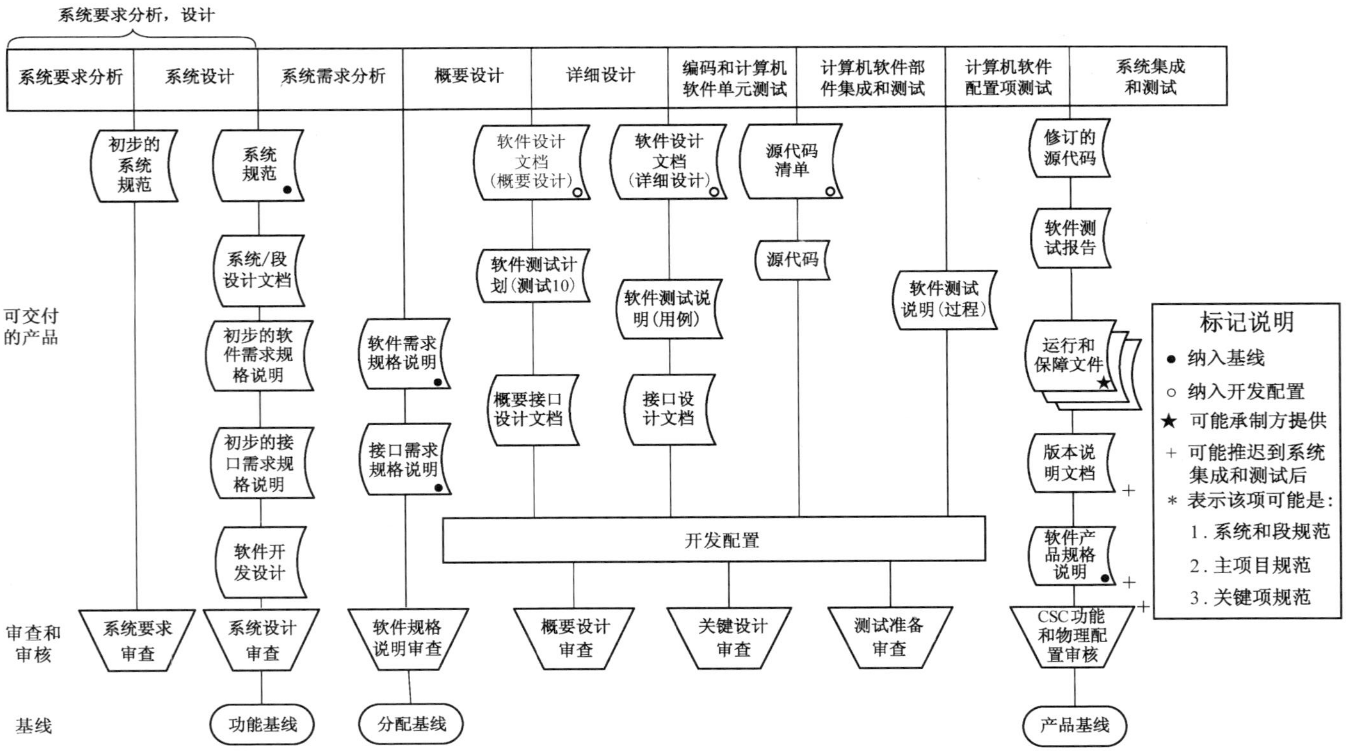

图 8-2 可交付的产品、审查、审核和基线

116

应文档建立和实施管理规程。在合同期内承制方应保存软件开发库。

9. 纠正工作过程

承制方应建立和实施纠正工作过程,以便处理在配置控制(技术状态控制,以下略)下和按产品合同要求进行软件开发活动中发现的问题。纠正工作过程应满足下列要求:

(1)过程应是闭环的,以确保所发现的问题均能及时报告并进入纠正工作过程,开始纠正工作,解决问题,跟踪和报告状态,并在合同期内保存问题的记录。

(2)纠正工作过程的输入应包括问题/更改报告和其他差异报告。

(3)每个问题应根据类型和优先次序进行分类。

(4)应对报告的问题进行分析以发现其中的趋势。

(5)纠正工作应予评价,核实问题是否已解决,不利的趋势是否已改变,更改是否已在适当的过程和产品中正确实施;并确定是否引入了其他问题。

10. 问题和更改报告

承制方应编制问题和更改报告,描述在配置控制下的软件或文档中发现的各种问题。问题和更改报告应描述必需的纠正工作和解决问题所进行的各项活动,并应作为纠正工作过程的输入内容。

8.2.2 软件工程

承制方应按照下列要求实施软件工程。

1. 软件开发方法

承制方应使用有充分的文件证明的、系统化的软件开发方法来进行交付软件的需求分析、设计、编码、集成和测试。承制方实施的软件开发方法应支持合同要求的正式审查和审核。

2. 软件工程环境

承制方应建立软件工程环境,以完成软件工程工作。而且软件工程环境应符合合同的安全保密要求。承制方还应为该环境中每个项目的安装、配置控制以及维护工作编制和实施工作计划。

3. 安全性分析

承制方应进行必要的分析,以确保软件需求、设计和操作规程能把执行任务时的潜在的危险情况减少到最少。任何潜在的危险情况或操作规程均应清楚地标识,并编制相应文档。

4. 非开发软件

承制方应考虑将非开发软件(NDS)结合到交付软件中,并应制定使用非开发软件的计划。只有在非开发软件完全是按照要求编制时,承制方才能不经签约机构批准就应用非开发软件。非开发软件的结合应用应遵守合同中的数据权限要求。

5. 计算机软件组成

承制方应根据软件开发计划(SDP)规定的开发方法,将计算机软件配置项进行分解并划分成计算机软件部件(CSC)和计算机软件单元(CSU)。承制方应确保计算机软件配置项的需求已完全分配,并能进一步细化,以便更好地实施每个计算机软件部件和计算机软件单元的设计和测试。系统分解和计算机软件配置项分解示例如图8-3所示[44]。

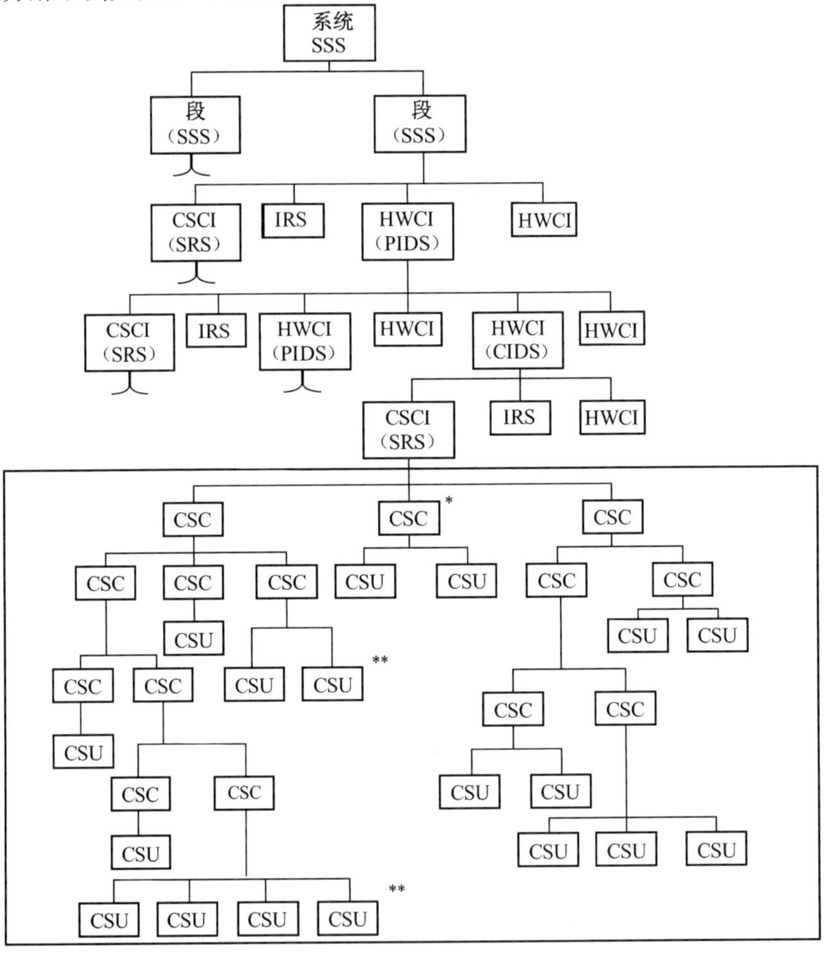

* 非开发软件	CSU 计算机软件单元	**不同CSC使用的相同CSU
HWCI硬件技术状态项目	CIDS 关键项目研制规范	IRS 接口要求规格说明
CSC 计算机软件部件	SRS 软件需求规格说明	CSCI计算机软件配置项
SSS 系统和段规范	PIDS 主项目研制要求规范	

图8-3 系统分解和CSCI分解示例

6. 从需求到设计的可追踪性

承制方应编制从系统规范到各计算机软件配置项、计算机软件部件和计算机软件单元以及从计算机软件单元级到软件需求规格说明和接口需求规格说明（IRS）需求分配的可追踪性文档。

7. 高级语言

承制方应使用合同中规定的高级语言（HOL）编码可交付的软件。若承制方使用其他的语言，则应经签约机构批准。

8. 设计和编码标准

承制方应编制和实施用于开发可交付软件的设计和编码标准。

9. 软件开发文件

承制方应在软件开发文件中记载各计算机软件单元、计算机软件部件和计算机软件配置项的开发过程。承制方应对各计算机软件单元或逻辑相关的一组计算机软件单元、各计算机软件部件或逻辑相关的一组计算机软件部件和各计算机软件配置项，建立独立的软件开发文件。承制方应制定和实施其建立、维护软件开发文件的规程。承制方在合同期内应保存软件开发文件。软件开发文件应适用于签约机构所要求的审查。软件开发文件可采用现代化手段来实现、维护和控制。为减少重复，软件开发文件可不包含其他文档或软件开发文件中提供的信息。软件开发文件应包括（或引用）下列信息：

（1）设计考虑和约束条件。

（2）设计文档和资料。

（3）进度和状态信息。

（4）测试要求和责任。

（5）测试用例、规程和结果。

10. 处理用资源和预留量

承制方应分析合同中规定的处理用资源和预留量要求。例如：时间、存储器、I/O 通道资源的利用。要在合同中标识，并将这些资源分配到计算机软件配置项中。分配给一个计算机软件配置项的资源应在该计算机软件配置项的软件需求规格说明（SRS）中记载。承制方应在合同期内对处理资源的利用情况进行监测，必要时再重新分配这些资源以满足预留量要求。交付时被测的资源利用情况应记载在各计算机软件配置项的软件产品规格说明（SPS）中。

8.2.3 正式合格性测试

承制方应在目标计算机系统或签约机构批准的同等系统上，对每个计算机软件配置项进行正式合格性测试(FQT)。承制方的正式合格性测试活动应包括在规定的极限条件下进行的软件强化测试。承制方可在计算机软件配置项与其他计算机软件配置项或组成系统的硬件技术状态项目集成后进行计算机软件配置项测试,作为正式合格性测试活动的一部分。

1. 正式合格性测试计划

承制方应制定正式合格性测试活动的计划,并编入软件测试计划(STP)中。在签约机构批准软件测试计划后,承制方应根据软件测试计划进行正式合格性测试活动。软件测试计划的修改应得到签约机构的批准。承制方应在软件测试计划中明确规定软件强化测试和计算机软件配置项与其他技术状态项目集成的测试。

2. 软件测试环境

承制方应建立软件测试环境,以完成正式合格性测试工作。软件测试环境应符合合同的安全保密要求。承制方应制定和实施各环境项目的安装、测试、配置控制和维护计划。在安装之后,对环境的各项目应进行测试,以证实该项目达到了它的预期功能。

3. 正式合格性测试活动的独立性

负责履行正式合格性测试要求的组织、职能机构或人员应具备资源、责任、权限和自主权,以确保客观地测试并使纠正工作得以进行和验证。进行正式合格性测试活动的人员不能是开发该软件的人员或该软件的负责人员,软件工程小组成员也可以参加正式合格性测试活动。履行正式合格性测试要求的责任应在软件开发计划中规定。

4. 测试用例要求的可追踪性

承制方应当用文档记载软件需求规格说明和接口需求规格说明中所要求的可追踪性,软件测试说明中规定的每个测试用例,应满足或部分满足这种可追踪性。承制方应在软件测试说明中记载各计算机软件配置项的可追踪性。

8.2.4 软件产品评价

承制方可按下述要求进行可交付的软件和文档的评价。

1. 产品评价活动的独立性

负责履行评价要求的组织、职能机构或人员应具备资源、责任、权限和自主权,以确保客观地评价并使纠正工作得以进行和验证。进行产品评价的人员不能是开发该产品的人员或该产品的负责人员,但开发小组成员也可参加,履行软件产品评价要求的责任应在软件开发计划中规定。

2. 最终评价

在向签约机构提交可交付的项目之前,承制方应将该项目与相应组织进行内部协调以便进行最终评价。每次最终评价的目的应确保交付项目满足要求的程度是可接受的。

3. 软件评价记录

承制方应编制和保存所完成的软件产品评价记录。当发现问题时,应着手编写问题和更改报告,并作为纠正工作过程的输入内容,评价记录用于签约机构的审查,并应在合同期内保存。

4. 评价准则

承制方应对照表 8 – 1 到表 8 – 7 规定的评价准则评价。承制方可提出附录以补充软件评价准则以外的补充准则和任一准则的替代定义,补充准则和替代定义需经签约机构批准。

8.2.5　软件配置管理

承制方应根据有关标准和下列要求进行软件配置管理[44]。

1. 配置标识(技术状态标识,下同。)

承制方应制定和实施配置标识的计划,并根据合同规定的标识要求进行配置标识。承制方的配置标识应完成:

(1)对建立功能、分配和产品基线的文档及开发配置进行标识。

(2)对在配置控制下的文档和包含文档、代码或两者在内的计算机软件媒体进行标识。

(3)对各计算机软件配置项及其相应的计算机软件部件和计算机软件单元进行标识。

(4)对各交付项的版本、发放、更改状态和其他任何交付项的标识细节进行标识。

(5)对适用于相应软件文档的各计算机软件配置项,计算机软件部件和计算机软件单元的版本进行标识。

(6)对包括在交付媒体中的软件的特定版本,包括自上次发放以来的所有相关的更改进行标识。

2. 配置控制

承制方应制定和实施配置控制的计划。承制方实行的配置控制应完成如下内容:

(1)建立各计算机软件配置项的开发配置。

(2)保存可交付文档和代码的现行副本。

（3）为签约机构访问配置控制下的文档和代码创造条件。

（4）控制配置控制下的可交付软件和文档正本更改的编写和传播，以保证它们只反映批准的更改。

3. 软件配置纪实、技术状态纪实

承制方应制定和实施配置状况记实的计划。承制方应编制所有产品开发配置、分配基线与产品基线的管理记录和状况报告。状况报告应：

（1）提供产品更改的可追踪性。

（2）作为配置标识的状况和有关软件通信的基础。

（3）作为确保交付的文档说明和表示对应软件的一种工具。

4. 软件和文档的存储、处置和交付

承制方应制定、实施软件和文档的存储、处置和交付的方法和规程。承制方应保存已交付软件和文档的正本。

5. 工程更改

承制方应按合同规定，依照有关标准进行工程更改。

8.2.6　向软件保障阶段转移

承制方应按下列要求提供转移的保障。

1. 可重新生成和可维护代码

承制方提供签约机构的可交付的代码，应能使用签约机构规定的、订购方（或使用方）所具有的或按合同交付的支持软件和硬件重新生成和维护。

2. 转移计划

承制方应编制从开发到保障的可交付的软件的转移计划，这些计划应编入计算机资源综合保障文件（CRISD）中。

3. 软件转移和持续保障

承制方应在签约机构指定的保障环境下，完成可交付的软件的安装和检查。承制方应按合同规定对签约机构的保障活动提供培训和持续保障。

4. 软件保障和运行文件

承制方应按合同的工作说明交付下列软件保障和运行文档：

（1）计算机资源综合保障文件。

（2）计算机系统操作员手册（CSCM）。

（3）软件用户手册（SUM）。

（4）软件程序员手册（SPM）。

（5）固件保障手册（FSM）。

8.3 软件开发的详细要求

8.3.1 系统要求分析和设计

承制方应进行下列系统要求分析和设计活动[44]。

1. 软件开发管理

（1）承制方应支持合同中规定的系统要求审查（SRR）。

（2）承制方应支持合同中规定的系统设计审查（SDR）。

2. 软件工程

（1）承制方应分析初步系统规范，并判定软件需求的一致性和完整性。

（2）为了把系统分解成硬件技术状态项目、计算机软件配置项和人员操作，承制方应进行分析，来确定系统要求在硬件、软件和人员之间的最佳分配。承制方应在系统和段设计文件（SSDD）中记载分配过程。

（3）承制方应为每个计算机软件配置项规定一组初步的工程要求，并编入软件需求规格说明。

（4）承制方应为每个计算机软件配置项的每个外部接口规定一组初步的接口要求，并编入概要接口要求规格说明。

3. 正式合格性测试

承制方应为每个计算机软件配置项规定一组初步的要求，并编入软件需求规格说明。这些要求应与系统规范中规定的要求相一致。

4. 软件产品评价

承制方应使用表 8 – 1 规定的评价准则进行下列产品的评价[44]：

表 8 – 1 系统要求分析和设计的产品评价准则

评价准则\\被评价项目	内部一致性	可理解性	对指定文档的可追踪性	与指定文档的一致性	使用适当的分析、设计或编码技术	空间和时间资源的适当分配	对要求的充分测试覆盖	注：说明或附加准则
系统和段设计文件	●	●	见注					对系统规范和SOW 的可追踪性
软件开发计划	●	●	SOW					

评价准则 被评价项目	内部一致性	可理解性	对指定文档的可追踪性	与指定文档的一致性	使用适当的分析、设计或编码技术	空间和时间资源的适当分配	对要求的充分测试覆盖	注：说明或附加准则
初步的软件需求规格说明	●	●	见注	见注	●	●	●	系统规范和SOW的可追踪性 与IRS和接口项的其他规格说明的一致性 要求的可测试性 质量因素要求的充分性
初步的接口需求规格说明	●	●	见注	见注	●	●	●	对系统规范和SOW的可追踪性 与接口项的其他规格说明的一致性 要求的可测试性
●表示方法适用于该准则								

（1）软件开发计划。

（2）系统和段设计文件。

（3）各计算机软件配置项的初步软件需求规格说明。

（4）初步的接口需求规格说明。

5. 配置管理

承制方应在提交签约机构以前对下列文档进行配置控制：

（1）软件开发计划。

（2）系统和段设计文件。

（3）各计算机软件配置项的初步的软件需求规格说明。

（4）初步的接口需求规格说明。

8.3.2 软件需求分析

承制方应进行下列软件需求分析活动。

1. 软件开发管理

承制方应根据有关标准进行一次或多次软件规格说明审查。在成功地完成软件规格说明审查并得到签约机构认可后,软件需求规格说明和相应接口需求规格说明应形成计算机软件配置项的分配基线。

2. 软件工程

(1)承制方应为每个计算机软件配置项规定一组完整的工程要求,并编入软件需求规格说明。

(2)承制方应为每个计算机软件配置项的每个外部接口规定一组完整的接口要求,并编入接口需求规格说明。

3. 正式合格性测试

承制方应为每个计算机软件配置项规定一组完整的测试要求,并编入软件需求规格说明。

4. 软件产品评价

承制方应使用表 8 - 2 规定的评价准则进行下列产品的评价,并在软件规格说明审查时提出评价结果的总结[44]。

(1)各计算机软件配置项的软件需求规格说明。

(2)接口需求规格说明。

5. 配置管理

承制方应在提交签约机构以前对各计算机软件配置项的软件需求规格说明和相应的接口需求规格说明进行配置控制。

8.3.3 概要设计

承制方应进行下列概要设计活动。

1. 软件开发管理

承制方应根据有关标准进行一次或多次概要设计审查(HER)。

2. 软件工程

(1)承制方应对每个计算机软件配置项进行概要设计,并把软件需求规格说明和相应的接口需求规格说明的要求分配到各计算机软件配置项的计算机软件部件中去,而且还应为每个计算机软件部件制定设计要求。承制方应把这些信息编入软件设计文档(SDD)。

(2)承制方应对在接口需求规格说明中各计算机软件配置项的外部接口进行概要设计,并应把这些信息编入初步的接口设计文档(IDD)。

(3)在软件设计文档中,承制方应记载那些在概要设计过程中形成的、对理解设计很关键的计算机软件配置项的补充工程信息。工程信息可包括原理、分析和权衡研究结果,以及其他对理解概要设计有帮助的信息。

(4)承制方应制定进行计算机软件部件集成和测试的测试要求,并编入计算机软件部件的软件开发文件中。承制方的计算机软件部件集成和测试应包括在规定的极限条件下要求的强化测试。

3. 正式合格性测试

承制方应按软件需求规格说明规定的要求,对每个(CSCI)确定要进行的正式合格性测试,并将有关信息编入软件测试计划(STP)中。

4. 软件产品评价

承制方应使用表8 - 2规定的评价准则来进行下列产品的评价,并在概要设计审查时提出评价结果的总结。

表8 - 2　军用软件需求分析的产品评价准则

评价准则被评价项目	内部一致性	可理解性	对指定文档的可追踪性	与指定文档的一致性	使用适当的分析、设计或编码技术	空间和时间资源的适当分配	对要求的充分测试覆盖	注:说明或附加准则
软件需求规格说明	●	●	见注	见注	●	●	●	对系统规范和SOW的可追踪性与IRS和接口项的其他规格说明的一致性要求的可测试性质量因素要求的充分性
接口需求规格说明	●	●	见注	见注	●	●		对系统规范和SOW的可追踪性与IRS和接口项的其他规格说明的一致性要求的可测试性
●表示被评价项目适用于对应的评价准则								

(1)各计算机软件配置项的软件设计文档。

(2)概要接口设计文档。

(3)软件测试计划。

(4)计算机软件部件测试要求。

5. 配置管理

(1)承制方应在提交签约机构以前,把各计算机软件配置项的软件设计文档组合到计算机软件配置项的开发配置中去。

（2）承制方应在提交签约机构以前,对软件测试计划进行配置控制。

（3）承制方应在提交签约机构以前,对概要接口设计文档进行配置控制。

8.3.4　详细设计

1. 软件开发管理

承制方应根据有关标准进行一次或多次关键设计审查(CDR)。

2. 软件工程

（1）承制方应为每个计算机软件配置项进行详细设计,应把各个计算机软件部件的要求分配到有关的计算机软件配置项的计算机软件单元中去,并应为每个计算机软件单元规定设计要求。承制方还应在每个计算机软件配置项的软件设计文档中记载这些信息。

（2）承制方应对在接口需求规格说明中记载的计算机软件配置项的外部接口进行详细设计,并将这些信息编入接口设计文档中。

（3）承制方应在软件设计文档中记载那些在详细设计过程中形成的,对理解设计很关键的每个计算机软件配置项的补充的工程信息。这种工程信息包括原理、分析和权衡研究结果及其他对理解详细设计有帮助的信息。

（4）承制方应为计算机软件部件集成和测试制定测试职责、测试用例(关于输入、预期结果和评价准则等)和进度,并在计算机软件部件的软件开发文件中编入(或引用)这些信息。

（5）承制方应为所有计算机软件单元测试制定测试要求、测试职责、测试用例(关于输入、预期结果和评价准则等)和进度。承制方的计算机软件单元测试应包括在规定要求极限条件下的软件强化测试。承制方应在计算机软件单元的软件开发文件中编入(或引用)这些信息。

3. 正式合格性测试

承制方应制定和描述在软件测试计划中规定的正式合格性测试的测试用例。承制方应在各计算机软件配置项的软件测试说明中编入这些信息。

4. 软件产品评价

承制方应使用表8-3、表8-4规定的评价准则进行下列产品的评价,并在关键设计审查时提出评价结果的总结[44]。

（1）每个计算机软件配置项的修改的软件设计文档。

（2）修改的接口设计文档。

（3）计算机软件部件测试用例。

（4）计算机软件单元测试要求和测试用例。

（5）规定比率的计算机软件单元和计算机软件部件的开发文件（SDF），该比率已在软件开发计划中做出规定。

（6）每个计算机软件配置项的软件测试说明。

表 8 - 3　概要设计的产品评价准则

评价准则 / 被评价项目	内部一致性	可理解性	对指定文档的可追踪性	与指定文档的一致性	使用适当的分析、设计或编码技术	空间和时间资源的适当分配	对要求的充分测试覆盖	注：说明或附加准则
软件设计文档——概要设计	●	●	IRS SRS	IDD	●	●		从 CSCI 到 CSC 要求分配的充分性
初步的接口设计文档	●	●	IRS SRS	SDD				
软件测试计划	●	●	SSDD IRS SRS	SDP				数据记录、整理和分析方法的充分性
CSC 测试要求	●	●						
表中●表示被评价项目适用于对应的评价准则								

表 8 - 4　详细设计的产品评价准则

评价准则 / 被评价项目	内部一致性	可理解性	对指定文档的可追踪性	与指定文档的一致性	使用适当的分析、设计或编码技术	空间和时间资源的适当分配	对要求的充分测试覆盖	注：说明或附加准则
软件设计文档——详细设计	●	●	IRS SRS	IDD	●	●		数据定义和数据使用的一致性常数的准确性和要求的精度
接口设计文档	●	●	IRS SRS′	SDD				

128

评价准则 被评价项目	内部一致性	可理解性	对指定文档的可追踪性	与指定文档的一致性	使用适当的分析、设计或编码技术	空间和时间资源的适当分配	对要求的充分测试覆盖	注：说明或附加准则
CSU 测试要求和测试用例	●	●		SDD IDD			●	规定的测试输入、预期结果和评价准则充分详细
CSC 测试用例	●	●	IRS SRS	SDD IDD			●	规定的测试输入、预期结果和评价准则充分详细
CSU 和 CSC 的 SDF 的内容	●	●	见注	见注			●	从 CSU 的 SDF 到 CSC 的 SDF 的可追踪性
软件测试说明——测试用例	●	●	IRS SRS				●	规定的测试输入、预期结果和评价准则充分详细

表中●表示被评价项目适用于对应的评价准则

5. 配置管理

（1）承制方应在提交签约机构以前,把每个计算机软件配置项经过修改的软件设计文档组合到计算机软件配置项的开发配置中去。

（2）承制方应在提交签约机构以前,对修改的接口设计文档进行配置控制。

（3）承制方应在提交签约机构以前,对每个计算机软件配置项的软件测试说明进行配置控制。

8.3.5 编码和计算机软件单元测试

承制方应进行下列编码和计算机软件单元测试活动。

1. 软件开发管理

无补充要求。

2. 软件工程

（1）承制方应制定计算机软件单元测试的测试规程，并编入相应的计算机软件单元的软件开发文件中。

（2）承制方应对计算机软件单元进行编码和测试，以确保计算机软件单元采用的算法和逻辑是正确的，并确保计算机软件单元能满足其规定要求。承制方应在相应的计算机软件单元的软件开发文件中记录所有计算机软件单元的测试结果。

（3）承制方应根据计算机软件单元测试情况对所有设计文档和代码进行必要的修正和所有必需的重新测试，并对所有进行设计更改或编码更改的计算机软件单元的软件开发文件进行修改。

（4）承制方应制定计算机软件部件测试的测试规程，并编入计算机软件部件的软件开发文件中。

3. 正式合格性测试

无补充要求。

4. 软件产品评价

承制方应使用表 8 - 5 规定的评价准则进行下列产品的评价，并在测试准备审查时提出评价结果的总结[44]：

（1）计算机软件单元的源代码。

（2）计算机软件部件测试规程。

（3）计算机软件单元测试规程和测试结果。

（4）规定比率的已修改的软件开发文件。

5. 配置管理

（1）承制方应把成功地经过测试和评价的计算机软件单元、已修改的软件设计文档和源代码列表组合到合适的开发配置中去。

（2）承制方应对成功地经过测试和评价的计算机软件单元的源代码进行配置控制。

8.3.6 计算机软件部件集成和测试

承制方应进行下列计算机软件部件集成和测试活动。

1. 软件开发管理

承制方根据有关标准进行一次或多次测试准备审查(TRR)。

2. 软件工程

（1）承制方应进行计算机软件部件集成和测试，并确保计算机软件部件采用的算法和逻辑是正确的，而且计算机软件部件能满足其规定要求。

（2）承制方应在相应的计算机软件部件的软件开发文件中记录所有计算机软件部件集成和测试的结果。

（3）承制方应根据完成的所有测试结果对设计文档和代码进行必要的修改，并实施所有必需的重新测试，并对所有设计更改或编码更改的计算机软件单元、计算机软件部件和计算机软件配置项的软件开发文件进行修改。

3. 正式合格性测试

（1）针对各个软件测试说明中规定的每个正式合格性测试用例，承制方应制定安装规程、进行每个测试的规程和分析测试结果的规程，这些程序应编入各计算机软件配置项的软件测试说明中。

（2）在进行正式合格性测试（FQT）以前，承制方应进行各计算机软件配置项的软件测试说明中规定的测试，以确保过程完整和准确，并确保软件已做好正式合格性测试的准备。承制方应在相应计算机软件配置项的软件开发文件中记录这些活动的结果，并修改相应的软件测试说明。

4. 软件产品评价

承制方应使用表 8-5 规定的评价准则进行下列产品的评价，并在测试准备审查时提出评价结果的总结。

（1）记录在软件开发文件中的测试结果。

（2）每个计算机软件配置项的已修改的软件测试说明。

（3）已修改的源代码和设计文档。

（4）规定比率的已修改的软件开发文件。

5. 配置管理

承制方应把成功地经过测试和评价的计算机软件部件的已修改的软件设计文档和源代码列表组合到合适的开发配置中去。

表 8-5 编码和 CSU 测试产品评价准则

评价准则 被评价项目	内部一致性	可理解性	对指定文档的可追踪性	与指定文档的一致性	使用适当的分析、设计或编码技术	空间和时间资源的适当分配	对要求的充分测试覆盖	注：说明或附加准则
源代码	●	●	SDD IDD	SDD	●	●		符合设计和编码标准 符合可维护性要求 符合 CSU 要求

评价准则 被评价项目	内部一致性	可理解性	对指定文档的可追踪性	与指定文档的一致性	使用适当的分析、设计或编码技术	空间和时间资源的适当分配	对要求的充分测试覆盖	注：说明或附加准则
CSU 测试规程	●	●	CSU 测试用例	SDD IDD			●	规定测试规程充分详细
CSU 测试结果	●	●	见注			●	●	与预期结果一致性 测试的完整性 CSU 进入开发配置的充分性
CSC 测试规程	●	●	CSC 测试用例	SDD IDD			●	规定的测试规程充分详细
CSU 和 CSC 的 SDF 的内容	●	●	见注	见注			●	从 CSU 的 SDF 到 CSC 的 SDF 的可追踪性

注：表中●表示被评价项目适用于对应的评价准则

8.3.7 计算机软件配置项测试

承制方应进行下列计算机软件配置项测试活动,如表8-6所列。

1. 软件开发管理

承制方应支持功能技术状态审核(FCA)和物理技术状态审核(PCA)。计算机软件配置项的功能技术状态审核和物理技术状态审核可在系统集成和测试之后进行。

2. 软件工程

（1）承制方应根据正式合格性测试结果对软件设计文档和代码进行必要的修改,进行所有必需的重新测试,并对所有进行设计或代码更改的计算机软件单元、计算机软件部件和计算机软件配置项的软件开发文件进行修改。

（2）承制方应根据正式合格性测试结果对接口设计文档进行必要的修改,

并编制可交付的接口设计文档。

（3）在成功地完成正式合格性测试以后，进行功能技术状态审核和物理技术状态审核之前，承制方应编制计算机软件配置项的已修改的源代码，并按软件需求规格说明的规定编制可交付的各计算机软件配置项的源代码。

（4）承制方应为每个计算机软件配置项编制可交付的软件产品规格说明。

表 8-6　CSC 集成和测试的产品评价准则

评价准则 被评价项目	内部一致性	可理解性	对指定文档的可追踪性	与指定文档的一致性	使用适当的分析、设计或编码技术	空间和时间资源的适当分配	对要求的充分测试覆盖	注：说明或附加准则
CSC 集成测试结果	●	●	见注			●	●	与预期结果一致性 测试的完整性 重新测试的完整性 集成的 CSCI 进行 PQT 测试的充分性
软件测试说明 ——正式测试规程	●	●	IRS SRS 见注				●	规定测试规程充分详细 正式测试用例的可追踪性
已修改的源代码	●	●	SDD IDD	SDD	●	●		符合设计和编码标准 符合可维护性要求
已修改的 SDF 的内容	●	●		见注				已修改代码和 SDD 的一致性 已修改的测试结果的充分性
表中●表示被评价项目适用于对应的评价准则								

3. 正式合格性测试

（1）承制方应按每个计算机软件配置项的软件测试说明中的规程实施正式合格性测试活动。

（2）承制方应在各计算机软件配置项的软件测试报告（STR）中记录正式合格性测试的结果。

（3）在完成正式合格性测试后，承制方应编制需交付给签约机构的最新的软件测试说明。

4. 软件产品评价

承制方应使用表8－7规定的评价准则来进行下列产品的评价：

（1）每个计算机软件配置项的软件测试报告。

（2）已修改的源代码和设计文档。

5. 配置管理

（1）承制方应标识即将交付的计算机软件配置项的准确版，并在各计算机软件配置项的版本说明文档（VDD）中记录这些信息。

（2）在成功地完成功能技术状态审核和物理技术状态审核，并得到签约机构认可之后，各计算机软件配置项的软件产品规格说明将被组合到产品基线中去，而此时各计算机软件配置项的开发配置应予以结束。

表8－7　CSC集成和测试的产品评价准则

评价准则 被评价项目	内部一致性	可理解性	对指定文档的可追踪性	与指定文档的一致性	使用适当的分析、设计或编码技术	空间和时间资源的适当分配	对要求的充分测试覆盖	注：说明或附加准则
软件测试报告	●	●	STD	见注			●	与预期结果的一致性 测试的完整性 重新测试的完整性 测试CSCI的充分性
已修改的源代码	●	●	SDD IDD	SDD	●	●		符合设计和编码标准 符合可维护性要求
表中●表示被评价项目适用于对应的评价准则								

8.3.8　系统集成和测试

承制方应进行下列系统集成和测试活动：

1. 软件开发管理

承制方应实施功能技术状态审核和物理技术状态审核。

2. 软件工程

承制方应根据系统集成和测试结果对设计文档和代码进行必要的修改，并实施所有必需的重新测试。

3. 正式合格性测试

（1）承制方应支持系统集成和测试计划、测试用例和测试规程的开发和编制。

（2）承制方应支持系统集成和测试的活动。

（3）承制方应支持事后测试结果分析和系统集成与测试结果报告的编制。

4. 软件产品评价

承制方应按表 8 – 7 规定的评价准则对已修改的源代码和设计文档进行评价。

5. 配置管理

承制方应根据 GJB 2786A—2009 中对相应的文档进行必要的更改。

第9章　军用软件质量监督

随着军用软件地位和作用的加强,军用软件的质量工作越来越受到重视,各级部门颁布下发了一系列相关文件和规范,明确要求加强军用软件质量监督和管理工作。质量监督已成为提高军用软件质量的重要手段之一。本章主要阐述了军用软件质量监督的特点、基本要求,讲述了军用软件生存周期各阶段的质量监督,以及做好军用软件质量监督的相关措施等内容。

9.1　软件质量监督的特点

当前,对武器装备硬件部分的质量监督,已经形成了比较系统的理论、程序和方法。而对软件的监督,虽然工作中逐步受到了重视,进行了有效的探索,并取得了初步的成果,但仍存在一些问题。军用软件质量监督工作在实践中呈现出如下的一些特点:

(1) 在方案论证阶段,与硬件相比,对软件论证质量重视程度较低。受技术因素限制,许多和质量有关的技术问题论证不深,使之先天存在较多质量隐患。

(2) 在方案设计阶段,有关软件 RMSST(可靠性、维修性、保障性、安全性、测试性)指标、参数、要求隐含在整机指标、性能之中,只有原则分析,没有具体软件指标设计,使之在软件 RMSST 设计中形成盲区。在武器装备总体方案中,其软件设计评审隐含在其中,而没有单独进行评审,使之在软件设计上存在的质量问题不能暴露纠正。

(3) 由于软件质量不能像硬件质量那样可以物化,在研制、生产中纯软件质量问题易解决,既有硬件、又有软件原因的质量问题难以物化,因此,很难从根本上解决问题,且易掩盖问题。

(4) 软件引起的质量问题,潜伏期较长。软件质量问题的原因和现象没有直接关联关系,往往是随机的,没有规律性,给软件故障原因分析及排查带来很大的麻烦。

(5) 软件质量问题不同于硬件故障。硬件发生故障时,技术人员可以测试、分析、排故。软件一旦出了问题,必须由原设计人员来分析解决,带有一定的"排他性"。如果管理措施跟不上,软件质量就会陷入一种"私有财产"境地,给质量监督带来一定的困难。

(6)与硬件相比,软件的技术状态有两个特点:第一是技术状态管理比较难,设计人员改变设计随意性较大;第二是技术层面的透明度较小,承制单位往往以保护技术专利为借口,不愿让军方在技术上介入过深。这两者均给质量监督带来不利因素。

(7)软件的检验和试验难以制定标准,难以像硬件那样有较成熟的检验试验标准和试验方法以及试验结果评审方法。

(8)软件的测试是一件专业性很强的工作,特别是对一些复杂和程序量很大的软件,其测试难度就更大,必须到专业测试单位去测试。目前,军用软件测试质量监督没有统一的规范标准。

(9)由于信息技术的快速发展,在设备使用维修期间,需要对原设备软件升级,且该工作主要由原研制、生产单位来完成,对于软件升级过程中的质量监督比较困难。

9.2 软件质量监督的基本要求

开展军用软件质量监督,应遵循以下基本要求:

(1)军事代表应依据型号研制总要求或技术协议、合同以及国家、军队有关法规和标准,对软件生存周期全过程实施质量监督。当缺少软件定性、定量监督依据时,应将与软件有关的国军标作为质量监督的通用准则。

(2)军事代表应督促承制单位将软件作为装备及其配套产品的一部分纳入型号研制计划,与硬件的设计和开发过程相协调,进行工程化开发,实施控制与管理。参与对分承制单位软件开发、质量保证和软件测试能力的评定工作,参加重要的评审和软件验收工作。

(3)军事代表应督促承制单位在已有质量管理体系基础上,建立文件化的软件质量管理体系。按照有关法规要求,对软件质量管理体系的运行情况进行监督,确保软件质量管理体系持续有效的运行。

(4)军事代表应按照合同或研制总要求中明确的软件等级要求,会同承制单位对软件实行按级控制和管理。软件等级划分如下:

关键软件:影响装备使用安全和危及人员安全,或影响关键任务完成的软件。

重要软件:不影响装备使用安全但影响任务完成的软件。

一般软件：不影响装备使用安全和任务完成的软件。

（5）对于使用非开发软件（NDS）的软件项目，军事代表应督促承制单位编制非开发软件使用计划，监督非开发软件的使用。

（6）军事代表应督促承制单位建立软件失效报告、分析和纠正措施系统（SFRACAS），并与软件配置管理中的变更控制结合起来加以实施。

9.3 软件生存周期阶段质量监督

9.3.1 系统分析与软件定义阶段

（1）军事代表应依据上级要求参加型号研制或软件开发合同洽签工作，重点审查合同中软件质量保证要求、验收方法、安全保密、进度、费用、软件等级划分等要素；对于关键、重要软件，应重点审查合同是否明确了可验证的可靠性定量指标和第三方测试要求。

（2）军事代表应参加软件项目的可行性论证工作，掌握系统要求、使用环境、工程进度安排、风险分析、安全保密、可靠性和可维护性等指标和要求的论证情况，收集开展软件质量监督所需的资料。

（3）军事代表应依据合同和相关法规、标准的要求审签承制单位编制的《软件开发计划》。

（4）军事代表应参加系统要求和系统设计评审，确保设计输入要求完整，可测试，不模糊，并且相互之间不冲突。

（5）军事代表应督促承制单位将通过评审的任务书、合同或协议等文档纳入配置管理，作为软件开发的功能基线。

9.3.2 软件需求分析阶段

（1）军事代表应了解承制单位使用的软件开发方法、工具和软件生存周期模型；督促承制单位建立软件工程环境和软件开发库，并审查是否满足安全保密等方面的要求。

（2）军事代表应督促承制单位按照 GJB 1091—1991《军用软件需求分析》开展软件需求分析，编制《软件需求规格说明》，并按照 GJB 438B—2009《军用软件开发文档通用要求》进行审签。

（3）军事代表应严格控制涉及主要功能、性能、接口等方面的需求更改，确需更改时，按如下原则处理：更改必须取得使用单位或总体单位的认可，并完整、准确地说明更改的内容和原因；更改过程必须按照软件配置管理的要求办理相关手续；必要时，需对更改部分重新进行评审。

（4）军事代表应依据 GJB 439—1988《军用软件质量保证规范》的要求，审签承制单位编制的《软件质量保证计划（大纲）》。

（5）军事代表应督促承制单位依据 GB/T 12505—1990《计算机软件配置管理计划规范》编制《软件配置管理计划》，共同商定更改控制准则、更改授权机制以及军事代表参与配置管理活动的职责和范围，并对《软件配置管理计划》进行评审和签署。

（6）军事代表应督促承制单位开展软件可靠性需求分析和安全性分析，确定可靠性目标、要求、计划和可靠性设计准则，制定可靠性信息收集和管理制度；明确对分承制单位的软件可靠性监督控制要求；对于有可靠性定量要求的软件，初步开展可靠性指标的分配和预计工作；督促其单独编制关键、重要软件《软件可靠性大纲》并进行审签。

（7）军事代表应参加软件需求分析阶段的评审。评审要点如下：软件需求分析方法、工具使用是否合适；内容是否符合系统对软件的需求；质量保证要求是否满足系统的要求；是否明确了对软件的可靠性和安全性要求；是否明确了对软件的维护性要求；是否明确了对软件的数据保密性、完整性的要求；是否明确了每个软件配置项的正式合格性测试要求；检查本阶段工作及产生的文档是否符合有关的软件标准。

（8）军事代表应监督承制单位将软件需求分析阶段产生的软件工作产品纳入受控库，作为软件开发工作的分配基线。

9.3.3 软件设计阶段

（1）军事代表应审查承制单位编制的《软件概要设计说明》、《软件详细设计说明》等设计、管理文档，参加软件设计阶段的有关评审。

（2）军事代表应督促承制单位建立可靠性预计模型，开展可靠性预计和分析，确定关键软件部件，分配可靠性指标，开展可靠性设计工作。

（3）军事代表应检查承制单位《软件质量保证计划（大纲）》的贯彻和执行情况，对存在的问题，及时提出改进意见和建议，通过整改，持续改进软件质量保证工作。

（4）军事代表应督促承制单位编制《软件集成测试计划》和《软件单元测试计划》，明确测试的范围、内容、资源、进度和职责等要素。着重审查测试是否包括在规定要求极限条件下的强度测试。

（5）军事代表应监督检查软件配置管理的执行情况，并督促承制单位将本阶段的软件工作产品纳入到受控库。

9.3.4 软件实现阶段

（1）军事代表应检查软件的编码语言、编码标准等是否符合合同或有关标准的规定和要求。

（2）军事代表应督促承制单位开展软件静态测试。掌握代码自检、互检和专检执行情况，参加有关的代码审查会和静态分析工作。

（3）军事代表应督促承制单位按要求开展单元测试（动态测试）。检查测试过程、测试结果和测试错误的记录情况，检查所有的修改是否执行了配置管理和回归测试。

（4）军事代表应参加承制单位组织的单元测试评审。审查单元测试报告、测试记录和测试问题报告等文件，并对能否转入下一阶段工作，提出建议和意见。

9.3.5 软件测试阶段

（1）军事代表应督促承制单位建立测试环境，并对测试环境的安全保密性，测试人员的资格进行审查，提出调整和改进建议。

（2）军事代表应按照 GJB/Z 141—2004《军用软件测试指南》等标准，审查各项测试的测试计划、测试说明、测试报告、测试记录和测试问题报告等文件，确保测试过程文档的完整性、正确性、有效性和规范性。

（3）军事代表应参加承制单位组织的软件测试过程评审。测试执行前，应参加测试就绪评审。对测试计划和测试说明以及测试计划的合理性，测试用例的正确性、科学性和覆盖充分性，测试组织、测试环境和设备工具是否齐全并符合技术要求等内容进行审查，并对能否开展测试工作，给出意见。测试完成后，应参加软件测试评审。通过对测试记录、测试报告审查，判别测试过程和测试结果的有效性，确定是否达到测试目的。

（4）军事代表应检查各项测试的回归测试情况，监督测试过程配置管理的执行情况，督促承制单位将测试过程中产生的软件工作产品纳入受控库。

（5）军事代表应督促承制单位开展正式合格性测试（软件鉴定测试）。测试前，军事代表应会同承制单位对《软件测试计划》和《软件测试说明》进行评审，并审签。对于合同要求在第三方进行的测试，军事代表要确认参加测试软件的版本和相关文档的现行有效性；软件通过质量评审后，方能交付承试单位进行测试；军事代表室应参加承试单位组织的测试和评审。对于合同没有要求第三方测试的软件，军事代表室应作为主体单位与承制单位共同组织正式合格性测试；正式合格性测试在承制单位进行时，应对测试机构的资格进行审查，确保正式合格性测试活动的独立性。对在某些情况下,过程的结果不能被完全验证的项目,军事代表应要求承制单位采用其他方法进行验证,并对验证的有效性进行评估和确认。

(6) 军事代表应了解系统集成和测试情况,参加系统集成和测试阶段的评审。

9.3.6　软件验收、定型阶段

(1) 军事代表应督促承制单位按 GJB 1268A—2004《军用软件验收要求》编制《软件验收申请报告》,向验收方(总体单位、使用方或其他指定的机构)提出验收申请。

(2) 军事代表应督促承制单位对交付验收的软件(程序、文档和数据)开展功能配置审查和物理配置审查,确保参加验收的软件完整、正确、协调一致。

(3) 军事代表应配合验收方制定《软件验收计划》,参与有关验收内容、技术条件、验收方法、进度安排、人员组成、验收准则等内容的协调活动。

(4) 军事代表应参加软件验收工作,向验收会议报告《军事代表对软件的质量监督情况》,参加验收测试、验收审查和验收评审工作。

对过程的结果不能被完全确认的情况,军事代表应要求承制单位采用其他的方法进行确认,并对确认的有效性进行评估和认可。

(5) 军事代表应督促承制单位将通过验收的软件配置项作为产品基线,纳入到产品库。

(6) 软件定型按国务院、中央军委军工产品定型委员会(简称一级定委)、航空装备定型委员会(简称航定委)关于软件定型有关文件要求执行。

(7) 软件定型程序一般包括定型测评、军方试验试用、申请定型、定型审查和定型审批。

软件定型测评。在软件通过验收后,所属系统通过初样评审,具备软件战技指标考核条件,软件相关文件资料齐套、数据齐全,符合有关文件要求后,军事代表应会同承制单位按照软件分级定型的原则,以书面形式向航定委申请定型测评。督促承制单位及时向定型测评机构提供定型测试所需的源程序、可执行程序以及需求分析、软件设计、软件测试、用户手册等文档。根据需要,参加定型测评大纲的评审,掌握定型测评报告。在定型测评过程中发现软件有无法满足规定的战术技术指标,或存在重大技术缺陷时,应督促承制单位积极配合定型测评机构,查找原因,制定改进措施,积极整改。在问题得到解决后,可根据上级要求,会同承制单位重新申请定型测评。

软件试验试用。在软件通过定型测评后,所属系统具备设计定型试验条件,软件相关文件资料及数据满足试验需要时,军事代表应会同承制单位以书面的形式向航定委提出试验试用申请。在申请批复后,应督促承制单位及时提供试验试用所需的软件研制总要求或系统研制总要求、用户手册、操作手册、安装手册等文件资料,了解用户试验试用情况,会同承制单位做好试验试用期间服务保障工作。对于无法满足作战使用性能指标和用户适用性要求的软件,应督促承制单位进行整改。

软件定型申请。在软件已完成研制,源程序、相关文件资料齐套、数据齐全,通过定型测评和试验试用后,军事代表应会同承制单位向航定委提出定型申请,同时单独形成《军事代表室对软件产品定型的意见》。软件定型申请内容主要包括软件名称或项目名称、软件研制任务来源、软件用途及组成、软件研制情况、定型测评情况、试验试用情况、存在的主要问题及解决情况、定型文件目录等。申请定型时必须具有以下文件:软件研制总要求或系统研制总要求;软件研制总结报告;软件产品规范;测评(试验)报告,包括厂(所)级鉴定报告、定型测评报告、试验试用报告;重要研制阶段的软件评审报告,包括软件需求分析阶段评审报告、软件设计阶段评审报告、软件配置项测试和系统测试阶段评审报告;软件运行程序和源程序;软件开发文档,包括软件需求规格说明(含接口需求规格说明)、软件设计文档(含接口设计文档)、其他要求的软件开发文档;软件配置状态报告;软件使用、维护文档;软件质量管理文档。

配套软件的定型申请文件内容,经航定委批准后可进行剪裁。

军事代表应参加航定委组织的软件定型审查会,参与软件测试、产品规范、文档的审查工作,掌握审查组出具的审查意见。

9.3.7 软件生产阶段

(1)军事代表应加强生产过程的配置管理,控制所有配置项的输入、输出,确保交付版本的一致性,发行标识的正确性。监督的重点是:发行过程的文件,复制过程的文件和安装。

发行过程的文件中应包括下列内容:每次发行的软件项目的标识,包括相关的说明书;发行类型(或等级)的标识,依据频次和/或对顾客使用的影响以及及时执行更改的能力;确定何时需要生成临时版本或完整的最新版的准则和指南。

复制过程的文件中应包括下列主要内容:母版和拷贝的标识,包括格式和版本;灾难恢复计划;承制单位提供软件拷贝的义务服务期和阅读母版拷贝的权利期;每一软件项目的媒体类型及相关的标识;版权和许可证事项的处理;环境的控制,保证在此环境下复制的有效性;对每份拷贝是母版的完全复制品的验证。

对软件的安装,承制单位和最终用户之间应就相关的地位、职责和义务达成一致,并形成文件协议。

(2) 军事代表应督促承制单位编制《软件复制操作规程》《程序加载操作规程》或《程序固化操作规程》,并进行审签。监督承制单位按照规程进行固化、复制和交付,确保软件产品的一致性、完整性。

批准的软件生产文件至少应包括软件定义图样(或称版本描述文件、软件版本描述、软件配置索引等),应通过使用版本、支持软件、构件说明书以及保证可执行软件能有效可重复地装载入目标计算机的软件装载程序来确定具体的源代码部分,还应包括或引用更改或问题报告摘要。

(3) 军事代表应督促承制单位选择和使用合适的存储介质,参加对存储介质生产单位的质量保证能力的认证考核,并实施合格供方目录管理。

(4) 军事代表应对承制单位交付的软件、存储介质以及软件文档进行检验,并签署软件履历本和合格证明文件。

(5) 军事代表应督促承制单位制定软件防护制度,确保对软件保存和隔离的有效控制与管理。软件的防护应符合下列要求:确保软件归档及时和查询方便;确保定期把软件拷贝到替换媒体上;软件媒体的搬运要符合温度、湿度、电磁防护和静电防护的要求;加密、压缩应安全可靠,确保解密、解压后的软件能恢复到原来的状态;为了确保灾难恢复,将软件媒体存储在独立的和受保护的环境中。

9.3.8　软件使用和维护阶段

(1) 军事代表应督促承制单位向用户提供培训、维护和版本更新等服务。

(2) 军事代表应督促承制单位制定软件维护计划和维护规程,以及问题的收集、记录、用户修改申请、向用户提供反馈的规程,并进行审签。

(3) 军事代表应参加软件维护组织,参与整个软件的维护管理工作。该组织应包括维护管理机构、维护主管、维护管理人员和软件维护小组。

军事代表室应与承制单位组成联合维护管理机构,成员由维护主管、维护管理员和维护人员组成,主要任务是审批维护请求,制订并实施维护策略,控制管理维护过程,负责软件维护的审查,组织评审和验收,确保软件维护任务的完成。

主管军事代表应成为主要维护主管之一,负责与使用单位的协调沟通,监督维护人员的工作,记录维护活动,组织管理整个维护工作。

军事代表应成为主要维护管理人员之一,具体负责现场维护,外场维护升级等协调管理工作。

软件维护小组主要由维护工作人员、质量管理人员、配置管理员和软件开发人员组成,主要工作是在维护管理人员的监督下,完成具体的修改、升级、配置、质量管理活动。

（4）军事代表应协助承制单位收集和记录维护信息,分析用户提供的《软件问题报告单》,对于纠错维护,应督促承制单位将问题纳入软件失效报告、分析和纠正措施系统(SFRACAS),分析原因,采取纠正措施,经验证有效后"归零"。

军事代表应督促承制单位根据存在的问题进行维护分析,确定修改需求和维护类型。申请软件维护时,军事代表应审签《软件维护申请表》。

（5）军事代表应监督维护过程配置管理的执行情况,参加软件修改后的回归测试。维护结束后应参加对维护过程的复查和评审,确保修改后系统的完整性。

（6）军事代表应督促承制单位开展软件可靠性增长方面的工作。

第 10 章　军用软件定型与鉴定

　　传统的武器装备定型工作主要围绕着硬件和系统进行,所提交的定型工作报告、定型产品的技术状态文件,只体现了硬件方面的设计内容,未对软件产品予以规定。随着武器装备信息化水平的日益提高,计算机软件在其中所占比重也越来越大,软件已不再仅仅是硬件的附属品,而是作为独立的产品进入到型号装备研制任务中,装备承制单位要求对软件产品实施单独定型的呼声也越来越高。软件的设计和开发工作属于高智商、高难度的劳动,一项可靠性高的、成熟的、完善的软件是设计人员多年知识的结晶和对新知识、新技术不懈跟踪的结果,取得的成果理应予以充分肯定,以便进一步激发软件设计人员的积极性和创造性,为武器装备设计开发出更高质量的装备软件。因此,开展软件定型的重要性日益体现。本章主要阐述了军用软件定型与鉴定的概念,讲述了军用软件的军方测评,军用软件定型与鉴定的申请与审批,军用软件定型与鉴定的管理与监督等内容[43]。

10.1　软件定型概念

　　军用软件定型与鉴定是指一级定委、二级定委(专业军工产品定型委员会)或总部分管有关装备的部门、军兵种装备部,按照规定的权限和程序,对软件进行全面考核,确认其达到规定的标准和研制总要求的活动。软件定型工作由一级定委归口管理,二级定委在一级定委领导下履行软件定型工作职能。软件鉴定工作由二级定委授权总部分管有关装备的部门、军兵种装备部组织实施。

10.1.1　定型范围

　　软件定型的范围,主要包括:
　　(1) 列入装备体制的软件装备。
　　(2) 主要装备研制项目的配套软件。
　　(3) 版本升级后改变基本战术技术性能的已定型软件。
　　(4) 由各级定委确定的其他软件。

10.1.2 定型分级

军用软件实行分级定型。列为主要装备研制项目的软件装备(以下简称一级定型软件),实行一级定型;其他需要定型的软件(以下简称二级定型软件),实行二级定型。

10.1.3 鉴定范围

鉴定软件:

(1)未列入装备体制、不依赖硬件系统独立存在的软件。

(2)一般装备研制项目的配套软件。

(3)版本升级后不改变基本战术技术性能的已定型软件。

(4)由各级定委确定的其他软件。

10.1.4 软件定型程序

软件定型(或鉴定)的程序包括军方测评、试验、申请定型(或鉴定)、定型(或鉴定)审查、定型(或鉴定)审批。

10.2 军用软件的军方测评

10.2.1 军方测评任务

军方测评是指军方测评机构在软件研制完成后(配套软件在系统正样评审前)依据有关国家军用标准,考核软件是否符合系统研制要求、软件研制总要求规定的战术技术指标。

10.2.2 军方测评内容

军方测评内容由二级定委或总部分管有关装备的部门、军兵种装备部依据软件的具体情况及有关国家军用标准确定。一般应当包括必要的文档审查(Document Inspection)、代码走查(Code Walkthrough)、功能测试、性能测试、安全性测试、安装测试、接口与交互界面测试、强度测试、可靠性测试、可恢复性测试、覆盖率测试等内容。

10.2.3 军方测评一般程序

军用软件定型、鉴定中的军方测评程序是:

（1）申请军方测评。

（2）审批军方测评申请,选取军方测评机构。

（3）编制军方测评大纲。

（4）审批军方测评大纲。

（5）实施军方测评。

（6）出具军方测评报告。

10.2.4　军方测评申请条件

申请军方测评应当具备下列条件:

（1）软件已完成设计,通过内部测试。

（2）配套软件所属系统已经通过初样评审,具备软件战术技术指标的考核条件。

（3）软件相关文件资料齐套、数据齐全;可以满足军方测评的需要。

10.2.5　军方测评申请

定型软件的军方测评申请由军事代表机构或军队其他有关单位会同承研承制单位,以书面形式向二级定委提出。鉴定软件的军方测评申请由军事代表机构或军队其他有关单位会同承研承制单位,以书面形式向总部分管有关装备的部门、军兵种装备部提出。军方测评申请主要内容应当包括:软件名称或项目名称、软件研制任务来源、软件用途及组成、软件研制及测试情况、承研承制单位情况等。

10.2.6　军方测评程序及文档要求

软件研制总要求或系统研制要求、军方测评所需的源程序以及需求分析、软件设计、软件测试、用户手册等文档由承研承制单位提供。

10.2.7　军方测评申请的审批及军方测评机构选取

二级定委或总部分管有关装备的部门、军兵种装备部,应当及时按照规定,对军方测评申请进行审查,符合条件的应当予以批准;不符合条件的应当退回承研承制单位,并说明原因。二级定委或总部分管有关装备的部门、军兵种装备部在审批军方测评申请时,应当从一级定委发布的军方测评机构名录中选取军方测评机构。

10.2.8 军方测评大纲编制

军方测评机构应当根据软件研制总要求或系统研制要求和有关国家军用标准,编制军方测评大纲。军方测评大纲主要内容应当包括:编制大纲的依据、软件用途及组成、测试内容、测试方法、评价方法、测试组织与人员、测试环境、进度安排、终止条件等。

10.2.9 军方测评大纲审批

二级定委或总部分管有关装备的部门、军兵种装备部,组织有关单位对军方测评大纲进行审查,符合要求的予以批准;不符合要求的应退回军方测评机构,并说明理由。

10.2.10 军方测评报告

军方测评完成后,军方测评机构应当根据文档审查、软件及数据测试结果,出具军方测评报告,上报军方测评大纲审批机关,并抄送承研承制单位、军事代表机构和有关部门。

军方测评报告主要内容应当包括:

(1)软件研制总要求或系统研制要求的满足情况。

(2)文档的完整性、准确性与一致性。

(3)发现的缺陷、影响分析及回归测试结果。

(4)软件质量评价结论。

10.2.11 军方测评中止

测试过程中发现软件存在重大问题,应当中止软件测评,向主管定委或总部分管有关装备的部门、军兵种装备部报告,并通知承研承制单位。

10.3 军用软件的试验

10.3.1 试验时机

配套软件的试验,可在通过军方测评和系统正样评审后,结合所属系统设计定型或鉴定试验同时进行。配套外软件的试验,应当在通过军方测评后进行。

10.3.2　试验任务

军方测评后应当考核软件是否达到软件研制总要求或系统研制要求规定的作战使用性能指标和军方适用性要求。试验由二级定委或由二级定委授权总部分管有关装备的部门、军兵种装备部,指定试验单位或军队其他具备试验条件的单位进行。

10.3.3　试验内容

试验一般应对软件的功能、性能、安全性、易用性、适用性等进行试验。鉴定软件的试验内容可依据软件的具体情况,经二级定委或总部分管有关装备的部门、军兵种装备部批准后,进行裁剪。

10.3.4　试验一般程序

试验的一般程序:
(1)申请试验。
(2)审批试验申请及确定试验单位。
(3)编制试验大纲。
(4)审批试验大纲。
(5)实施试验。
(6)出具试验报告。

10.3.5　试验申请条件

申请试验应当具备下列条件:
(1)软件已通过军方测评。
(2)配套软件所属系统已具备设计定型试验或鉴定试验的条件。
(3)软件相关文件资料及数据满足试验的需要。

10.3.6　试验申请

配套软件的试验申请,可随系统设计定型试验或鉴定试验申请同时办理。配套外定型软件的试验申请,由军事代表机构或军队其他有关单位会同承研承制单位,以书面形式向二级定委提出。配套外鉴定软件的试验申请,由军事代表机构或军队其他有关单位会同软件承研承制单位,以书面形式向相应总部分管有关装备的部门、军兵种装备部提出。试验申请主要内容应当包括:软件名称或项目名称、软件用途及组成、试验内容、试验保障条件等。

10.3.7 试验文件资料要求

试验所需文件资料由承研承制单位提供,包括软件研制总要求或系统研制要求、用户手册、操作手册、安装手册及其他试验所需的资料。

10.3.8 试验申请审批及确定试验单位

二级定委或总部分管有关装备的部门、军兵种装备部,应当按照规定,对试验申请进行审查,符合条件的应当予以批准,并确定试验单位;不符合条件的应当退回申请单位,并说明原因。

10.3.9 试验大纲编制

试验单位应当根据软件研制总要求或系统研制要求和有关国家军用标准,编制试验大纲。试验大纲应当包括编制大纲的依据、试验内容、试验方法、试验组织与人员、进度安排等。配套软件可不单独编制试验大纲,在所属系统的试验大纲中应规定相应的试验内容。

10.3.10 试验大纲审批

二级定委或总部分管有关装备的部门、军兵种装备部,应当组织有关单位对试验大纲进行审查,符合要求的予以批准;不符合要求的退回试验单位,并说明理由。

10.3.11 试验报告

试验完成后,试验单位应当根据试验情况,编制试验报告,上报军方试验大纲审批机关,并抄送申请单位。

10.4 软件定型与鉴定的申请和审批

10.4.1 软件定型与鉴定申请条件

申请软件定型与鉴定应当具备下列条件:
(1)软件已完成研制,源程序、相关文件资料齐套、数据齐全。
(2)软件已通过军方测评。
(3)软件已通过军方试验。
(4)达到定委或总部分管有关装备的部门、军兵种装备部的其他要求。

10.4.2　软件定型与鉴定申请程序及要求

配套软件的定型或鉴定申请可随所属系统设计定型或鉴定同时提出。配套外软件的定型申请,由军事代表机构或军队其他有关单位会同承研承制单位向二级定委提出。配套外软件的鉴定申请,由军事代表机构或军队其他有关单位会同承研承制单位向总部分管有关装备的部门、军兵种装备部提出。软件定型或鉴定的申请主要内容应当包括:软件名称或项目名称、软件研制任务来源、软件用途及组成、软件研制情况,军方测评情况、军方试验情况、军方测评和试验中发现的主要问题及解决情况等。

10.4.3　软件定型与鉴定申请文件

军事代表机构或军队其他有关单位会同承研承制单位提出软件定型或鉴定申请时,应当提交下列文件:

（1）软件研制总要求或系统研制要求。

（2）软件研制总结报告。

（3）软件产品规范。

（4）软件测评(试验)报告,包括:厂(所)级鉴定报告、军方测评报告、试验报告。

（5）重要研制阶段的软件评审报告,包括:软件需求分析阶段评审报告、模型研究和构建阶段评审报告、软件设计阶段评审报告、软件配置项测试和系统测试阶段评审报告。

（6）软件运行程序及源程序。

（7）软件开发文档,包括:软件需求规格说明(含接口需求规格说明)、软件设计文档(含接口设计文档)、及要求的软件开发文档。

（8）软件配置状态报告。

（9）软件使用、维护文档。

（10）软件质量管理文档。

（11）定委或总部分管有关装备的部门、军兵种装备部要求的其他文档。

10.4.4　配套软件定型与鉴定申请文件的剪裁

配套软件定型与鉴定申请文件的内容,经二级定委或总部分管有关装备的部门、军兵种装备部批准后可进行剪裁。

10.4.5　软件定型审查组织实施

软件定型审查工作由二级定委办公室以会议方式组织实施,成立有关软件测试、产品规范、文档等审查组进行审查和测试。配套软件的定型审查可结合所属系统的设计定型审查同时进行,应专门设立软件定型审查组。软件经定型审查后,应出具定型审查意见。

10.4.6　软件鉴定审查组织实施

软件鉴定审查工作由总部分管有关装备的部门、军兵种装备部以会议形式组织实施,成立有关软件测试、产品规范、文档等审查组进行审查和测试。配套软件的鉴定审查可结合所属系统的设计定型审查(或鉴定)同时进行,应专门设立软件定型审查组。软件经鉴定审查后,应出具鉴定审查意见。

10.4.7　软件定型审批

二级定委根据定型审查意见,对申请定型的一、二级定型软件,分别按照下列情况做出处理:

(1) 符合定型标准和要求的,按照定型审查意见,予以批准二级定型或报一级定委审批。

(2) 个别战术技术指标达不到定型标准和要求的,短期内不能解决但不影响使用的,可经总部分管有关装备的部门、军兵种装备部提出调整指标的意见,报总装备部批准后,按照定型审批权限组织会议,批准二级定型或报一级定委审批。

(3) 不符合定型标准和要求的,不予批准定型,并将有关情况通报申请定型的单位。对符合定型标准和要求的一级定型软件,一级定委按程序批准定型。软件的定型经批准后,应当向有关单位颁发定型证书。

10.4.8　软件鉴定审批

总部分管有关装备的部门、军兵种装备部根据鉴定审查意见,对申请鉴定的软件,分别按照下列情况做出处理:

(1) 符合鉴定标准和要求的,按照鉴定审批权限予以批准,并交二级定委备案。

(2) 个别主要或非主要战术技术指标达不到鉴定标准和要求,短期内不能解决但不影响使用的,提出调整指标的意见并报总装备部同意后,按照鉴定审批权限予以批准。

（3）不符合鉴定标准和要求的,不予批准鉴定,并将有关情况通报申请鉴定的单位。软件的鉴定经批准后,应当向有关单位颁发鉴定证书。

10.5 软件定型与鉴定的管理与监督

10.5.1 软件定型与鉴定管理研究

各级定委、总部分管有关装备的部门、军兵种装备部、军区装备部和有关单位,应当结合软件定型与鉴定工作的实际,加强软件定型与鉴定工作理论研究和学术交流,积极探索软件定型与鉴定工作的特点和规律,研究和解决软件定型与鉴定工作中遇到的新情况、新问题。

10.5.2 软件定型与鉴定的资料和信息管理

各级定委、总部分管有关装备的部门、军兵种装备部、军区装备部和有关单位,应当加强软件定型与鉴定工作信息的收集和掌握,建立健全软件定型与鉴定资料数据库。督促有关部门和单位及时上报软件定型与鉴定档案资料,逐步推行软件定型与鉴定资料的电子化管理,提高软件定型与鉴定工作管理水平。

10.5.3 业务培训

各级定委、总部分管有关装备的部门、军兵种装备部、军区装备部和有关单位,应当对从事软件定型与鉴定工作的人员进行必要的专业技术集训和在职培训。

10.5.4 对承研承制单位的监督检查

各级定委、总部分管有关装备的部门、军兵种装备部、军区装备部,应当加强对软件定型与鉴定工作的经常性监督检查,督促承研单位、参与试验单位严格按照软件定型与鉴定工作的标准和要求,完成软件的研制、试验、评审等任务。军事代表应当协助各级定委和总部分管有关装备的部门、军兵种装备部,认真履行软件定型与鉴定工作的检验、验收等质量监督职责。

10.5.5 对软件定型与鉴定工作的监督

已定型或鉴定的软件在使用中出现重大技术问题,经查实属于软件定型或鉴定原因的,应当由军级以上单位装备机关向二级定委或总部分管有关装备的部门、军兵种装备部通报有关情况,并可以建议重新进行软件定型或鉴定。

方 法 篇

　　方法篇,从军用软件的质量工程、可靠性工程和安全性工程等角度,系统介绍了常用模型与方法,阐述了相关的基本概念、基本原理、主要模型和方法步骤等问题,主要包括军用软件质量度量、评估、控制与保证,软件能力成熟度模型;军用软件可靠性工程的概念、要求,可靠性参数,可靠性模型,可靠性设计,可靠性测试,可靠性工程管理;军用软件安全性的概念、要求,安全性设计方法,安全性测试方法等。

第11章 军用软件质量工程

开发高质量的软件是软件工程的重要目标之一,客观定量地度量和评估软件产品质量和开发过程的技术是非常重要的。但由于受到软件本身的复杂度、一致性、可变性和不可见性等特性的综合影响,很难像传统工业那样通过执行严格的操作规范来保证软件产品的质量[14]。因此,开发人员和管理人员必须真正了解和掌握软件质量的特性,才能在软件系统设计和程序设计的过程中融入高质量的内涵。本章主要阐述了军用软件质量度量与评估、质量控制与保证以及软件过程成熟度评估模型的相关内容。

11.1 军用软件质量度量与评估

一个完整的质量体系框架是实现软件质量度量与评估的基础,本节首先介绍软件质量剖面的基本概念,并在此基础上介绍软件质量总体框架的构成及其有关问题。

11.1.1 软件质量剖面

"质量"可以用来描述一个产品或一种服务的好坏程度,但是对软件而言,要把这个似乎很简单的概念转换成用户和供应商都满意的条款,却是异常困难的。其原因是,软件质量相对于硬件来说有它的许多特殊性。产生这种特殊性的根源是:软件开发是一种智力活动过程,软件产品是这种智能活动的结果。因此,它的质量优劣也只能通过另一种智能活动过程来检查和评价。

当人们试图确定一个软件产品的质量时,通常包含三个需要考虑的成分:① 客观上可度量的成分;② 主观上可评估的成分;③ 不可评估的成分。为了分析软件的质量,人们构造如图 11 – 1 所示的软件质量剖面模型[56]。

从图 11 – 1 可以看到[56]:

(1) 主观可度量的成分与用户能够感悟、觉察到的软件满足自身期望和意愿的程度有关。通过对参数的主观评定,可以确定软件质量某一特性的等级。这种通过人的感悟和觉察所确定的质量等级,常称为品质指数。

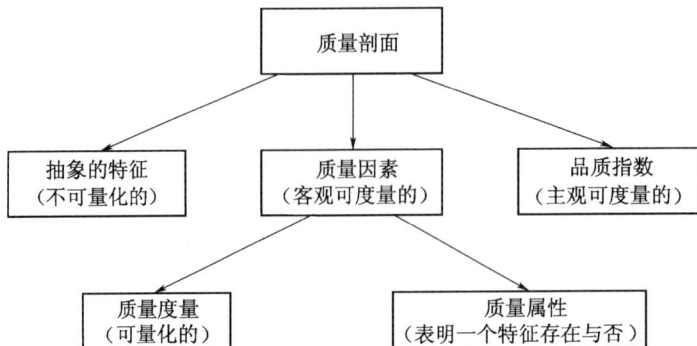

图 11 - 1 软件质量剖面模型

（2）客观可度量的部分可由某些质量因素来度量。质量因素和品质指数均可实现软件产品质量的定量描述。质量因素有客观和主观两个方面，而品质指数则全都是主观的。在软件质量剖面模型中最难最重要的就是质量因素中可量化的部分。

（3）抽象的质量特性映射着不可量化的成分，涉及到诸如软件在不同的环境条件下持续满足用户期望的能力。

11.1.2 软件质量度量总体框架

软件质量度量的研究和应用是一个系统工程问题，它贯穿于软件生存周期的全过程，与软件产品开发、管理、质量保证等过程活动密切相关。就软件质量本身而言，用户关心的质量因素包括有效性、完整性、可靠性、健壮性、易使用性、正确性、可维护性、可验证性、可扩性、灵活性、互操作性、可移植性和重用性。

从用户的观点出发，上述质量因素可分为以下三类[62]：

（1）产品性能类：在正常环境下，软件如何正确完成规定的或隐含的用户需求的预定功能。这类质量因素包括有效性、完整性、可靠性、健壮性和易使用性。

（2）产品设计类：软件设计的正确性和有效性。这类质量因素包括正确性、可维护性和可验证性。

（3）产品适应性类：当有新的需求、新的应用或使用环境发生变化时，修改软件的难易程度。这类质量因素包括可扩展性、灵活性、互操作性、移植性和重用性。

将用户要求的质量因素映射到软件产品并面向开发者的软件属性，称为"度量标准"，包括准确度、异常管理、自主性、分布性、通信效率、处理效率、存储效率、操作性、重构性、可达性、可训练性、完备性、一致性、可追溯性、可视性、应用独立性、可扩展性、公共性、文档可利用性、功能重叠性、功能范围、一般性、独立性、透明性、兼容性、有效性、模块性、自说明性和简洁性。

若将度量标准映射到面向产品的软件属性,则得到"度量细则"。以简洁性这个度量标准为例,可细分为六个属性或称度量细则,它们是设计结构、结构化语言或预处理、数据流和控制流的复杂性、编码简单性、专一性、难度度量等级。

综上所述,软件质量度量的总体框架如图 11 - 2 所示[62]。

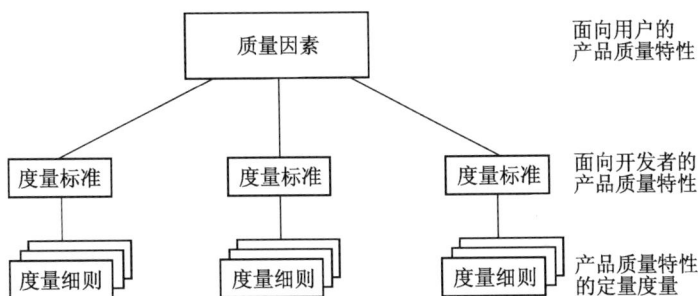

图 11 - 2   软件质量度量的总体框架

其中,面向用户的质量因素(例如可靠性、准确性、可维护性等)位于顶层,并且根据用户不同的关注点,新的质量因素可以被添加到顶层。面向软件开发者的软件特性作为度量标准位于第二层,而软件特性的属性度量(度量细则)则位于最低层,并且随着开发过程的进展、用户和开发者的不同需要以及软件技术的演化,度量标准和度量细则可以在它所属的层次结构框架内增加、删除或修改。

11.1.3   软件质量度量常见类型

1. 软件产品质量度量

软件产品质量包含产品质量和用户满意度,因此软件产品质量度量主要集中在以下五个方面[58]:

(1)软件平均失效时间,即 MTTF,用来测量失效之间的时间间隔的平均值。

(2)缺陷密度,基于软件规模(源代码行数、功能点数、对象点数等)来测量每个单位内的缺陷数或预测软件发布后潜在的产品缺陷。

(3)软件产品质量属性度量,如复杂性度量、内聚力、耦合性、适用性、可用性、可维护性、可扩充性度量等。

(4)可靠性度量。

（5）用户满意度度量。

需要指出的是，MTTF 一般适用于高可靠性系统，如雷达军事监控系统、航天飞船控制系统、航班监控系统等。对于高可靠性的军用系统，采集失效间隔时间的代价非常高也非常困难，必须采取特殊手段或工具，否则，记录一次软件失效的发生时间/事件需要等待几个月甚至几年。例如：美国雷达军事监控系统对于软件的要求为平均年失效时间仅小于 2s。

2. 软件过程质量的度量

软件过程质量的度量是对软件开发过程中各个方面质量指标进行度量，通过预测过程的未来性能，减少过程结果的偏差，对软件过程的行为进行目标管理，为过程控制、过程评价、持续改善等提供量化管理的基础。

软件过程度量主要包括以下三个方面的内容[58]：

（1）过程成熟度度量：组织能力度量、培训质量度量、文档标准化度量、过程定义能力度量、配置管理度量等。

（2）过程质量管理度量：主要质量计划度量、质量审查度量、质量测试度量、质量保证度量等。

（3）生命周期度量：需求分析度量、设计度量、编程和测试度量、维护度量等。

软件过程质量会直接影响软件产品质量，通过软件过程质量的度量，提高过程成熟度可有效改进和提升软件产品质量。同时，软件产品质量的度量也可为提高软件过程质量提供必要的反馈和依据。

11.1.4　软件质量度量活动

软件度量很少借助硬件设备、仪器测量，而需借助软件工具、数理统计或自身特定的方法。例如：软件系统规模的度量要借助于程序代码行、功能点方法实现，以及针对面向对象软件而设计的对象点、继承树深度等特定方法。在众多软件的度量方法中，并不是所有的度量都对软件工程有实际意义的支持，有些度量太过复杂，而有些度量过于深奥而难以理解，均导致相应方法在软件行业内几乎没有人去应用。

从总体上讲，软件质量度量是软件度量的一个子集合，应贯穿于整个软件开发生存周期，涵盖从需求分析、系统设计、程序设计、编程、测试到系统维护各个阶段，被人们经常应用的软件度量活动主要分为项目度量、产品度量和过程度量等三类。

1. 软件的项目度量

项目度量是针对软件开发项目的特定度量，用来描述项目的特性和执行状态,如项目计划的有效性、项目资源使用效率、成本效益、项目风险、进度和生产力等。其目的是评估项目开发过程的质量、预测项目进度、工作量等;辅助管理者针对质量、成本、时间等要素进行质量控制和项目控制。在软件度量中,项目度量是一个基础的度量,过程度量建立在项目度量基础上,产品的质量度量和项目度量也密切相关。

软件项目度量主要内容包括以下六个方面:

(1)规模度量。以代码行数、功能点数、对象点或特征点等来衡量,是估算软件项目工作量、编制成本预算、策划项目进度的基础。

(2)工作量度量。在软件规模度量基础上,通过任务分解并结合人力资源水平,合理分配研发资源和人力,以期获得最高的效费比。

(3)复杂度度量。确定程序控制流或软件系统结构的复杂度指标,用于估计或预测软件产品的可测试性、可靠性和可维护性,以便确定测试策略、维护策略等。

(4)缺陷度量。确定产品缺陷分布的情况、缺陷变化的状态等,用于辅助分析修复缺陷所需的工作量、设计和编程中存在的弱点、预测产品发布时间、预测产品的遗留缺陷等。

(5)进度度量。通过任务分解、工作量度量、有效资源分配等做出计划,并与实际结果进行对比度量。

(6)风险度量。通常从风险发生的概率以及风险发生所带来的损失,来进行风险评估。

2. 软件的产品度量

软件产品度量主要用来描述软件产品的特征,用于产品评估和决策。产品度量包括软件规模大小、产品复杂度、设计特征、性能以及质量水平。

(1)德尔菲法

德尔菲法(Delphi Technique)是一种专家评估技术,适用于在没有或没有足够的历史数据情况下,来评定软件采用不同的技术、新技术所带来的差异。专家水平及对项目的理解程度是工作中的关键点。德尔菲法鼓励参加者就问题进行相互的、充分的讨论,其操作的步骤如下:

步骤 1. 协调人向各专家提供项目规格和估算表格。

步骤 2. 协调人召集小组会和各专家讨论与规模相关的因素。

步骤 3. 各专家匿名填写迭代表格。

步骤 4. 协调人整理初步估算总结,以迭代表的形式返回给专家。

步骤 5. 协调人召集小组会,讨论较大的估算差异。

步骤 6. 专家复查估算总结并在迭代表上提交另一个匿名估算。

步骤 7. 重复步骤 4 ~ 步骤 6,直到最低估算和最高估算一致。

应当指出,单独采用德尔菲法完成软件规模的度量有一定的困难,但对决定其他模型的输入时(包括加权因子)特别有用,所以在实际应用中,一般将德尔菲法和其他方法联合使用。

（2）构造性成本模型

构造性成本模型(Constructive Cost Model,COCOMO)由 Boehm 于 1981 年提出,是一种精确、易于使用的基于模型的成本估算方法,该模型按其详细程度分为三级。

基本 COCOMO 模型是一个静态单变量模型,以已经估算的源代码行数为自变量的函数来计算软件开发工作量。中间 COCOMO 模型,在基本模型基础上,再根据涉及产品、硬件、人员、项目等方面属性的影响因素来调整工作量的估算。详细 COCOMO 模型包括中间模型的所有特性,并同时考虑对软件工程过程中分析、设计等各步骤的影响。

3. 软件的过程度量

软件过程度量用于软件开发、维护过程的优化和改进,如开发过程中的缺陷移除效率、测试阶段中的缺陷到达模式以及缺陷修复过程的效率等。对于软件过程本身的度量,目的是形成适合软件组织应有的各种模型,成为项目、产品的度量基础;并对软件开发过程进行持续改进,提高软件生产力。

过程度量是战略性的,不局限于一个项目,而是针对软件组织开发与维护的流程、执行效率等展开测量,是组织内大量项目实践的总结和模型化。项目度量是战术性的,针对具体的项目展开,集中在项目的成本、进度、风险等特征指标测量上。产品度量是对产品质量的评估和预测。有些度量属于多个范畴,如项目开发过程中的质量度量既属于过程度量又属于项目度量。

11.1.5　软件质量模型及其评估过程

质量模型是用来描述质量需求以及对质量进行评价的理论基础,提供声明质量需求和评价质量基础的特性以及特性之间的关系的集合,通常把影响软件质量的特性用软件质量模型来描述[18]。不同的质量观有相应的质量特征和标准,并建立质量模型,提出评价度量方法。

1. Boehm 软件质量模型

1976 年,著名软件工程专家 Boehm 等人第一次提出定量的评价软件质量的模型。他们把软件产品的质量分为三个方面:可移植性、可使用性、可维护性,从而实现对软件质量的总体评价。Boehm 质量模型把软件质量的概念分解为三个层次[18]:软件质量要素、软件质量评价准则、软件质量度量,对于最低层的软件质量概念引入数量化的概念,就可以得到对软件质量的整体评价。

软件质量要素第一层包含六个要素,分别如下:

(1)功能性。软件所实现的功能满足用户需求的程度。

(2)可靠性。在规定的时间和条件下,软件所能维持其性能水平的程度。对于军用软件而言,可靠性是一项重要的质量要求。

(3)易使用性。反映软件与用户的友善性,即用户在使用软件时是否方便。

(4)效率。在指定的条件下,用软件实现某种功能所需的计算机资源(包括时间)的有效程度。

(5)可维护性。反映了当用户需求改变或软件环境发生变更时,对软件系统进行相应修改的容易程度。一个易于维护的软件系统也是一个易理解、易测试和易修改的软件,以便纠正或增加新的功能,或允许在不同软件环境上进行操作。

(6)可移植性。从一个计算机系统或环境转移到另一个计算机系统或环境的容易程度。

软件质量评价准则的一定组合将反映某一软件质量要素。软件质量评价准则第二层包含22个评价准则,分别如下:

(1)精确性。在计算和输出时所需精度的软件属性。

(2)健壮性。在发生意外时,能继续执行和恢复系统的软件属性。

(3)安全性。防止软件受到意外或蓄意的存取、使用、修改、毁坏或泄密的软件属性。对于军用软件安全性而言,软件还应具有不导致事故发生的能力。

(4)其他还包括通信有效性、处理有效性、设备有效性、可操作性、培训性、完备性、一致性、可追踪性、可见性、硬件系统无关性、软件系统无关性、可扩充性、公用性、模块性、清晰性、自描述性、简单性、结构性、产品文件完备性。

软件质量度量为第三层。根据软件的需求分析、概要设计、详细设计、实现、组装测试、确认测试和维护与使用七个阶段,制定了针对每一个阶段的问卷表,以此实现软件开发过程的质量控制。

2. McCall 质量模型

1979 年,McCall 等人改进了 Boehm 质量模型,提出从软件质量的要素、准则到质量的三层软件质量模型,开发了具有实用价值的 SQM 技术,从而推动了国际标准化组织、IEEE 和 IEC 标准化组织的一系列草案及标准制定工作。

在著名的 McCall 模型中,软件质量被描述为正确性、可靠性、效率、完整性、可用性、可维护性、灵活性、可测试性、可移植性、复用性、互操作性等 11 种特性,其质量模型如图 11 - 3 所示。

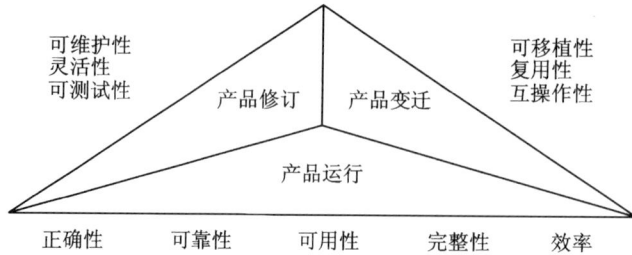

图 11 - 3　McCall 质量模型

这些特性分别面向软件产品的运行、修订和变迁三个方面,通过定量化地度量软件属性便可以得知软件质量的水平。

(1) 正确性。在特定环境下,软件满足设计规格说明和用户预期目标的程度。正确性是一个十分重要的软件质量因素,如果软件运行不正确或者不精确,就会给用户造成不便甚至造成损失。

(2) 可靠性。软件按照设计要求,在规定时间和条件下不出故障、持续运行的程度。由于无法对软件进行彻底的测试,无法根除软件中潜在的错误,平时正常运行的软件可能会在未来某个时刻或某种环境下发生故障。因此把可靠性引入软件领域是有意义的。

(3) 效率。为了完成预定功能,软件系统所需的计算机资源的多少。用户通常希望软件的运行速度要高,并且占用资源少。程序员可以通过优化算法、数据结构和代码组织来提高软件系统的性能与效率。

(4) 完整性。为某一目的,对未授权人员访问软件或数据的可控制程度。

(5) 可用性。软件的可用性需要用户来评价,包括学习、操作、准备输入和解释程序输出所需的工作量。

(6) 可维护性。定位和修复程序中的一个错误所需的工作量。

(7) 灵活性。修改或改进一个已投入运行的软件所需的工作量。

(8) 可测试性。测试软件以确保其能够执行预定功能所需的工作量。

(9) 可移植性。将一个软件系统从一个计算机系统或环境移植到另一个计算机系统或环境中运行所需的工作量。

(10) 复用性。一个软件(或部件)可以用于其他应用的程度。

(11) 互操作性。连接一个系统和另一个系统所需的工作量。

直接度量上述软件特性是很困难的,因此,McCall 定义了一些评价准则,如表 11 - 1 所列,使用它们来估计软件质量特性的值,并将软件属性分为从 0(最低)到 10(最高)的级别。

164

表 11-1 软件质量特性评价

评价质量因素 \ 软件质量	正确性	可靠性	效率	完整性	可维护性	灵活性	可测试性	可移植性	复用性	互操作性	可用性
可审查性				√			√				
准确性		√									
通信共享性										√	
完备性	√										
复杂性		√				√	√				
简洁性			√		√	√					
一致性	√	√			√	√					
数据共享性										√	
容错性		√									
执行效率			√								
可扩展性						√					
通用性						√		√	√	√	
硬件独立性						√		√	√	√	
自检性				√	√		√				
模块性		√			√	√	√	√	√	√	
可操作性			√								√
安全性					√						
自描述性					√	√	√	√	√		
简单性		√									
软件系统独立性								√	√		
可追溯性	√										
易训练性											√

3. 软件质量综合评估系统

根据软件质量因素和度量标准的定义,可以得到度量和评估软件质量时所要求的三个主要步骤,如图11-4所示。

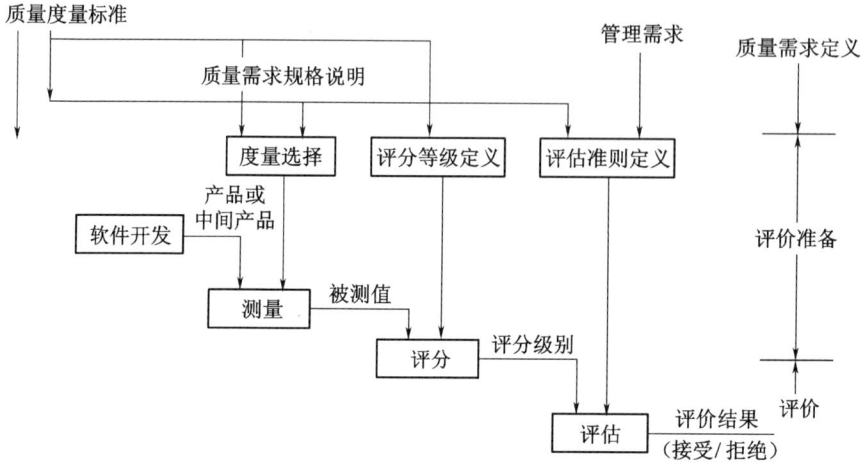

图 11 - 4   软件质量评价过程

"质量需求定义阶段"是软件质量评估过程的初始阶段,其目的是根据质量特性及其子特性确定对软件产品的质量要求。

"评价准备阶段"是软件质量评估过程的第二个阶段,该阶段包括选择度量基元、定义评分等级和定义评价准则,其目的是为质量评估做准备工作。其中,度量基元直接反映用户所关心的软件质量观,可以间接地反映软件产品的质量特性;定义评分等级是在软件质量的度量元基础上,可实现对质量特性的定量描述;定义评价准则是为了评估软件产品质量而制定的一个综合的规程或程序。

"评价过程阶段"是软件质量评价过程的第三个阶段,通过测量、评分和评估三个步骤,给出评分值用以表示软件产品的质量,并将软件的综合质量与软件其他因素(时间、成本等)进行比较,最后,根据管理准则做出管理决策,其结果是对软件产品做出接受或者拒绝、释放或者不释放的管理决策。

典型的软件质量综合评估计算模型如下:

1)软件质量特性(因素)的计算

根据软件项目性质的不同,假设需要评估的特性个数为 n,参加打分的专家人数为 m,打分取值范围为 $0 \sim 10$ 之间的任意整数,则第 i 个专家对 j 个特性因素的打分为 a_{ij}。

$$s_i = \sum_{j=1}^{n} a_{ij} \quad , i = 1,2,3,\cdots,m$$

数据规范化后为：

$$b_{jk} = \frac{a_{jk} \times 10 \times n}{s_i}$$

特性的权值为：

$$\omega_{ij} = \frac{\sum_{j=1}^{n} b_{ij}}{10 \times n \times m}, \quad j = 1,2,3,\cdots,n$$

式中：10 表示每个质量特性的最高分值。

2）软件质量子特性（度量标准）权值的计算

设对应某个特性包含的子特性个数为 p，参加打分的专家人数为 m，第 i 个专家对第 k 个子特征的评分值为 c_{ik}，第 i 个专家对 p 个子特征的分值为：

$$r_i = \sum_{k=1}^{p} c_{ik}, \quad i = 1,2,3,\cdots,m$$

数据规范化后为：

$$d_{ik} = \frac{c_{ik} \times 10 \times p}{r_i}, \quad i = 1,2,3\cdots,m$$

子特性的权值为：

$$q_{jk} = \omega_j \times \frac{\sum_{i=1}^{m} d_{ik}}{10 \times p \times m}$$

式中：10 表示每个质量特性的最高分值。

3）软件质量的定量化（度量细则）计算

在具体定量评估过程中，度量指标的分值是由评价专家给出。每位专家根据项目提供的技术资料和对软件的实际运行情况的考察在每项度量细则指标上给出具体分值，因此，每个专家对项目的定量评估为：

$$分值 = 100 \times \left(\sum_{k=1}^{p} \left(Q_k \sum_{r=1}^{lk} 指标分值 \right) \right) \Big/ \left(\sum_{k=1}^{p} 10 \times Q_k l_k \right)$$

式中：p 为质量子特性个数；Q_k 为第 k 个质量子特性对应的权值；l_k 为第 k 个子特性所包含的度量指标的个数。

最后取每个专家的评估分值的平均值作为本项目的最后分值。

167

11.2 软件质量控制与保证

11.2.1 软件质量控制的基本方法

软件质量控制是为开发高质量软件产品所应用的一系列流程和方法。其主要目的是为了获得更高的开发效率,从而为用户提供符合质量需求的稳定可靠的软件产品。同时它也是控制方法的集合,包括组织进行软件建模、度量、评审以及其他活动。另外,软件质量控制也是一个流程,把组织所有活动的内容文档化,并不断改进更新,能够产生更好的质量控制方法。用于软件质量控制的一般性方法如下[58]:

1. 目标问题度量法

目标问题度量法(图11-5)是通过确认软件质量目标并且持续观察这些目标是否达到软件质量控制的一种方法。具体做法是,先根据所希望的质量需求建立软件质量度量标准,然后根据这些量化的质量特性,有针对性地控制开发过程及开发活动,从而控制开发过程的质量与产品的质量,如图11-5所示。

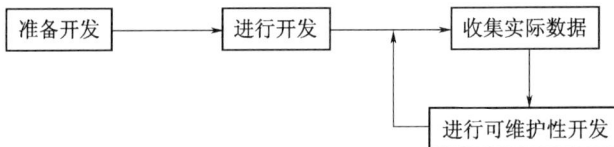

图 11-5 目标问题度量法示意图

2. 风险管理法

SEI 软件风险管理法是识别与控制软件开发中对成功达到质量目标危害最大的那些因素的系统性方法。进行风险管理意味着危机还没有发生之前就对它进行处理,这就增加了项目成功的机会并减小了不可避免风险所产生的后果。SEI 风险控制一般分成五个步骤:风险识别、风险分析、风险计划、风险控制以及风险跟踪,各步骤之间关系如图11-6所示。

风险识别是试图用系统化的方法来确定威胁项目计划的因素,常用方法包括风险检查表、头脑风暴会议、流程图分析以及与项目人员面谈等。

风险分析分为定性风险分析和定量风险分析。定性风险分析是评估、排序已识别风险的影响和可能性的过程,它在明确特定风险和指导风险应对方面十分重要。定量风险分析包括:分析项目总体风险程度、量化分析每一风险的概率及其对项目目标造成的后果。通过对风险进行量化、选择和排序,必须明确哪

168

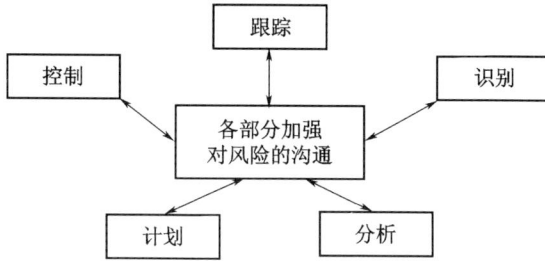

图 11 - 6 SEI 风险管理模型

些风险是必须要应对的,哪些是可以接受的,哪些是可以忽略的。

风险计划应考虑:责任、资源、时间、活动、应对措施、结果、负责人。建立示警的阈值是风险计划过程中的主要活动之一,阈值与项目中的量化目标紧密结合,定义了该目标的警告级别。

风险控制方法主要采用的应对方法有风险避免、风险弱化、风险承担和风险转移等。在风险受到控制以后,通过风险审计、偏差分析以及技术指标分析等方法及时做好有效风险跟踪。

3. PDCA 质量控制法

PDCA 循环,又叫戴明环,是指计划(Plan,P)、做(Do,D)、检查(Check,C)和行动(Action,A),用于行为控制和改善的行为标准系统化[67]。软件质量度量和保证系统在质量保证活动中的五个实施步骤如下:

(1) 目标。以用户要求和开发方针为依据,对质量需求准则、质量设计准则的各质量特性制定切实可行的质量目标。

(2) 计划(P)。制定适合于被开发软件的评测检查项目,明确量化目标。此外,如有可能,还应研讨多个实现质量目标的方法或手段。

(3) 做(D)。在开发标准和质量评价准则的指导下,实施开发软件产品的一系列活动,包括制作高质量的程序和相应规格说明书。

(4) 检查(C)。以计划阶段设定的质量评价准则进行评价。比较评价结果,并对偏差进行定位和原因分析。

(5) 行动(A)。对评价发现的问题进行纠正,成为下一个计划循环的基础。不断重复"Plan"到"Action"的过程,直到整个开发项目完成。

11.2.2 软件质量控制模型和技术

软件质量控制模型是指对于一个特定的软件开发项目,在如何计划和控制软件质量方面,为一个开发团队提供具体组织和实施指导的框架。为了使软件质量控制选项和所得到的软件质量结果之间形成一种定量的关系,软件质量控制模型也可以作为一个开发组织在长期的项目开发中信息积累的框架。当开发一个特定项目时,在项目的组织、计划和实施质量控制的过程中,必须非常了解软件质量控制的模型,才能简单有效地运用软件控制技术,进行全面质量控制[58]。

1. 软件质量控制模型及要素分析

软件质量控制模型过程是一个 PDCA 循环过程,是调节和控制影响软件产品质量参数的过程。PDCA 循环方法是闭合的,同时具有螺旋上升的趋势。PD-CA 循环表明,只有经过周密的策划才能付诸实施,实施的过程必须受控,对实施过程进行检查的信息要经过数据分析形成结果,检查的结果必须支持过程的改进。处置得当才能起到防止同类不合格(问题)的再次发生,达到预防的效果。

在质量控制模型中包括三种具有相关性的控制要素,即产品、过程与资源。在质量控制中,应持续对这三类参数进行调整与检查[58]。

1)产品

如果输入产品有缺陷,那么这些缺陷不仅不会在后续产品中自动消失,甚至它对后续阶段产品的影响将成倍放大。当发现产品的质量与预想存在较大差别时,应反馈到前面的过程并采取纠正措施。这是产品的一个重要特性,也是软件质量控制的关键特性之一。

2)过程

在质量控制中,一些过程是进行质量设计并将质量构造引入产品,而另一些过程则是对质量进行检查。因此,不论是管理过程还是技术过程,都对软件质量有着直接而重要的影响。

3)资源

资源是指软件产品、过程所使用的时间、资金、人和设备。资源的数量和质量通常会影响软件产品的质量。由于软件属于智力型产品,因此人力资源是整个软件生存周期中对软件质量及生产效率最重要的影响因素。时间资源不够充分在软件需求分析和集成测试阶段,表现得尤为明显。软件开发环境或测试设备的不足可能会使差错发生率提高,同时发现并纠正差错所需的时间也将增加。

2. 软件质量控制技术

软件质量控制技术可用来防止或检测缺陷,预计或评估质量。本节介绍两类最常用的质量控制技术——文档编制控制技术和项目进展控制技术。

1)文档编制控制技术

软件相关文档对整个软件系统生存周期的质量保证是很重要的。引入文档编制控制规则,可以确保文档可用性和预期重要性。具有这些特性或根据这些规则处理的文档就是通常意义上被称作的受控文档。质量记录就是一种特殊的受控文档。

管理受控文档的主要目标包括:确保文档质量;确保文档技术完整性;确保文档符合结构规程和条例;确保文档在未来维护以及二次开发等方面的可用性;支持软件失效原因调查以及改正性维护措施制定。

2)项目进展控制技术

在有的项目状态中会见到日期或预算正处于"黄色警告"或"红色危险",产生的主要原因可能是:对进度安排和预算过于乐观;软件风险管理反应迟钝或不合时宜;对进度安排或预算困难的识别不及时。第一种情况可以通过使用合同评审和项目计划工具来预防。后面两种情况应该通过项目进展控制(CMM 术语:软件项目跟踪)来防止。

项目进展控制的目标是通过对非常规事件的早期检测,及时响应并促进其完全解决。该技术主要与项目的管理方面有关,即进度安排、人力和其他资源、预算和风险管理。

11.2.3 软件质量控制的基本工具

1989 年,Ishikawa 面向产品制造业提出了七种质量控制的基本统计工具:检查表、Pareto 图、直方图、散布图、运行图、控制图和因果图。当前这些工具也已应用到软件质量控制当中[61]。

检查表是一张标明所要检查项目的表格。它主要目的是方便收集数据和在收集的同时对数据进行组织,供日后使用。另一种检查表是审查证实检查表,它主要关心某一个过程或产品的质量特性。目前,检查表成为多数软件开发组织或公司普遍采用的做法,并成为过程文档的一部分。表 11 - 2 给出某软件升级产品发布的检查表示例。

表 11 - 2 某软件升级产品发布的检查表示例

项 目 组	项 目 内 容	结 果
日志	有没有工程发布日志	有
	有没有任务详单	有
	新任务/Bug 修复	新任务
文档	是否用新的文档模板	是
	有没有拼写错误	无
	第一责任人	×××

项目组	项 目 内 容	结果
质量保证发布报告	发布名称及简介	齐全
	安全性能	提高
	对用户的不良影响	需重新安装
	高层已经签署	是

Pareto 图是一个按下降次序排列的频率竖条图,其中的频率竖条通常与问题类型相关联。其基本原理来自社会财富的分布情况,即大部分的财富由小部分人所占有。Pareto 分析常常被称为 80 - 20 原则(即 20% 的原因导致了 80% 缺陷),尽管原因—缺陷关系并不是总是呈 80 - 20 分布。在软件开发中,Pareto 图的 X 轴通常表示缺陷产生的原因,并根据缺陷产生的频率对原因进行排列;Y 轴表示缺陷数。Pareto 图可以识别出少数的、但却引起产生大多数缺陷的原因,能够指出哪些问题在排除缺陷和改进操作时应当首先解决。图 11 -7 给出了某软件项目缺陷的 Pareto 分析。

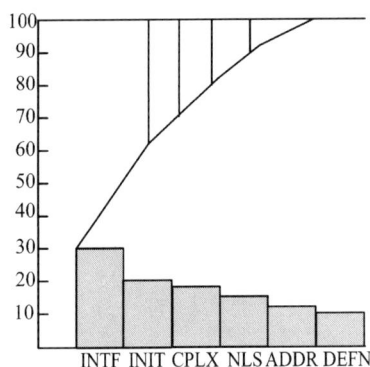

图 11 -7　某软件项目缺陷的 Pareto 分析

直方图是一种样本或总体的频率计数的图形表示。X 轴自左至右按上升次序给出某一参数(如软件缺陷的严重级别)的单位间隔,Y 轴包含了频率计数。在直方图中,频率竖条的排列是按 X 轴变量的次序,而在 Pareto 图中是按频率的计数的次序。直方图的目的是表示出参数分布特性,如全貌、中心偏向、漂移、倾斜度等,用于直观了解所关心的参数。图 11 -8 给出了两个用于软件工程和质量管理的直方图。

散布图形象地表示了两个区间变量之间的关系,当出现两个变量的相关系

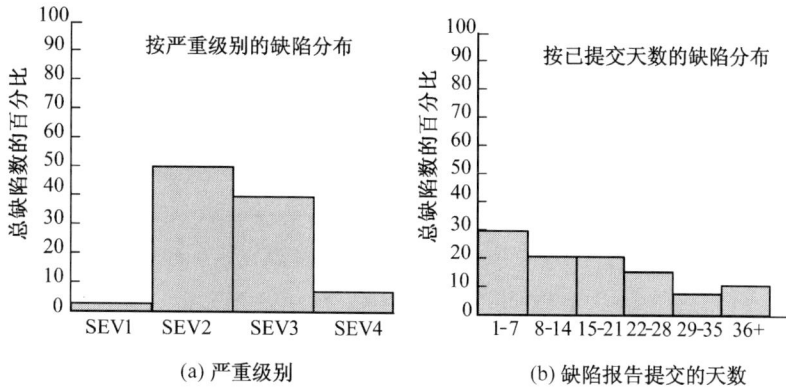

(a) 严重级别　　　　　　　　　(b) 缺陷报告提交的天数

图 11-8　直方图示例

数时,就应该首先考虑使用散布图。散布图有助于基于数据的决策制定(例如,动作放在 X 轴上,预期的效果放在 Y 轴上)。在因果关系中,X 轴表示的是自变量,而 Y 轴表示的是因变量,散布图上的每一个点都是表示对自变量和因变量的观察结果。用得最普遍的相关系数是 Pearson 的乘积矩相关系数,它假定了一个线性关系。如果某个关系不是线性的,那么它的 Pearson 相关系数就表示出没有任何关系,因此,它很可能表达了错误信息。图 11-9 给出了程序复杂性和缺陷水平的散布图。

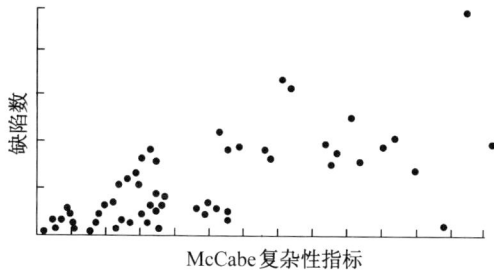

图 11-9　程序复杂性和缺陷水平的散布图

　　运行图按时间变化跟踪所关心的参数的性能。X 轴表示时间,Y 轴表示参数值。运行图最适合用在趋势分析上,尤其是在有历史数据可用来与当前趋势进行比较的时候。运行图在软件中应用的典型例子就是每周积累的未解决问题的数目,它显示出开发组织软件修补的工作负载。图 11-10 中的运行图描述了某软件产品现场缺陷的逾期处理的周百分比,用以提示那些按响应时间标准没有得到修补的缺陷。

173

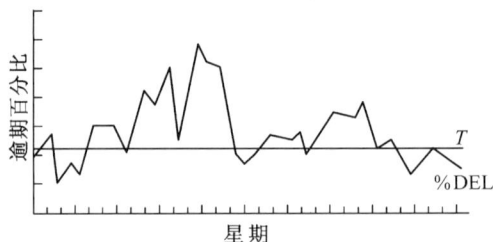

图 11-10　逾期修补百分比的运行图

控制图可以看成是在能够确定处理能力的情况下的运行图的一种高级形式,是实现统计过程控制中较为有用的工具。它包括一条中心线和一对控制限(有时在控制限度内还有一对警告限),此外还可将人们关心的变量值也绘制在图中,这些值代表过程的状态。如果某个参数的所有值都分布在控制限内,没特殊的趋势,则可以认为这个过程是处于受控状态的。否则,如果参数值的分布超出了控制限或呈现某种特殊的趋势,就认为是一个不受控过程。在这种情况下,就要进行因果分析,并采取矫正行动。图 11-11 给出了某软件项目每千行源代码(KLOC)的测试缺陷控制图。

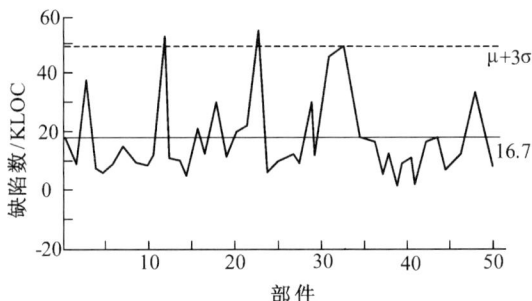

图 11-11　测试缺陷率控制图

因果图也称为鱼骨图,在这七种工具中使用频率最少。它的布局像鱼骨头一样,我们所关心的质量特性位于鱼头的位置,影响这个特性的因素分布在各根骨头上。因果图体现了质量特性和影响质量特性的因素之间的关系。与散布图详细描述的是一种特殊的二元关系不同,因果图则是在一张图上标出对某个质量特性有影响的所有因素。如图 11-12 所示,某软件开发团队借助因果图发现寄存器使用的不良作用和不正确的用法是缺陷产生的两个主要原因。

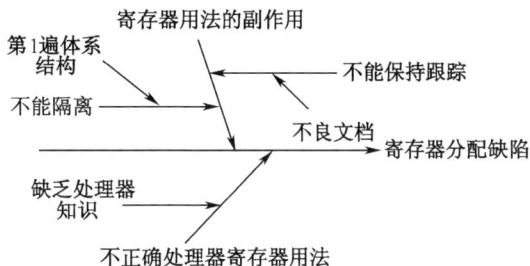

图 11 - 12　软件缺陷因果图

11.3　软件能力成熟度模型

软件过程是指人们用于开发和维护软件及其相关过程的一系列活动,包括软件工程活动和软件管理活动。软件过程性能是指表示开发组织遵循其软件过程所得到的实际结果;软件过程能力是描述开发组织遵循其软件过程能够实现预期结果的程度,它既可对整个软件开发组织而言,也可对一个软件项目而言。

11.3.1　CMM 概述

随着软件技术的发展,软件系统越来越复杂,人们对软件系统的要求越来越高,原有的软件系统开发方法远远不能适合这种发展,成本高、交付迟和质量差成为突出的问题。30 多年来,人们试图采用新的开发方法和技术来满足软件生产率与质量的期望,但结果却令人无法满意,这种现象促使人们进一步考查软件过程,从而发现:软件的过程管理成为制约软件发展的瓶颈问题[63]。在这种情况下,美国国防部委托美国卡内基·梅隆大学的软件工程研究所(SEI),研究如何评估软件开发组织有无能力来承接相应的软件项目。

软件过程成熟度是指一个特定软件过程被明确和有效地定义、管理测量和控制的程度。软件能力成熟度模型(Capability Maturity Model For Software,CMM)也正是由 SEI 最早研究提出的,其目的是帮助软件企业进行对软件工程过程的管理和改进,增强开发与制造能力,保证在规定时间内不超预算地制造出高质量的软件。目前,CMM 是国际上最流行、最实用的一种软件生产过程标准,已经得到了众多国家软件产业界的认可,成为当今企业从事规模软件生产不可缺少的一项内容。如今,CMM 是用于衡量软件过程能力的事实上的标准,同时也是目前软件过程改进最好的参考标准[64]。

CMM 以具体实践为基础,提供了一个逐步演进的软件过程改进框架形式,指出软件企业如何摆脱杂乱无章、不成熟的软件过程,形成一个有序的、成熟的软件过程所必经的过程以及提高的途径。根据这个框架,通过不断地完善软件开发和维护过程,从而极大程度地提高按计划的时间和成本提交有质量保证的软件产品的能力。CMM 所列举的实践几乎覆盖了软件工程过程的所有活动,并规划出五个成熟级别。实践证明,只要把精力集中放在这些实践活动上,就能保证平稳地提高自身的软件过程和向用户交付令其满意的软件产品。

11.3.2 CMM 模型框架

软件开发的风险之所以大,是由于软件过程能力低,其中最关键的问题在于软件开发组织不能很好地管理其软件过程,从而使一些好的开发方法和技术起不到预期的作用。此外,仅仅依靠特定人员的个别软件项目成功,也不能为组织的生产和质量的长期提高打下基础。因此,必须在建立有效的软件工程实践和管理实践的基础方面,坚持不懈努力,才能不断改进、持续成功。

CMM 提供了一个阶梯式的进化框架,将软件过程改进的进化步骤组织成五个成熟等级,为过程不断改进奠定了循序渐进的基础。五个成熟度等级定义了一个有序的尺度,用来测量一个组织的软件过程成熟和评价其软件过程能力,这些等级还能帮助组织自己对其改进工作排出优先次序。成熟度等级是已得到确切定义的,也是在向成熟软件组织前进途中的平台。如图 11 - 13 所示,每一个成熟度等级为连续改进提供一个台阶。这种分层结构的一个重要特点是:那些与判定成熟度等级有关的组成部分处于模型的顶层,分别是:成熟度等级(Maturity Levels)、关键过程域(Key Process Areas, KPA)、各个关键过程域的目标(Goals)[59]。每一等级包含一组过程目标,通过实施相应的一组关键过程域达到这一组过程目标,当目标满足时,能使软件过程的一个重要成分稳定。每达到成熟框架的一个等级,就建立起软件过程的一个相应成分,导致组织能力一定程度的增大。

1. 初始级(Initial)

初始级的软件过程是未加定义的随意过程,项目的执行是无序的甚至是混乱的。也许,有些企业制定了一些软件工程规范,但若这些规范未能覆盖基本的关键过程要求,且执行没有政策、资源等方面的保证时,那么它仍然被视为初始级。

在初始级,企业一般不具备稳定的软件开发与维护的环境。常常在遇到问

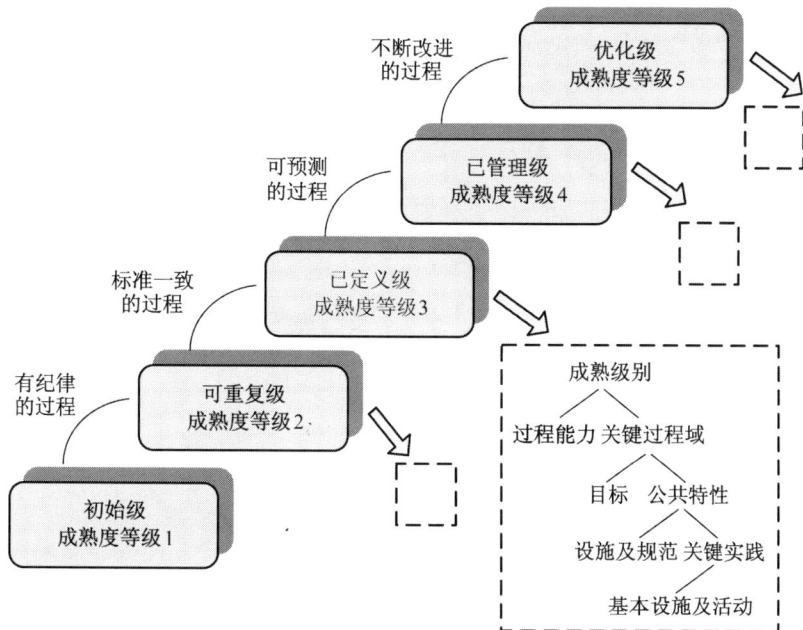

图 11 - 13 CMM 的五个成熟度等级

题的时候,就放弃原定的计划而只专注于编程与测试。处于这一等级的企业,项目成功与否非常不确定,在很大程度上取决于有才能的管理者与经验丰富的开发团队。因此,能否雇请到有能力的员工成了关键问题。虽然产品一般来说是可用的,但是往往有超经费与不能按期完成的问题。

2. 可重复级(Repeatable)

根据多年的经验和教训,人们总结出软件开发的首要问题不是技术问题而是管理问题。因此,第二级的焦点集中在软件管理过程上。一个可管理的过程是一个可重复的过程,一个可重复的过程则能逐渐进化和成熟。第二级的管理过程包括了需求管理、项目管理、质量管理、配置管理和子合同管理五个方面[59]。其中,项目管理分为计划过程和跟踪与监控过程两个过程,通过实施这些过程,从管理角度可以看到一个按计划执行的且阶段可控的软件开发过程。

在这一级,建立了管理软件项目的政策以及为贯彻执行这些政策而定的措施。基于以往项目的经验来计划与管理新的项目。企业实行了基本的管理控制。符合实际的项目承诺是基于以往项目以及新项目的具体要求而做出的。项目负责人不断监视成本、进度和产品功能,及时发现及解决问题以便实现所做的各项承诺。

通过具体地实施这一级的各个关键过程领域的要求,处于第二级的企业的软件过程能力可总结为:规则化。由于企业实现了过程的规范化、稳定化,因而曾经取得过的成功成为可重复达到的目标。

3. 已定义级(Defined)

在第二级仅定义了管理的基本过程,而没有定义执行的步骤标准。在第三级则要求制定企业范围的工程化标准,而且无论是管理还是工程开发都需要一套文档化的标准,并将这些标准集成到企业软件开发标准过程中去。所有开发的项目需根据这个标准过程,剪裁出与项目适宜的过程,并执行这些过程。过程的剪裁不是随意的,在使用前需经过企业有关人员的批准。

在这一级的企业中,软件过程能力可总结为:标准的、一致的、文档化的。同时,这些过程是集成到一个协调的整体,这称为企业的标准软件过程。这些标准的过程是用于帮助管理人员与一般成员工作得更有效率。如果有适当的需要,也可以加以修改。在这个把过程标准化的努力当中,企业开发出有效的软件工程的各种实践活动。同时,一个在整个企业内施行的培训方案将确保工作人员与管理人员都具备他们所需要的知识与技能。

非常重要的一点是,项目小组要根据该项目的特点去改编企业的标准软件过程来制定出为本项目而定义的过程。一个定义清晰的过程应当包括:准备妥当的判据输入、完成工作的标准和步骤、审核的方法、输出和完成的判据。过程被定义得越清楚,管理层就越能够对所有项目的技术过程有透彻的了解。

4. 已管理级(Managed)

第四级的管理是量化的管理。所有过程需建立相应的度量方式,所有产品(包括工作产品和提交给用户的产品)的质量需有明确的度量指标。这些度量应是详尽的,且可用于理解和控制软件过程和产品。量化控制将使软件开发真正成为一种工业生产活动。

处于这一级企业的软件过程能力可总结为:可预测的。企业对产品与过程建立起定量的质量目标,同时在过程中加入规定得很清楚的连续的度量。作为企业的度量方案,要对所有项目的重要的过程活动进行生产率和质量的度量,软件产品因此具有可预期的高质量。

一个企业范围的数据库被用于收集与分析来自各项目的过程的数据。这些度量建立起了一个评价项目的过程与产品的定量的依据。项目小组可以通过缩小他们的效能表现的偏差使之处于可接受的定量界限之内,从而达到对过程与产品进行控制的目的。由于过程是稳定的和经过度量的,所以在有意外情况发生时,企业能够很快辨别出特殊的原因并加以处理。

5. 优化级(Optimizing)

第五级的目标是达到一个持续改进的境界。持续改进是指可根据过程执行的反馈信息来改善下一步的执行过程,即优化执行步骤。如果一个企业达到了这一级,那么表明该企业能够根据实际的项目性质、技术等因素,不断调整软件生产过程以求达到最佳。

处于这一等级的企业将会把重点放在对过程进行不断的优化,致力于探索最佳软件工程实践的创新。企业会采取主动寻找过程的弱点与长处,以达到预防缺陷的目标。同时,分析有关过程的有效性的资料,做出对新技术的成本与收益的分析,以及提出对过程进行修改的建议。此外,项目组分析引起缺陷的原因,对过程进行评鉴与改进,因此,降低浪费与消耗也是这个等级的一个重点。

处于这一等级企业的软件过程能力可被归纳为不断改进与优化。它们以两种形式进行:一种是逐渐地提升现有过程,另一种是对技术与方法的创新。虽然在其他的能力成熟度等级之中,这些活动也可能发生,但是在优化级,技术与过程的改进是作为常规的工作一样,有计划地在管理之下实行的。

除第一级外,CMM 的每一级都具有完全相同的结构,如图 11 – 14 所示。每一个 KPA 都确定了一组目标,若这组目标在每一个项目都能实现,则说明组织满足了该 KPA 的要求。若满足了一个级别的所有 KPA 要求,则表明达到了这

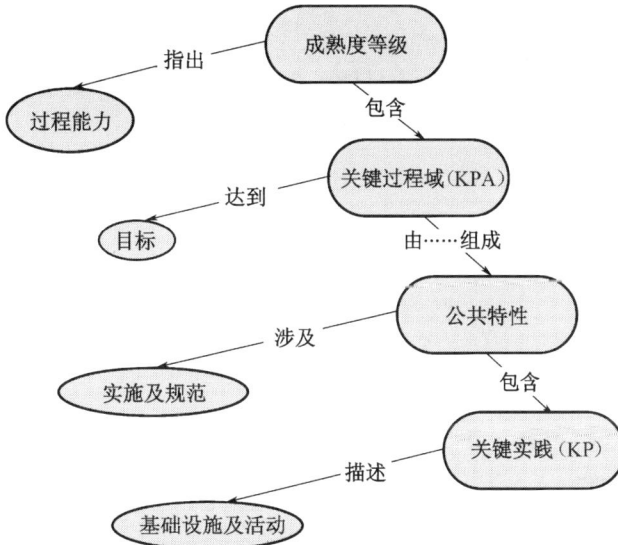

图 11 – 14 CMM 的内部结构

个级别所要求的能力。每一级包含了实现这一级目标的若干关键过程域,每个 KPA 进一步包含五类关键实施活动(KP),这就使得整个软件过程改进工作自上而下形成了一种很有规律的步骤。

(1)执行承诺。执行承诺描述的是组织为了建立和实施相应 KPA 所必须采取的活动,这些活动主要包括制定组织范围的政策、明确高层管理的责任、组织管理方式等。

(2)执行能力。执行能力是组织实施 KPA 的前提条件,与资源、组织机构以及训练有关。组织必须采取措施,在满足了这些条件后,才有可能执行 KPA 的执行活动。

(3)执行活动。执行活动描述了执行 KPA 所必须执行的任务和步骤,一般包括建立计划、执行的任务、任务执行的跟踪等。在五类公共属性中,执行活动是唯一与项目执行相关的属性,其余属性则涉及企业 CMM 能力基础设施的建立。

(4)度量分析。度量分析描述了过程的度量和度量分析要求。典型的度量和度量分析的要求是为了确定执行活动的状态和执行活动的有效性。

(5)实施验证。实施验证是验证所开展的实施活动与确立的过程是否遵循已制定的步骤。实施验证涉及管理的评审、审计以及质量保证活动。

11.3.3　CMM 的关键过程域

表 11 - 3 给出了 CMM 模型的 18 个关键过程域,表中的五个等级各有其不同的行为特征。每个成熟度级的关键过程域都包括一系列相关活动,只有全部完成这些活动,才能达到过程能力目标。

表 11 - 3　CMM 模型的关键过程域

过程能力等级	特　点	关键过程域
1　初始级	软件过程是无序的,有时甚至是混乱的,对过程几乎没有定义,成功取决于个人努力。管理是反应式(消防式)。	
2　可重复级	建立了基本的项目管理过程来跟踪费用、进度和功能特性。制定了必要的过程纪律,能重复早先类似应用项目取得成功 。	需求管理 软件项目计划 软件项目跟踪和监督 软件子合同管理 软件质量保证 软件配置管理

过程能力等级	特　点	关键过程域
3　已定义级	已将软件管理和工程文档化、标准化，并综合成该组织的标准软件过程。所有项目均使用经批准、剪裁的标准软件过程来开发和维护软件。	组织过程定义 组织过程焦点 培训程序 集成软件管理 软件产品工程 组间协调 同级评审
4　已管理级	收集对软件过程和产品质量的详细度量，对软件过程和产品都有定量的理解与控制。	定量过程管理 软件质量管理
5　优化级	过程的量化反馈和先进的新思想、新技术促进过程不断改进。	缺陷预防 技术变更管理 过程变更管理

为了达到关键过程域的相关目标,必须实施相应的关键实践,相应的包含过程分为表 11－4 所列的三种类型。

表 11－4　关键过程分类

过程分类 等　级	管　理 （软件项目策划等）	组　织 （高级管理者评审）	工　程 （需求分析、设计、测试等）
5 优化级		技术变更管理	
		过程变更管理	缺陷预防
4 已管理级	定量过程管理		软件质量管理
3 已定义级	集成软件管理 组间协调	组织过程焦点 组织过程定义 培训程序	软件产品工程 同行评审
2 可重复级	需求管理 软件项目计划 软件项目跟踪和监督 软件子合同管理 软件质量保证 软件配置管理		
1 初始级	无序过程		

1. 可重复级

可重复级包含六个KPA，主要涉及建立软件项目管理控制方面的内容。

（1）需求管理（Requirement Management，RM），是指对分配需求进行管理。即要在客户和实现客户的软件项目之间达成共识；控制系统软件需求，为软件工程和管理建立基线；保持软件计划、产品和活动与系统软件的一致性。

（2）软件项目计划（Software Project Planning，SPP），是指为软件工程的动作和软件项目活动的管理提供一个合理的基础和可行的工作计划的过程。其目的是为执行软件工程和管理软件项目制定合理的计划。

（3）软件项目跟踪与监督（Software Project Tracking and Oversight，SPTO），是指对软件实际过程中的动作建立一种透明的机制，以便当软件项目的实际动作偏离计划时，能够有效地采取措施。

（4）软件子合同管理（Software Subcontract Management，SSM），目的是选择合格的软件分承包商和对分承包合同的有效管理。此项工作对大型的软件项目十分重要。

（5）软件质量保证（Software Quality Assurance，SQA），目的是对软件项目和软件产品质量进行监督和控制，向用户和社会提供满意的高质量产品，它和一般的质量保证活动一样，是确保软件产品从生产到消亡为止的所有阶段达到需要的软件质量而进行的所有有计划、有系统的管理活动。

（6）软件配置管理（Software Configuration Management，SCM），包括标识在给定时间点上的软件的配置，系统地控制对配置的更改，并维护在整个软件生存周期中配置的完整性和可跟踪性。这里的配置是指软件或硬件所具有的功能特征和物理特征，这些特征可能是技术文档中所描述的或产品所实现的特征。

2. 可定义级

可定义级包含七个KPA，主要涉及项目和组织的策略，使软件组织建立起对项目中的有效计划和管理过程。

（1）组织过程焦点（Organization Process Focus，OPF），帮助软件组织建立在软件过程中组织应承担的责任，加强改进软件组织的软件过程能力。在软件过程中，组织过程焦点集中了各项目的活动和运作的要点，可以给组织过程定义提供一组有用的基础。这种基础可以在软件项目中得到发展，并在集成软件管理中定义。

（2）组织过程定义（Organization Process Definition，OPD），在软件过程中开发和维护的一系列操作，利用它们可以对软件项目进行改进，这些操作也建立了一种可以在培训等活动中起到良好指导作用的机制，其目标是制定和维护组织的标准软件过程，收集、评审和使用有关软件项目使用组织标准软件过程的信息。

（3）培训程序（Training Program，TP），提高软件开发者的经验和知识，以便使他们可以更加高效和高质量地完成自己的任务。

（4）集成软件管理（Integrated Software Management，ISM），把软件的开发和管理活动集中到持续的和确定的软件过程中来，它主要包括组织的标准软件过程和与其相关的操作，这些在组织过程定义中已有描述。当然，这种组织方式与该项目的商业环境和具体的技术需求有关。

（5）软件产品工程（Software Product Engineering，SPE），提供一个完整定义的软件过程，能够集中所有软件过程的不同活动以便产生出良好的、有效的软件产品。软件产品工程描述了项目中具体的技术活动，如需求分析、设计、编码和测试等。

（6）组间协调（Intergroup Coordination，IC），为了软件工作组能够与其他的工作组良好地分担工作而设计的一种途径。对于一个软件项目来说，一般要设置若干工程组：软件工程组、系统测试组、软件质量保证组、软件配置管理组、软件工程过程组、培训组等。这些工程组只有相互协作、互相支持，才能使项目在各方面更好地满足客户的需要。组间协调关键过程域的目的就在于此。

（7）同行评审（Peer Reviews，PR），是指处于同一级别其他软件人员对该软件项目产品系统地检测的一种手段，其目的是为了能够较早和有效地发现软件产品中存在的错误并改正它们。它是一种在软件产品工程中非常重要的和有效的工程方法。

3. 可管理级

可管理级包含两个KPA，主要任务是为软件过程和软件产品建立一种可以理解的定量的方式。

（1）定量过程管理（Quantitative Process Management，QRM），在软件项目中定量控制软件过程表现，这种软件过程表现代表了实施软件过程后的实际结果。当过程稳定于可接受的范围内时，软件项目所涉及的软件过程、相对应的度量以及度量可接受的范围就被认可为一条基准，并用来定量地控制过程表现。

（2）软件质量管理（Software Quality Management，SQM），建立对项目软件产品质量的定量了解和实现特定的质量目标。软件质量管理涉及确定软件产品的质量目标；制定实现这些目标的计划；监控及调整软件计划、软件工作产品、活动和质量目标，以满足客户和最终用户对高质量产品的需要和期望。

4. 优化级

优化级包含三个KPA，主要涉及软件组织和项目中如何实现持续的过程改进问题。

（1）缺陷预防（Defect Prevention, DP），是指在软件过程中能识别出产生缺陷的原因，并且以此采取预防措施，防止它们再发生。为了能够识别缺陷，一方面要分析以前所遇到的问题和隐患，另一方面还要对各种可能出现缺陷的情况加以分析和跟踪，从中找出有可能出现和重复发生的缺陷类型，并对缺陷产生的根本原因进行确认，同时对未来的活动预测可能产生的错误趋势。

（2）技术变更管理（Technology Change Management, TCM），是指识别新技术（工具、方法和过程），并将其有序地引入到组织的各种软件过程中去。同时，对由此所引起的各种标准变化（例如，组织的标准软件过程和项目定义软件过程）进行处理，使之适应工作的需要。

（3）过程变更管理（Process Change Management, PCM），是指本着改进软件质量、提高生产率和缩短软件产品开发周期的宗旨，不断改进组织中所用的软件过程的实践活动。过程变更管理活动包括定义过程改进目标、不断地改进和完善组织的标准软件过程和项目定义软件过程。制定培训和激励性的计划，以促使组织中的每个人参与过程改进活动。

11.3.4　CMM 的实施步骤

CMM 是软件过程评价和软件能力评估的公共基础。不过，两种用法的目的不同，而且具体用法也有很大差异。软件过程评价侧重于确定本组织软件过程改进的轻重缓急；软件能力评估侧重于确定在选择软件项目承包商时可能碰到的风险，或者说是确定软件组织在软件能力方面的置信程度。后面这一点正是许多软件组织看好按 CMM 评定等级的原因。软件过程评价与软件能力评估在动机、目标、范围以及审核结果所有权等方面都有所不同。

由于软件过程评价和软件能力评估是有关不同的两种应用，因此所用的具体方法有明显差异，但是两者都以 CMM 模型及其衍生产品为基础，实施的几个主要步骤基本相同，如图 11-15 所示。

在选定评价/评估组后：

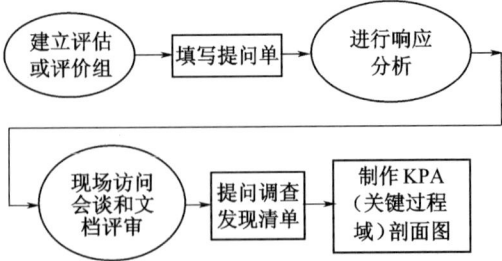

图 11-15　CMM 的实施步骤

（1）成熟度调查问卷作为现场访问的出发点。

（2）用 CMM 作为指导现场调查研究的路线图。

（3）针对 CMM 中的关键过程方面指出反映该组织软件过程的强、弱点。

（4）根据所了解到的该组织达到 CMM 关键过程方面目标的情况描绘出该组织的软件过程的概貌。

（5）向被审核者说明评估结果。

CMM 仅仅是模型，为了保证可靠且一致地使用它，美国卡内基·梅隆大学软件工程研究所围绕 CMM 拟制了一系列支持性文件（包括相应的评价框架、方法描述和实施指南）以及各种工具。使用 CMM 的大致思路是：围绕 CMM 拟制出 CMM 评估框架（CAF），从 CAF 中归类出各类要求；针对各类要求进行相应准备；按对象及其需求采用适当的方法进行评定。

11.3.5　CMM 的集成模型

CMM 推出后取得了很大成功，导致了各种模型的衍生，如软件过程能力成熟度模型（Capability Maturity Model for Software，SW-CMM），软件人员能力成熟度模型（People Capability Maturity Model，P-CMM），软件产品能力成熟度模型（Capability Maturity Model for Software Ability，SA-CMM），系统工程能力成熟度模型（Systems Engineering Capability Maturity Model，SE-CMM），集成产品开发能力成熟度模型（Integrated Product Development Capability Maturity Model，IPD-CMM）等。

由于上述模型分别针对软件开发过程的不同领域、不同阶段、不同对象进行相应的评估和管理，不同领域能力成熟度模型存在不同的过程改进，重复的培训、评估和改进活动以及活动不协调等一些问题，使得在同一个集成过程中使用两个或两个以上的模型变得十分困难。于是由美国国防部出面，美国卡内基·梅隆大学的软件工程研究所于 2002 年发布了能力成熟度集成模型（Capability Maturity Model Integration，CMMI）1.1 版本，主要包括四个领域：软件工程（SW）、系统过程（SE）、集成的产品和过程开发（IPPD）、采购（SS）。

CMMI 模型集成了多个学科，消除和降低了使用多个模型所带来的复杂性与重复性。由于该模型同时具有良好的可扩展性，还可以方便地将其他一些学科的过程改进添加到 CMMI 产品中，表现出其强大的生命力[59]。

CMMI 有两种不同的实施方法，其级别表示不同的内容。CMMI 的一种实施方法为连续式，主要是衡量一个企业的项目能力，企业在接受评估时可以选择自己希望评估的项目来进行评估。而另一种实施方法为阶段性，它主要是衡量一个企业的成熟度，即企业在项目实施上的综合能力。企业在实施 CMMI 的时候，应该要遵循循序渐进的原则，一般先从二级入手，逐步改进软件开发过程，争取最终实现 CMMI 的第五级。

11.3.6 军用软件研制能力成熟度模型

GJB 5000A—2008《军用软件研制能力成熟度模型》是以 CMMI-DEV 1.2 版为基础制定的军用软件能力成熟度集成模型,规定了软件研制和维护活动中的主要软件管理过程和工程过程的实践,适用于对组织的软件研制能力进行评价,也适用于组织本身对软件过程进行评估和改进。通过过程改进活动,使组织或企业的软件开发由最初的无纪律状态,逐渐学习到成熟而有制度的境界[103]。

GJB 5000A—2008 代替了 GJB 5000—2003《军用软件能力成熟度模型》,该标准相比 GJB 5000—2003 的主要变化如下:

(1)增加、修改并删除了多个术语和定义。

(2)由原标准 18 个关键过程域,修改至本标准的 22 个过程域,而且更加强化了工程过程方面的内容。

(3)改进了共用目标、共用实践等说明。

(4)删除了原标准中的共同特征的概念,实践不再按其共同特征进行分类。

(5)删除了原标准中的附录 B(资料性附录)等。

GJB 5000A—2008 描述的军用软件研制能力成熟度模型采用分级表示法,按预先确定的过程域集来定义组织的改进路径并用成熟度等级进行表示,并将组织的软件研制能力成熟度分为五个等级:1 级(或 ML1)称为初始级;2 级(或 ML2)称为已管理级;3 级(或 ML3)称为已定义级;4 级(或 ML4)称为已定量管理级;5 级(或 ML5)称为优化级。如图 11 - 16 所示[105]。

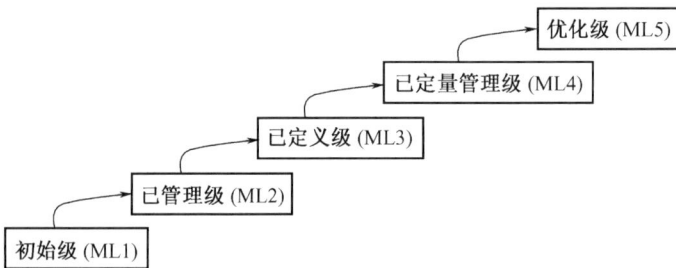

图 11 - 16　军用软件研制能力成熟度的五个等级

军用软件研制能力成熟度模型用成熟度等级测量组织的成熟度,其结构见图 11 - 17[105]。成熟度等级向组织提供测量其过程能改进的方法,并能用于预测下一个项目的大致结果。该标准关注组织的整体成熟度,单一过程是已实施还是不完备这一点不是主要的关注点。因此,将"初始级"作为军用软件研制能力成熟度模型的起点。

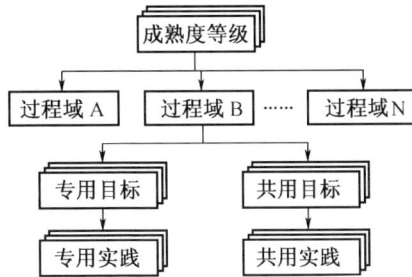

图 11 - 17　军用软件研制能力成熟度模型结构

GJB 5000A—2008 与 CMMI 的目的都是改进软件过程,两种认证都是对组织软件能力的一种肯定,但存在以下几个方面的差别[104]:

（1）认证主体不同: GJB 5000A—2008 是由权威机构进行认证;而 CMMI 的认证主要取决于评估者个人的评价及所属的机构。

（2）评分标准、严格度不同: CMMI 评价结果依据对体系的总体判断;GJB 5000A—2008 评价结果依据对每一个过程域、每一个目标的评价,只有所有相关目标均得到满足,才能通过。

（3）适用范围有差别: GJB 5000A—2008 作为国家军用标准之一,承担军用软件研制、生产、销售的单位必须通过 GJB 5000A—2008 认证;CMMI 则相对国际化,多用于申请出口软件或者国外项目。

第12章 军用软件可靠性工程

　　软件可靠性是软件质量特性中最重要的固有特性和关键因素,对系统可靠性的影响是极其显著也是极其严重的,极大地制约着系统的可用性。美国空军管理学院的系统工程教材中有一段很精辟的论述:"如果对产品没有可靠性要求,或是有了可靠性要求而没有验证,则空军只能依靠希望与信心了。"软件系统可靠性远远低于不考虑软件的可靠性时的系统可用度,如果程序总是频繁地、重复地执行失败,那么它将给人们带来严重的、不堪忍受的后果,特别是在国防、军事等系统中,软件失效所导致的后果将是灾难性的! 本章主要讲述了军用软件可靠性工程的基本问题,军用软件可靠性指标参数,军用软件可靠性模型及其评价标准,军用软件可靠性设计与分析,军用软件可靠性测试,军用软件可靠性工程管理等内容。

12.1 军用软件可靠性工程的基本问题

　　软件可靠性工程作为软件工程的一个重要分支,是为有效地实现软件可靠性目标而采取的系统化技术、方法和管理等活动。其研究目标是如何应用理论知识、科学方法和工程规范来指导可靠软件的开发,以期达到用较少的时间和投入获得高可靠性的软件。它使得软件可靠性的分析、评价和验证以及管理水平迈向了系统化、规范化、全员化的进程。它的诞生标志着软件质量管理跃上了一个新的里程碑。

12.1.1 软件可靠性与可靠性工程

　1. 软件可靠性的定义

　　关于软件可靠性的确切含义,学术界有过长期的争论。目前,广泛认可的软件可靠性的定义是[72]:

　　(1) 在规定条件下和规定的时间内,软件不引起系统失效的概率。该概率是系统输入和系统使用的函数,也是软件中存在的错误的函数;如果错误存在的话,系统输入将确定是否会遇到已存在的错误。

（2）在规定的时间周期内,在所述条件下程序执行所要求的功能的能力。

这个定义首先由 IEEE 在 1983 年提出,随后,经美国标准化研究所批准,作为美国的国家标准。1989 年我国国标 GB/T 11457 采用了这个定义。其中,第一个定义给出了定量描述,称为软件可靠度更为确切,而第二个定义给出的则是软件可靠性的定性描述。

简单地说,软件可靠性就是在规定的条件和规定的时间内,软件执行规定功能的能力。它表明了一个程序按照用户的要求和设计的目标,执行其功能的正确程度。一个可靠的程序应该是正确的、完整的、一致的和健壮的。但在现实中,一个程序要达到完全可靠是不现实的,而要精确地度量它也不现实。在一般情况下,只能通过程序的测试去度量程序的可靠性。

2. 软件可靠性的要素

软件的可靠性包含了"规定的条件"、"规定的时间"和"规定的功能"三个重要因素。

1）规定的条件

规定的条件是指软件的运行软硬件环境、负荷大小和运行方式。它涉及软件系统运行时所需的各种支持要素,如所需支持的硬件、支持其运行的操作系统、辅助其运行的其他支持软件、允许或不允许输入的数据格式和范围以及操作规程等。软件的操作剖面(Operation Profile)是对软件使用条件的定义,它是指软件的数据环境,由软件数据输入域及各种输入数据组合状态出现的机会确定,可理解为软件运行的输入空间(所有可能的输入值构成的空间）及其概率分布。

2）规定的时间

工程上,对于不同的具体对象,"时间"的含义也不相同。执行时间、日历时间和时钟时间是软件可靠性最常使用的三种时间度量。执行时间是指执行一个程序所用的实际时间或中央处理器 CPU 时间。日历时间指的是编年时间,包括计算机可能未运行的时间。时钟时间是指从程序执行开始到程序执行完毕所经过的钟表时间。大多数的软件可靠性模型是针对执行时间建立的,因为真止激励软件发生失效的是 CPU 时间。

3）规定的功能

规定的功能是指"为提供给定的服务,软件所必须具备的功能"。由于要完成的任务不同,软件的运行剖面会有所区别,则调用的子模块就不同（即程序路径选择不同）,其可靠性表现也就可能不同。因此,软件可靠性与规定的任务和功能有关,准确度量软件系统的可靠性必须首先明确它的任务和功能。

3. 软件可靠性工程

软件可靠性工程(Software Reliability Engineering)的主要目标就是保证和提高软件可靠性,是为有效实现软件可靠性目标而采取的系统化技术、方法和管理活动。1988 年,AT&T 贝尔实验室将其内部软件可靠性培训教材命名为《软件可靠性工程教程》,明确软件可靠性工程不仅包括软件可靠性模型和软件可靠性度量,还包括应用模型和度量实现软件可靠性工程管理等方面的内容。从此,软件可靠性工程的概念得以产生并逐渐为业界所接受,软件可靠性工程正式登上学术和工程舞台,迎来了理论研究和工程实践相结合的新时代。当前,软件可靠性工程的基本内涵和研究范畴包括软件可靠性设计、度量、鉴定、预测、测试验证以及可靠性工程管理等方面。

12.1.2 软件可靠性与硬件可靠性的区别

软件可靠性工程理论、技术和方法来源于或借鉴于硬件可靠性,两者之间存在着相同或相似之处。但是,硬件属于物理实体,而软件是逻辑实体,软硬件之间固有本质的差别,又决定了两者之间主要存在以下区别:

(1)最明显的区别在于硬件存在损耗老化,有浴盆曲线现象;软件没有磨损现象,也没有浴盆曲线现象,但存在陈旧落后问题。

(2)硬件可靠性的决定因素是时间,受设计、生产、运用的所有过程影响,软件可靠性的决定因素是与输入数据有关的软件差错,是输入数据和程序内部状态的函数,更多地取决于人。

(3)硬件的纠错维护可通过修复或更换失效的系统重新恢复功能,软件只有通过重新设计。

(4)对硬件可采用预防性维护技术预防故障,采用断开失效部件的办法诊断故障,而软件则不能采用这些技术。

(5)事先估计可靠性测试和可靠性的逐步增长等技术对软件和硬件有不同的意义。

(6)为提高硬件可靠性可采用冗余技术,而同一软件的冗余不能提高可靠性。

(7)硬件可靠性检验方法已建立,并已标准化且有一套完整的理论,而软件可靠性验证方法仍未建立,更没有完整的理论体系。

(8)硬件可靠性已有成熟的产品市场,而软件产品市场相对较新。

(9)软件错误是永恒的,可重现的,而一些瞬间的硬件错误可能会被误认为是软件错误。

总的说来,软件可靠性比硬件可靠性更难保证,即使是美国宇航局的软件系统,其可靠性仍比硬件可靠性低一个数量级。

12.1.3　军用软件可靠性的内涵

由于军用软件的作用、需执行的任务以及运行环境的特殊性,使得它具有与普通软件不同的特点。首先,部分武器装备软件需要有极高的实时性,需要有在短时间快速进出大量数据以及高速处理中断的能力,否则将会贻误时机;其次,需要有很高的可靠性,这也是软件在军事领域应用的特殊性,依据国外对装备软件的要求,失效率要低于 10^{-6};另外,军用软件还需要有能在复杂的环境下(如强烈的电子对抗、低温、高温、振动)良好运行的能力。正是由于上述特点,使得对于军用软件而言,其可靠性内涵包括:

(1)军用软件可靠性的定义可被描述为在 $t=0$ 时系统正常运行的条件下在时间区间 $[0,t]$ 内系统仍然正常运行的概率。

(2)军用软件可靠性具有一定的随机性,即由于某些特殊因素,导致软件输入域的可变性,从而引起软件故障发生时间的不定性。

(3)由于军用软件内部逻辑关系高度复杂,因此可靠性问题主要出现在设计中,即主要是开发过程中人的差错。

12.2　软件可靠性指标参数

12.2.1　常用软件可靠性度量指标及其选取

软件可靠性指标是指从用户的角度对产品的可靠性参数应达到的目标值所作的规定,是用户对系统失效的可承受阈值。

在选取软件可靠性指标时,一般可考虑以下原则[57]:

(1)对失效发生频率要求较低的系统,可靠性参数可选失效率或失效强度,如操作系统、通信信息交换系统软件等。

(2)对在规定时间内能无失效工作要求比较高的系统,可选叮靠度作为软件可靠性参数,如过程控制系统软件。

(3)对使用比较稳定的软件,可选平均失效时间/平均失效间隔时间作为软件可靠性参数,如通用软件包等。

日前较为实用的度量指标主要有以下几种[57],其中前三个使用得最为频繁。

1. 可靠度

软件可靠度 R 是软件失效行为的概率描述。它是指软件在规定的条件下和规定的时间内完成规定功能的概率,或者说是软件在规定时间内无失效发生的概率。

假设规定的时间段为 t_0,软件发生失效的时间为 ξ,则 $R(t_0) = P(\xi > t_0)$。

2. 失效强度

失效强度是指失效数均值随时间的变化率。假设软件在 t 时刻发生的失效率为 $u(t)$,令 $v(t)$ 为随机变量 $u(t)$ 的均值,即 $v(t) = E[u(t)]$,则 $\lambda(t) = \dfrac{\mathrm{d}v(t)}{\mathrm{d}t}$ 为 t 时刻的失效强度。

失效强度与以往经常使用的失效率有所不同,前者是基于随机过程定义的失效数均值的变化率,而后者是基于系统寿命定义的条件概率密度。它们在表示一个纯软件的可靠性时都是可以的,但由于增长模型常常给出失效强度的变化规律,因此选用失效强度更直接一些。

3. 平均失效时间(MTTF)和平均失效间隔时间(MTBF)

MTTF 是指当前时间到下一次失效时间的均值。假设当前时间到下一次失效的时间为 ξ,ξ 具有累计概率密度函数 $F(t) = P(\xi \leq t)$,即可靠度函数 $R(t) = 1 - F(t) = P(\xi > t)$,则 $\mathrm{MTTF} = \displaystyle\int_0^\infty R(t)\,\mathrm{d}t$。

MTBF 是指两次相邻失效时间间隔的均值。假设两次相邻失效时间间隔为 ξ,ξ 具有累计概率密度函数 $F(t) = P(\xi \leq t)$,即可靠度函数 $R(t) = 1 - F(t) = P(\xi > t)$,则 $\mathrm{MTBF} = \displaystyle\int_0^\infty R(t)\,\mathrm{d}t$。

在硬件可靠性中,MTTF 用于不可修复产品,MTBF 用于可修复产品。对于软件而言,不存在不可修复的失效,因此 MTTF 和 MTBF 没有本质的区别,均可使用。但是,用户一般关心的是从使用到发生失效的时间的特性,因此选用 MTTF 更为适合。

4. 可用度

从规定的时间开始,并在给定的未来时间内,软件以一种符合要求的方式执行其功能的概率,适用于失效时间很重要的情况。在某些条件下,它倾向于可用时间的比率。

5. 到达目标时间

表示在到达一定的目标之前,尚需经历的未来期望时间值,它大多用在软件开发期间。

12.2.2 武器装备软件可靠性度量指标及其选取

在选取装备软件可靠性参数时,除了考虑一般软件可靠性指标选取原则外,还应考虑以下原则[57]：

（1）考虑装备特点，如对于飞机可选用平均失效间隔小时。

（2）考虑软件所在系统的可靠性要求，武器装备软件多用于嵌入式计算机系统，选取软件可靠性指标时应考虑选取与嵌入式计算机系统相同的可靠性指标，如某航空惯导系统的可靠性参数为 MTBF，则软件可靠性指标也应选用 MTBF。

（3）考虑软件可靠性验证方法，如果是实验室内验证，一般选用合同参数；外场使用验证则选用使用参数。

（4）考虑软件的使用要求，如一次性使用的系统的软件可靠性指标可选用成功率。

结合武器装备软件的特点，可供选择的可靠性度量指标还可进一步扩展。

（1）成功率。软件的成功率是指在规定的条件下软件完成规定功能的概率。某些一次性使用的系统或设备，如弹射救生系统、导弹等系统中的软件，其可靠性指标即可选用成功率。

（2）任务成功概率。任务成功概率是指在规定的条件下和规定的任务剖面内，软件能完成规定任务的概率。某些情况下，存在一些自然的任务时间，如军事飞行任务等。人们有理由关心无失效地完成任务的概率，此时，即可选择任务成功概率作为软件可靠性指标。

（3）由平均失效前时间派生的参数。对于不同的武器装备可派生出不同的软件可靠性参数。如对于飞机、宇宙飞船，可以使用平均失效前飞行小时。

（4）平均致命性失效前时间。平均致命性失效前时间是指仅考虑致命失效的平均失效前时间。致命性失效是指使系统不能完成规定任务的或可能导致人或物重大损失的软件失效或失效组合。对于不同的武器装备系统同样能派生出不同的参数，如对于飞机、宇宙飞船，可以使用平均致命失效前飞行小时。

12.2.3　航空装备软件可靠性指标选取

1. 选取原则

鉴于我国当前航空装备软件可靠性工程实践仍处较低水平，软件参数应用尚未开展，故在选择参数时，需注意以下几条原则：四项通用原则和四项专用原则。下述前四项为通用原则，主要从装备系统的角度提出的；后四项为专用原则，主要考虑软件的特点提出的，简单描述如下[75]：

（1）软件可靠性参数的选取过程是一个按研制阶段迭代渐进的过程，需不断修正、完善可靠性参数与指标以及约束条件。

（2）软件可靠性参数的选取应坚持先进性的原则。应立足于未来作战需求,着眼于发展,充分利用成熟技术,并采用相应先进技术成果,使新研或改型装备的软件可靠性水平尽量接近国外同类软件的先进水平。

（3）要坚持系统性原则。以形成总体作战能力为着眼点,用系统工程的原理和方法进行软件可靠性参数的选取,达到综合配套、协调发展、整体优化的目的。

（4）要坚持经济性和对比优化原则。从未来作战需求出发,进行多种软件可靠性参数方案对比优化选取,进行经济性论证,考虑经济可承受能力,力求获得良好的效费比,排出优先顺序,供决策部门选择。

（5）考虑软件所在系统的可靠性要求。装备软件多用于嵌入式计算机系统,选取软件可靠性参数时,应考虑选取与嵌入式系统相同的可靠性参数。

（6）考虑软件可靠性验证方法。如果实验室内验证,一般选用合同参数;外场使用验证则选用使用参数;同时考虑软件的适用要求,如一次性使用的系统软件可靠性参数选用可靠度。

（7）选取的参数意义、用途要明确,参数应该是用户可观测的,并且测量方法比较简单,最好有工具支持。

（8）在能表征软件可靠性的条件下,选取尽量少的参数,选择若干用户最关心的,提出指标要求的参数。

2. 可靠性指标

借鉴国内外软件可靠性的资料,考虑目前国内软件产业的发展现状,针对未来我军装备的发展需要,兼顾上述参数选取原则。根据硬件可靠性的分类,表12-1给出了10个装备软件可靠性参数指标,即可用性参数1个,可靠性(包括基本可靠性和任务可靠性)参数6个,维修性(含测试性)参数3个。由于软件的失效特征同硬件不一样,故没有耐久性要求[75]。

表12-1 装备软件可靠性参数指标集及其分类

分类	软件可靠性指标	数量	目前硬件产品适用的指标
可用性	使用可用度	1	6
可靠性	可靠度	6	18
	失效率		
	平均失效前时间		
	平均失效间隔时间		
	任务成功概率		
	致命性失效间隔时间		

分类	软件可靠性指标	数量	目前硬件产品适用的指标
维修性 （含测试性）	平均修复时间 易恢复率 虚警率	3	18
耐久性		0	5

12.3　软件可靠性模型及其评价标准

如何检验软件可靠性是软件可靠性工程的基本问题之一。显然,定量检验软件可靠性的最直接的办法是软件投入运行后在实际运行环境中检查软件失效情况。但这种方法的缺点是明显的,一是它要求软件运行时间较长,二是人们一般希望在软件开发阶段结束之前就能估计或预测软件可靠性,以检验它是否达到希望的目标。软件可靠性建模旨在根据软件可靠性数据以统计方法给出软件可靠性的估计值或预测值。

12.3.1　可靠性建模

软件可靠性模型是用来评估软件可靠性、预测产品中可能存在的缺陷数的一套方法。依据软件失效间隔时间、失效修复时间、失效数量、失效级别等数据,选择并建立适当的可靠性模型,从而得到系统的失效率及可靠性变化趋势,指导软件可靠性评估和预测。

软件可靠性建模是软件可靠性工作研究最早、研究成果最丰富、争论也最多的一个方面,它是从事软件可靠性工程实践和理论研究的基础,至今仍然是软件可靠性研究的主要方面之一。到目前为止,人们已开发出了 100 多种软件可靠性模型,且新的模型还在不断发表。但遗憾的是,到目前为止尚无一个普遍适用的模型[72]。现有模型与实际软件开发过程存在着较大差异,适用于某些故障数据集合的模型又不适用于其他故障数据集合;同一个模型用于软件开发的某个阶段,又不适用于其他的阶段。况且,有些模型本身就是针对特定的软件过程开发的。软件可靠性模型的参数取决于软件的性能、开发过程、修改活动等,不能反映这些因素的模型是不够完善的,也是不适当的。由于软件本身的特性及软件可靠性数据缺乏,加之人们对软件工程领域及软件开发过程的复杂性及认识的局限性,建立完全反映这些因素的模型非常困难,而且是否选择适当也难以验证。

软件可靠性建模包括三个基本问题:模型建立、模型比较以及模型应用。

（1）模型建立。模型建立是指如何建立软件可靠性模型,包括两个方面的问题。一方面是从什么角度建立模型,如从数据域角度、从时间域角度,亦或将软件失效时刻当作建模对象,将一定时间内软件的失效数当作建模对象。应当指出,从不同角度可以得到不同类型的模型。另一方面是采用什么样的数学语言,如概率语言、模糊数学语言等。

（2）模型比较。在软件可靠性模型分类的基础之上,模型比较旨在分析不同软件可靠性模型的异同点。针对不同模型进行分析比较并对其优劣、可用性、有效性等进行综合权衡,从而确定模型的适用数据、适用阶段以及适用范围。

（3）模型应用。模型应用是模型建立的目的,需要考虑两个问题,一是给定软件开发计划,如何选用合适的模型;二是给定模型,如何指导软件可靠性工程实践。

软件可靠性建模的基本流程包括:

（1）确定度量参数。确定模型要度量的参数,也就是要明确建立模型的目的。

（2）数据搜集与分析。依据预测目标收集并研究数据的属性、单位、数据的准确性与相关性,可绘制成点分布图来观察其变化趋势。

（3）模型选择。依据前两步的工作结果,选择适合模型。在实际运用当中,可能需要选择一个或几个模型以适用于不同的情形。模型的选择主要是看第一步研究的数据与所选模型的拟合程度,模型一旦选择,需要替换上期望预测值,得到相应的模型。

（4）模型测试与评价。实际运用当中,所选的模型不一定能很好的与实际情况相吻合,可能的情况有搜集的数据不够准确、数据研究时参数的分析单位不合理等。

（5）如果所选择的模型测试通过,就可以依据模型定量估计或预测软件的可靠性。

12.3.2　可靠性模型分类

为了能够全面深刻理解软件可靠性模型,对现有模型进行合理分类是必要的,也是必不可少的。目前关于可靠性模型的分类,尚无明确的指导原则,通常可遵循以下四条准则进行分类。

（1）建模对象。建模对象指软件可靠性数据及软件其他有关信息,如与时间有关的信息和时间无关的信息。

（2）模型假设。可靠性模型在一定程度上依赖给定假设,假设不同,模型也不尽相同。可假定软件原有缺陷数为一确定的有限值,也可假定它是服从 Poisson 分布的随机变量,还可假定它是一个无限数值,这样将得到不同类型的模型。

(3)模型适用性。可根据模型在软件开发过程中的适用阶段对模型分类,如人们常说的可靠性增长模型和可靠性验证模型,分别适用于测试阶段和确认阶段。

(4)数学方法。可根据可靠性采用的数学方法对模型分类,如概率模型、模糊模型、Bayes 模型等。

本节依据模型所需要搜集数据的来源不同,将可靠性模型可分为静态模型和动态模型[68]。

(1)静态模型。静态模型的统计数据来源是项目其他属性或程序与模块的分析数据,如依据模块的复杂性、项目的规模等。静态模型的建模对象是与运行时间无关的数据或信息,不考虑与运行时间有关的数据或信息。这类模型又包括缺陷播种模型、数据域模型以及经验模型。

(2)动态模型。动态模型主要统计数据的来源是缺陷数统计分布,如依据软件生存周期中被发现的缺陷数变化趋势可作为预测可能潜伏在软件中的缺陷数参考依据。动态模型的建模对象是与运行时间有关的数据或信息,当然也可包括与运行时间无关的数据或信息,因此可进一步分为微模型和宏模型。

表 12-2 列出了典型静态模型和动态模型类型对照关系。其中"√"表示隶属关系成立,否则表示隶属关系不成立。例如,Moranda 几何模型隶属于动态宏观失效时间模型类,而 Halstead 不属于动态模型。

表 12-2 典型软件可靠性模型类型一览表

序号	类型 模型	动态			静态		
		宏观		微观	缺陷播种	数据域	经验
		失效时间	失效计数				
1	Jelinski-Moranda	√					
2	Schick-Wolverton	√					
3	Moranda 几何	√					
4	Musa 执行时间	√					
5	Littlewood-Verrall	√					
6	Cai 模糊增长	√					

(续)

序号	类型 模型	动态			静态		
		宏观		微观	缺陷 播种	数据域	经验
		失效 时间	失效 计数				
7	Cai 模糊确认	√					
8	IDM 模型	√					
9	NHPP 模型		√				
10	Moranda 几何 Poission 模型		√				
11	Shooman			√			
12	超几何模型				√		
13	Nelson 模型					√	
14	Halstead 模型						√

表12-3 给出了各种类型模型在软件开发过程各阶段的适用性。

表12-3 软件可靠性模型适用性

类型 生命周期过程	动态			静态		
	宏观		微观	缺陷播种	数据域	经验
	失效时间	失效计数				
需求分析						√
概要设计						√
详细设计						√
编码实现						√
软件测试	√	√	√	√		
验收交付	√	√		√	√	

12.3.3 可靠性模型评价标准

可靠性模型评估应在两个不同层次上进行。首先,面向广泛的软件计划所作的总体评估,"简单实用,广泛适用"是对总体评估的高度概括,但遗憾的是至今无一软件可靠性模型被证明既简单又广泛适用。其次,针对某个特定软件计划评判模型优劣的特定评估,"模型能力,度量有效性"是特定评估应关注的重点。

通过对可靠性模型的概念与影响因素的分析,下面给出评估模型应遵循的准则,但不对具体模型进行评估[68]。

(1)基于合理的假设。模型假设是否合理是评价一个模型的基本条件,开始建立的模型如果是错误的,那么后续的工作都将是没有意义的。

(2)预测的有效性。能够对系统的失效行为以较好的预测,依据模型所产生的质量数据要符合产品的实际情形才能确保预测的有效性。同时,模型本身也应该涵盖常用的对产品的未来状态进行预测的方法。

(3)模型实现的可操作性。好的模型并不是越复杂越好,模型的理论基础很好,推理与逻辑都很严密精准,如果实施的过程非常复杂,以至于实施它所需要付出的代价已经超出模型的使用所带来的益处,这种模型将不会被人采纳,或者采纳了也不会持久。从某种意义上讲,可靠性模型是否简单易操作比模型的其他评价标准都要重要得多。

(4)预测的及时性。如果不能在适当的项目阶段反映产品的质量信息,再好的模型也是没有多大实际意义的。

(5)预测的覆盖率。主要体现在反映质量问题的广度与深度上。一个好的模型主要体现在可以预测有用信息的数量与质量,如果可以预测的数量极少,可能还需要同时使用多个模型才可以满足产品可靠性预测的需求,无形中会浪费更多的项目资源。

12.3.4 典型可靠性模型

常见软件可靠性模型很多,但应用广泛的却只有几种。本节有选择性地介绍典型软件可靠性模型,以便了解模型的历史背景和优缺点,为后续研究工作奠定基础。

软件可靠性模型通常假设失效之间是相互独立的。失效的产生需要两个条件:错误引入和错误被输入状态激活。这两个条件都是随机的,根据对实际项目的调查,失效之间没有发现很强的关联性。

在具体介绍模型之前,先给出若干数学记号。设第 i 个软件失效发生于 T_i 时刻,相邻软件失效时间间隔为 $X_i = T_i - T_{i-1}$。在概率模型中,$\{T_i\}$ 和 $\{X_i\}$ 均为随机变量,且约定 t_i 是 T_i 的一个实现,x_i 是 X_i 的一个实现。

1. J-M 模型

J-M 模型是 Jelinski 和 Moranda 于 1972 年在为 McDonnell-Douglas 航天公司工作期间建立,应用于空军 NTDS 软件和 Apollo 程序的若干模块之中,也称为

Jelinski-Moranda 软件可靠性模型。它包含软件可靠性建模中若干典型和最主要的假设,是最具代表性的早期 Markov 过程模型,现有很多可靠性模型是该模型的变形或扩展。可以这样说,J-M 模型是软件可靠性模型研究领域的第一个里程碑,对软件可靠性模型的发展具有深远而广泛的影响。

J-M 模型以一种简便、合乎直觉的方式表明根据软件缺陷的显露历程预测未来软件的可靠性行为,其中心思想是软件失效过程可以用软件缺陷模型来刻画。该模型属于动态宏模型中的失效时间模型类,应用该模型的基本假设如下:

(1) 单位时间内被发现的软件错误数,定义为缺陷检测率。缺陷检测率在相邻失效时间间隔内保持不变。

(2) 软件初始的缺陷数 N 是一个未知但固定的常数。缺陷检测率与程序当前的残留缺陷数成正比于 ϕ。

(3) 所有缺陷的等级相同,每个缺陷引发软件故障的可能性相同,且相互独立。缺陷一旦被发现即被立即完全排除,且不引入新的缺陷。

(4) 软件(测试)运行方式与预计的(实际)运行剖面相同。

令 t_i 表示发生第 i 个软件失效的时刻,$i = 1, 2, \cdots, N, t_0 = 0$。由假设可知,在 t 时刻软件所包含的残留缺陷数为

$$\overline{N}(t) = N - (i - 1); \quad t_{i-1} < t \leq t_i, \quad i = 1, 2, \cdots, N$$

若定义危害率表示给定第 $i-1$ 个软件失效发生于 $t_{i-1}(i = 1, 2, \cdots, N)$ 时刻条件下,软件在 t_{i-1} 时刻之后单位时间内失效的概率。那么,t 时刻的危害率可表示为

$$Z(t) = \phi \overline{N}(t) = \phi[N - (i - 1)]; \quad t_{i-1} < t \leq t_i, \quad i = 1, 2, \cdots, N$$

根据假设(3)描述的失效独立性,在 $t_{i-1} < t < t_i$ 时间内,软件的可靠度函数可表示为

$$R_i(x) = P\{X_i > x \mid x_1, x_2, \cdots, x_{i-1}\}$$

$$= \exp\left[-\int_0^x Z(t)\,\mathrm{d}t\right] = \exp\{-\phi[N - (i - 1)]x\}; \quad i = 1, 2, \cdots, N - 1$$

可以利用极大似然法给出参数 ϕ 与 N 的估计值,$\hat{\phi}$ 和 $\overline{N}$ 由以下两个方程确定:

$$\hat{\phi} = \frac{n}{\overline{N}\left(\sum_{i=1}^n x_i\right) - \sum_{i=1}^n (i - 1)x_i}$$

$$\sum_{i=1}^{n} \frac{1}{\overline{N} - (i-1)} = \frac{n}{\overline{N} - \frac{1}{\sum\limits_{i=1}^{n} x_i} \left(\sum\limits_{i=1}^{n} (i-1) x_i \right)}$$

上述超越方程可以应用牛顿法或弦截法求得数值解。其中，n 为总共发生的失效数。

这样，再根据失效独立性假设，若给定第 $(i-1)$ 个软件失效发生在 t_i 时刻，则平均失效时间 MTTF 是下式表示的概率期望：

$$\mathrm{MTTF}_i = E\{X_i \mid x_1, x_2, \cdots, x_{i-1}\} = \int_0^{\infty} R_i(x)\,\mathrm{d}x = \frac{1}{\phi[N - (i-1)]}$$

可见，随着缺陷的剔除，软件 MTTF 在不断增长。倘若，给定 t_{i-1} 时刻剔除第 $(i-1)$ 个缺陷，那么剔除下 m 个缺陷所需时间的期望值为：

$$\mathrm{MT}_m = \sum_{j=i-1}^{i-1+m} \frac{1}{\phi[N - (i-1)]}$$

J-M 模型的优点在于数学简单，假设比较合乎工程直觉，且对数据要求不高。但缺陷独立性的假设并不完善，导致缺乏广泛适用性，且参数估计方法的收敛性不好。

2. L-V 模型

L-V 模型发表于 1973 年，是最早的软件可靠性模型之一，亦称作 Littlewood-Verrall 软件可靠性模型。该模型的重要性在于它提供了软件可靠性建模的 Bayes 观点，是 Bayes 模型的代表。在一些文献中，也把这类模型称为非随机过程类模型，究其原因就是它采用了 Bayes 方法来研究软件的可靠性行为。Bayes 方法与传统经典方法的主要区别在于对先验知识的利用，核心问题是先验分布参数的选取。

Littlewood-Verrall 模型是基于如下假设的：

（1）相邻失效时间间隔 $x_i, i = 1, 2, \cdots, n$，构成一列独立随机变量，服从参数为 λ_i 的指数分布，其概率密度函数为

$$f(x_i \mid \lambda_i) = \lambda_i \mathrm{e}^{-\lambda_i x_i}; \quad x_i > 0$$

（2）$\{\lambda_i\}$ 构成一列独立随机变量，随机变量服从参数为 α 和 $\psi(i)$ 的 Gamma 分布，即 λ_i 的概率密度函数为

$$g(\lambda_i) = \frac{[\psi(i)]^{\alpha} \lambda_i^{\alpha-1} \mathrm{e}^{-\psi(i)\lambda_i}}{\Gamma(\alpha)}; \quad \lambda_i > 0$$

其中,函数 $\psi(i)=\beta_0+\beta_1 i$ 或 $\psi(i)=\beta_0+\beta_1 i^2$ 为 i 的增函数,反映了软件可靠性过去和未来的增长变化过程。β_0、$\beta_1>0$,用以描述软件开发人员的质量和开发任务的"难易程度"。

(3) 软件(测试)运行方式与预计的(实际)运行剖面相同。

(4) 所有软件缺陷(失效)等级相同。

由于 λ_i 为随机变量,根据全概率公式,X_i 的概率密度函数服从下述 Pareto 分布,其中参数 α 和函数 $\psi(i)$ 的估计值 $\overline{\alpha}$ 和 $\overline{\psi}(i)$ 可由极大似然法确定。

$$f(x_i \mid \alpha,\psi(i)) = \int_0^\infty f(x_i \mid \lambda_i) g(\lambda_i) \mathrm{d}\lambda_i$$

$$= \int_0^\infty \frac{\lambda_i \mathrm{e}^{-\lambda_i x_i} [\psi(i)]^\alpha \lambda_i^{\alpha-1} \mathrm{e}^{-\psi(i)\lambda_i}}{\Gamma(\alpha)} \mathrm{d}\lambda_i$$

$$= \frac{\alpha [\psi(i)]^\alpha}{[x_i + \psi(i)]^{\alpha+1}}; \quad x_i > 0$$

则第 $i-1$ 个失效之后软件可靠度函数为

$$R_i(x) = P\{X_i > x\} = \left[\frac{\psi(i)}{x + \psi(i)}\right]^\alpha$$

则第 $i-1$ 个失效之后软件的 MTTF 为

$$L_i = E\{X_i\} = \int_0^\infty R_i(x) \mathrm{d}x = \frac{\psi(i)}{\alpha-1}; \quad \alpha > 1$$

则第 $i-1$ 个失效之后软件危害率函数为

$$z_i(x) = -\frac{R_i'(x)}{R_i(x)} = \frac{\alpha}{x + \psi(i)}$$

3. 基于构件的软件可靠性模型

20 世纪 90 年代之前,绝大多数软件可靠性模型以软件测试或使用期间所获得的失效数据为研究对象,再利用统计方法对软件的失效过程建模、估计或预测软件的失效行为,属于一种黑盒方法。当前,基于构件软件开发技术的快速发展,软件高级重用或复用技术成为构造大型复杂软件系统的首选,传统的黑盒模型显然不能适应现有软件开发模式,因此基于构件的软件可靠性模型成为需要研究解决的关键。通过追踪构件开发和使用的过程,可以从理论的角度给出基于构件软件的可靠性工程过程[72]:

构件开发人员定义一种空间划分 Π 和一度量(或性质)M;

构件开发人员对每个划分块计算构件关于该划分块的度量,即 $\forall s \in \Pi$,计

202

算关于 s 的度量 $M(s)$；

构件开发人员收集各划分块及其度量，形成一个离散映射函数 $f = \{\langle s, M(s)\rangle | s \in \Pi\}$；

系统设计人员确定使用构件的软件系统架构，然后使用软件开发人员提供的数据和软件系统的使用环境，计算软件系统可靠性。

如果某软件构件的可靠性不能满足要求，则可以重新选择或开发更合适的构件，也可以调整软件系统架构，甚至两者兼备。

基于构件的软件可靠性分析流程如图 12 - 1 所示。

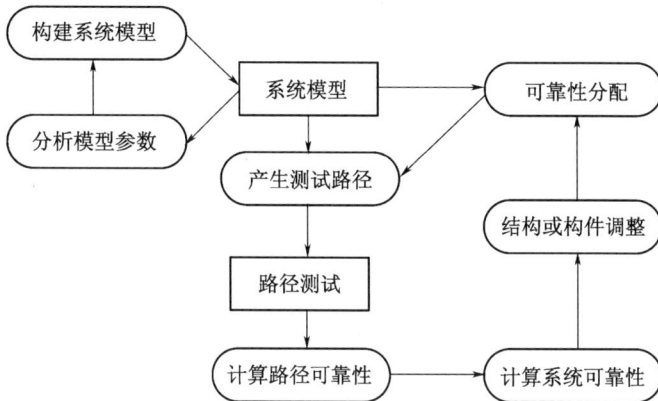

图 12 - 1　基于构件的软件可靠性分析流程图

目前已提出的一系列基于构件的软件可靠性估计模型，其大部分可被视为软件构件概率迁移图这一通用模型或其扩展时间维后的实例。

12.4　软件可靠性设计与分析

要保证和提高软件的可靠性，关键在于可靠性设计，这是软件可靠性工程的核心问题。与硬件相比，软件的可靠性对设计的依赖程度更大。应当指出，软件的可靠设计和软件的常规设计紧密地结合，贯穿常规设计过程的始终。所以，要实现软件可靠性设计，软件开发必须采用工程方法，贯彻软件开发工程化。另一方面，软件工程中的结构化和模块化等设计方法，由于它们不是以软件可靠性为主要目标，因此不属于软件可靠性设计讨论的范畴。

12.4.1　可靠性设计准则

软件可靠性设计是指在软件开发过程中，在严格遵循软件工程原理的基础上,紧密结合常规软件设计,采用专门的技术和方法,采取预防措施,进行设计改进,消除隐患和薄弱环节,减少或尽可能地避免错误的发生,全面满足软件的可靠性要求。其目的是尽量减少软件中的缺陷,并使软件产品出现故障时系统仍不失效。其实质是在常规的软件设计中,应用各种必要的方法和技术,使程序的设计在兼顾用户的各种需求时,全面满足软件的可靠性要求。

著名软件工程专家 Myers 提出了在可靠性设计中必须遵循的两个原则:一是控制程序的复杂程度;二是与用户保持紧密联系。对于军用软件而言,可靠性的设计还应该严格按照 GJB/Z 102—1997 进行。

在软件开发过程中,度量并控制其复杂度的必要性和重要性是显而易见的。复杂度是软件开发过程中各种因素复杂程度的总和,软件越复杂,出错的可能性就越大。软件复杂程度与软件需求规格说明的复杂性、体系结构复杂性、软件设计复杂性等密切相关。例如,概要设计的复杂性是程序的所有外部接口及其相互关系的函数,也是各种用户命令的相互关系、系统输入/输出关系的函数。又如,详细设计的复杂性是各个模块相互关系的函数,模块的复杂性是模块内部逻辑关系的函数。

软件开发的目的是为用户的要求服务,实现用户目标,提高顾客满意度,超越顾客期望值。因此,同用户保持密切的联系和有效的沟通对可靠软件的设计同样是一条极其重要的原则。唯一途径就是在软件开发过程中,想用户所想,急用户所急,同用户保持紧密的联系,经常倾听用户意见,主动邀请用户参与开发过程中的有关决策,参与开发过程中的有关评审和测试。但也并不是说,在软件开发过程中,事无巨细,都必须由用户点头决定。对于那些用户难以判断的技术问题,如软件逻辑设计之类的细节,必须由设计人员独立解决。

12.4.2 可靠性设计过程活动与内容

1. 软件可靠性工程活动

图 12-2 给出了围绕软件生存周期过程所进行的可靠性工程活动[72]。应当指出:软件可靠性工程的各种活动不必拘泥严格的顺序,其中可能存在着交叉和重复。

2. 软件可靠性设计内容

软件可靠性设计的内容可归结为三个方面:避错设计、查错和改错设计、容错设计。

1)避错设计

避错设计是使软件产品在设计过程中,不发生错误或少发生错误的一种设计方法。避错设计总体原则是控制和减少程序的复杂性,其前提是软件开发必

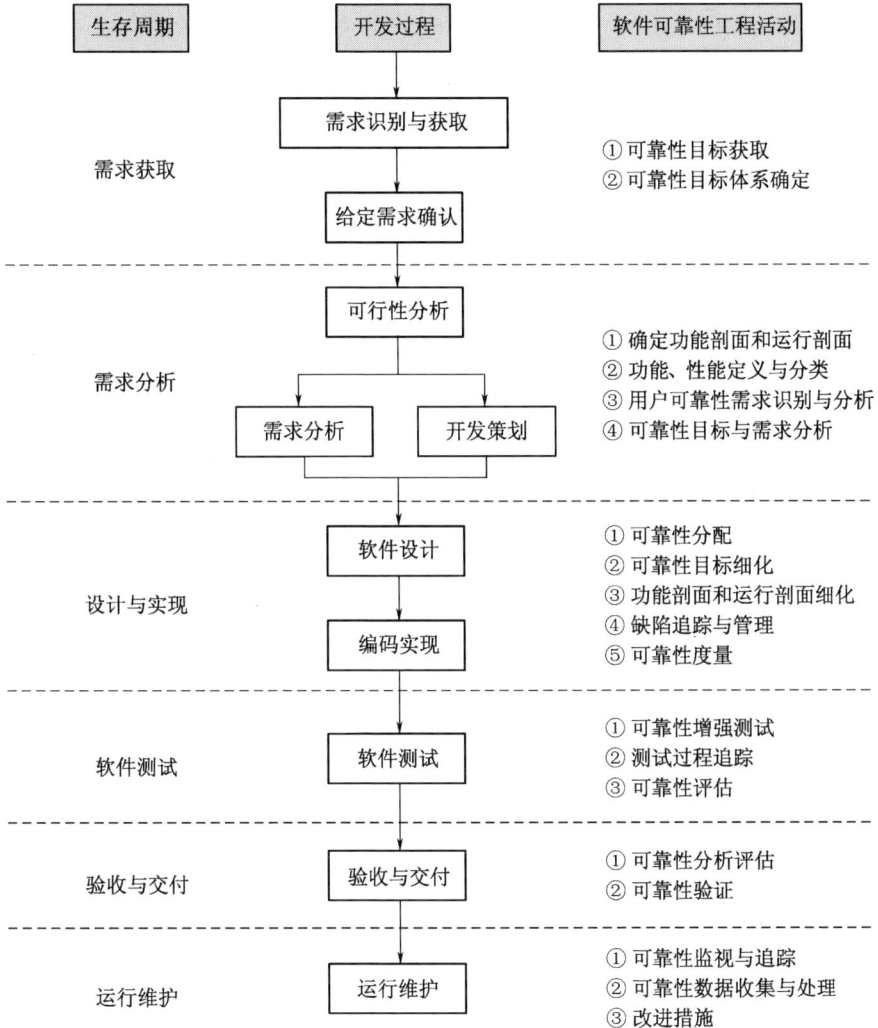

生存周期	开发过程	软件可靠性工程活动

需求获取 — 需求识别与获取 — ① 可靠性目标获取 ② 可靠性目标体系确定

给定需求确认

需求分析 — 可行性分析 — ① 确定功能剖面和运行剖面 ② 功能、性能定义与分类 ③ 用户可靠性需求识别与分析 ④ 可靠性目标与需求分析

需求分析　开发策划

设计与实现 — 软件设计 — ① 可靠性分配 ② 可靠性目标细化 ③ 功能剖面和运行剖面细化 ④ 缺陷追踪与管理 ⑤ 可靠性度量

编码实现

软件测试 — 软件测试 — ① 可靠性增强测试 ② 测试过程追踪 ③ 可靠性评估

验收与交付 — 验收与交付 — ① 可靠性分析评估 ② 可靠性验证

运行维护 — 运行维护 — ① 可靠性监视与追踪 ② 可靠性数据收集与处理 ③ 改进措施

图 12 - 2　软件生存周期过程中的可靠性工程活动

须遵循软件工程过程,采用软件工程化方法。

避错设计适用于一切类型的软件,避错设计体现了以预防为主的思想,是软件可靠性设计的首要方法,应当贯彻于设计的全部过程中,遗憾的是,由于客观事物的复杂性和设计人员认识的局限性,设计错误是无法完全杜绝的。

2）查错和改错设计

查错设计是程序在运行中自动查找存在错误的一种设计方法。查错设计技术包括被动式查错和主动式查错两种类型。主动式查错是指主动出击对程序状

205

态的检查,被动式查错是在程序不同位置设置检测点等待错误征兆出现,这是当前主流的检测方法。

改错设计是指在设计中,赋予程序自我改正错误、减少错误危害程度的能力的一种设计方法。改正错误的前提,一是能准确地错误定位,二是程序有能力修改错误语句。但现阶段没有人的参与几乎不可能,最多能做到的是减少损失,限制错误的影响范围。通常采用的办法是隔离用户程序以减小失效范围,提高可靠性。目前,相比容错设计,改错设计的实用性和推广能力仍有待进一步提高。

3)容错设计

软件容错设计是一种有效的可靠性设计技术,软件容错的基本思想来源于硬件可靠性中的冗余技术。容错设计是指在设计中赋予程序某种特殊的功能,使程序在错误已被触发的情况下,系统仍然具有正常运行能力的一种设计方法。常见的容错设计方法包括 N - 版本程序设计(N-Version Programming)和恢复块法(Recovery Block)。N - 版本程序设计与硬件可靠性中的静态冗余相对应;恢复块法则与有转换开关的动态冗余相对应。容错软件含有众多的冗余单元,增大了程序规模,增加了资源消耗,因此,容错技术不宜普遍采用,只能有选择地用于失效后果非常严重的场合。

12.4.3　可靠性分析基本方法

在使用过程中,不可靠的软件产品会导致装备任务的失败,甚至导致灾难性的后果。因此,实施软件可靠性分析,对可能发生的失效进行分析,挖掘潜在的隐患和薄弱环节,优化过程,改进设计,排除缺陷,这些分析工作将大大提高软件可靠性。尤其对于军用软件而言,可大幅降低由于软件失效带来的各种损失,提高装备的战斗力。

传统的硬件可靠性分析技术、方法和工具日臻成熟且得以广泛应用,在工程实践中发挥了重要作用。常见的硬件可靠性分析技术包括故障树分析、故障模式影响分析、功能危害分析、区域安全性分析等。鉴于软件和硬件可靠性的相关性,软件可靠性分析技术包括软件失效模式及影响分析(SFMEA)、软件故障树分析(SFTA)、软件潜藏分析(SSCA)、软件 Petri 网分析等。这些技术有些是从硬件/系统可靠性分析技术中借鉴过来,但令人遗憾地是,由于硬件和软件在失效机理等方面的显著差异,到目前为止,真正面向软件产品设计开发的可靠性分析技术尚未建立。

其中,应用较广泛的软件可靠性分析技术是软件失效模式及影响分析,可分为系统级和详细级。这种方法是在软件开发阶段的早期,通过识别软件失效模式,分析造成的后果,分析各种失效模式产生的原因,寻找消除和减少的方法,以尽早发现潜在的问题,并采取相应的措施,从而提高软件的可靠性和安全性。

12.5 软件可靠性测试

12.5.1 软件可靠性测试的基本概念

软件可靠性测试是指为了满足软件可靠性要求、验证是否达到软件的可靠性要求、评估软件的可靠性水平而对软件进行的测试,是提高软件可靠性的重要且有效的途径。常采用基于软件操作剖面(对软件实际使用情况的统计规律的定量描述)对软件进行随机测试的测试方法。

软件可靠性测试与一般测试有着明显的不同之处,主要表现在以下几个方面:

(1)软件失效是由设计缺陷造成的,软件的输入决定是否会遇到软件内部存在的故障。所以,软件可靠性测试强调按实际使用的概率分布随机选择输入,并强调测试需求的覆盖度。这使得软件可靠性测试实例的采样策略与一般的功能测试不同。软件可靠性测试必须按照使用的概率分布随机地选择测试实例,这样才能得到比较准确的可靠性估计,也有利于找出对软件可靠性影响较大的故障。

(2)软件可靠性测试过程中还要求比较准确地记录软件的运行时间,它的输入覆盖一般也要大于普通软件功能测试的要求。

(3)软件可靠性测试对使用环境的覆盖比一般的软件测试要求要高,测试时应覆盖所有可能影响程序运行方式的物理环境。对一些特殊的软件,如容错软件、实时嵌入式软件等,由于在一般的使用环境下很难对软件的异常处理能力进行针对性的测试,因此可靠性测试时常常需要有多种测试环境。

12.5.2 软件可靠性测试过程

软件可靠性测试是一项高投入的测试工作,存在一定的困难和局限性。进行软件可靠性测试必须要了解软件过去的使用历史,估计可能的使用,构造软件的运行剖面,准备测试环境,要进行大量的测试运行;它不能代替其他测试和验证方法。从有效发现缺陷的角度出发,软件可靠性测试可能不是最有效的方法,必须结合其他的测试和验证方法、手段发现软件中存在的各种缺陷;它难以验证具有极高可靠性要求的软件,例如对于失效率为 10^{-9} 的软件实施可靠性测试所需的时间是不切合实际的,必须采用形式化验证等方法来加以解决。

1. 可靠性测试活动

软件可靠性测试是具有针对性的对软件的可靠性进行的一系列测试活动，分为可靠性增长测试和可靠性验证测试，其一般过程如图 12-3 所示，主要包括：构造操作剖面、生成测试用例、测试数据及测试环境的准备、测试运行、可靠性数据收集、可靠性数据分析和失效纠正等[58]。

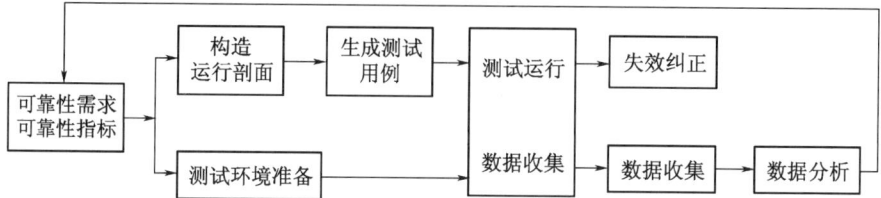

图 12-3　软件可靠性测试过程

（1）构造运行剖面。软件的操作剖面用来定量地描述软件的实际使用情况。操作剖面是否能代表、刻画软件的实际使用取决于可靠性工程人员对软件的系统模式、功能、任务需求及相应的输入激励的分析，取决于他们对用户使用这些系统模式、功能、任务的概率的了解。运行剖面构造的质量将对可靠性测试、分析的结果是否可信产生最直接的影响。

（2）生成测试用例。软件可靠性测试采用的是按照运行剖面对软件进行可靠性测试的方法。因此，可靠性测试所用的测试用例是根据运行剖面随机选取得到的。

（3）测试环境准备。为了得到尽可能真实的可靠性测试结果，可靠性测试应尽量在真实环境下进行。但是在许多情况下，在真实环境下进行软件的可靠性测试很不实际，因此需要开发软件可靠性仿真测试环境。如对于多数嵌入式软件，由于与之依赖的环境的开发常常与软件的开发是同步甚至是滞后的，因此无法及时进行软件可靠性测试；在有些系统中，由于软件依赖的环境非常昂贵而无法用于需要进行大规模的可靠性测试。

（4）测试运行。即在真实的测试环境中或可靠性仿真测试环境中，使用按照运行剖面生成的测试用例对软件进行测试。

（5）数据收集。收集的数据包括软件的输入数据、输出结果，以便进行失效分析和进行回归测试；软件运行时间数据，可以是 CPU 执行时间、日历时间、时钟时间等；可靠性失效数据包括失效时间数据和失效间隔时间数据，包括每次失效发生的时间或一段时间内发生的失效数。失效数据可以实时分析得到，也可以事后分析得到。可靠性数据的收集是可靠性评估的基础，数据收集质量决定着可靠性评估的准确性，应尽可能采用自动化手段进行数据的收集，以提高效率、准确性和完整性。

（6）数据分析。主要包括失效分析和可靠性分析。失效分析是根据运行结果判断软件是否失效以及失效的后果、原因等；而可靠性分析主要是指根据失效数据，估计软件的可靠性水平，预计可能达到的水平，评价产品是否已经达到要求的可靠性水平，从而为管理决策提供依据。

（7）失效纠正。如果软件的运行结果与需求不一致，则称软件发生失效。通过失效分析，找到并纠正引起失效的程序中的缺陷，从而实现软件可靠性的增长。

2. 可靠性增长测试

软件可靠性增长测试是为了满足用户对软件的可靠性要求、提高软件可靠性水平而对软件进行的测试，它是为了满足软件的可靠性指标要求，对软件进行"测试—可靠性分析—修改—再测试—再分析—再修改"的循环过程，如图 12 - 4 所示。

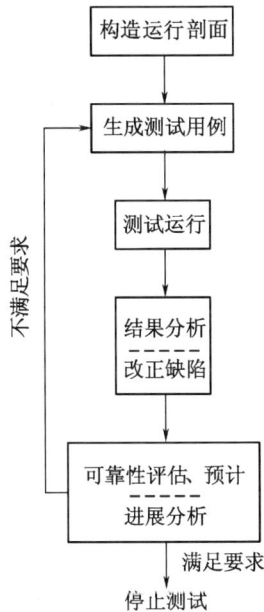

图 12 - 4　软件可靠性增长测试过程

3. 可靠性验证测试

软件可靠性验证测试是为了验证在给定的统计可信度下，软件当前的可靠性水平是否满足用户的要求而进行的测试，即用户在接收软件时，确定它是否满足软件规格说明书中规定的可靠性指标。一般在验证过程中，不对软件进行修改。软件可靠性验证测试过程如图 12 - 5 所示。

图 12 - 5　软件可靠性验证测试过程

　　此外,还有一类被称之为软件可靠摸底测试。在本节,之所以没有被归类到可靠性测试类型中,是因为其过程不进行失效纠正,不完成符合一般软件可靠性测试流程。而这类测试主要针对没有明确提出软件可靠性指标,却希望通过可靠性测试确定软件的可靠性水平。此时,被测试的软件不是中间形式,已经成为最终产品。在进行软件可靠性摸底测试中应注意以下事项[69]:

　　(1)摸底测试使用的测试数据必须基于操作剖面随机抽取。

　　(2)摸底测试发现失效后,不对软件进行修改,从而保证失效时间服从指数分布。

　　(3)摸底测试的测试时间、测试用例数量通常由测试时的资源决定。

12.5.3　可靠性测试结果分析与评估

　　利用测试的统计数据,可估算软件的可靠性,给出对可靠性测试结果的分析和评估,以控制软件的质量[58]。

　　1. 推测错误的产生频度

　　估算错误产生频度的一种方法是估算平均失效时间 MTTF。MTTF 估算公式为

$$MTTF = \frac{1}{K[E_T/I_T - E_C(t)/I_T]}$$

式中: K 为一个经验常数,其典型值是 200; E_T 为测试之前程序中原有的故障总数; I_T 为程序长度(机器指令条数或简单汇编语句条数); t 为测试(包括排错)的时间; $E_C(t)$ 是在 $0 \sim t$ 期间检出并排除的故障总数。

　　2. 估算软件中故障总数(Error Total,ET)的方法

　　(1)利用 Shooman 模型估算程序中原有错误总量 E_T——瞬间估算。

$$MTTF = \frac{1}{K[E_T/I_T - E_C(t)/I_T]} = \frac{1}{\lambda}$$

$$\lambda = K\left(\frac{E_T}{I_T} - \frac{E_C(t)}{I_T}\right)$$

　　所以,若设 T 是软件总的运行时间,M 是软件在这段时间内的故障次数,则

$$T/M = 1/\lambda = \text{MTTF}$$

现在对程序进行两次不同的互相独立的功能测试,响应检错时间 $t_1 < t_2$,检出的错误数 $E_C(t_1) < E_C(t_2)$,则有

$$\lambda_1 = \frac{E_C(t_1)}{E_C(t_1)} = \frac{1}{\text{MTTF}_1}$$

$$\lambda_2 = \frac{E_C(t_2)}{E_C(t_2)} = \frac{1}{\text{MTTF}_2}$$

且

$$\lambda_1 = K\left(\frac{E_T}{I_T} - \frac{E_C(t_1)}{I_T}\right)$$

$$\lambda_2 = K\left(\frac{E_T}{I_T} - \frac{E_C(t_2)}{I_T}\right)$$

解上述方程组,得到 E_T 的估计值 E_{TG} 和 K 的估计值 K_G。

$$E_{TG} = \frac{E_C(t_2)\lambda_1 - E_C(t_1)\lambda_2}{\lambda_1 - \lambda_2}$$

$$K_G = \frac{I_T\lambda_1}{E_T - E_C(t_1)} = \frac{I_T\lambda_2}{E_T - E_C(t_2)}$$

(2)利用植入故障法估算程序中原有故障总数 E_T。

若设 N_S 是在测试前人为地向程序中植入的故障数(称播种故障),n_s 是经过一段时间测试后发现的播种故障的数目,n_0 是在测试中又发现的程序原有故障数。设测试用例发现植入故障和原有故障的能力相同,则程序中原有故障总数 E_T 的估算值 E_{TG} 为

$$E_{TG} = \frac{n_0 \cdot N_S}{n_s}$$

此方法中要求对播种故障和原有故障同等对待,因此可以由对这些植入的已知故障一无所知的测试专业小组进行测试。此外,这种对播种故障的抽样方法具有"捕获—再捕获"的特点,因此,需要消耗许多时间在发现和修改播种故障上。若还希望使植入的故障有利于精确地推测原有的故障数,则需要使用 Hyman 分别测试法。

(3)Hyman 分别测试法。这是对植入故障法的一种补充。由两个测试员同时互相独立地测试同一程序的两个副本,用 t 表示测试时间(月),记 $t = 0$ 时,程

序中原有故障总数是 B_0; $t = t_1$ 时, 测试员甲发现的故障总数是 B_1; 测试员乙发现的故障总数是 B_2; 其中两人发现的相同故障数目是 b_c; 两人发现的不同故障数目是 b_i。在大程序测试时, 前几个月发现的错误在总的错误中具有代表性, 两个测试员测试的结果比较应当比较接近, b_i 不是很大。这时有

$$B_0 = \frac{B_1 \cdot B_2}{b_c}$$

如果 b_i 比较显著, 应当每隔一段时间, 由两个测试员再进行分别测试, 分析测试结果, 估算 B_0。如果 b_i 减小, 或几次估算值的结果相差不大, 则可用 B_0 作为程序中原有错误总数 E_T 的估算值。

12.6 软件可靠性工程管理

12.6.1 知识领域定义

软件可靠性工程管理是软件可靠性保证的重要手段。软件可靠性工程管理是以保证和改进软件可靠性为目的的, 按照工程化管理的思想, 将工程化管理的要求和要素同软件可靠性相结合并具体化, 在软件生存周期过程中所开展的组织、计划、协调和监督等活动。军方软件可靠性管理机构应在软件生存周期内制定软件可靠性实施计划, 并对软件可靠性进行评审:

软件可靠性工程管理知识领域主要包括[72]: 范围和定义、软件可靠性工程化管理、与软件工程管理和项目管理的关系、与相关知识领域和标准的关系及其管理度量等方面。

12.6.2 可靠性计划

软件产品可靠性工作计划是为落实软件可靠性计划规定的目标和任务而制定的实施计划, 是可靠性工作策划的输出。软件可靠性工作计划对目标和任务进行分解, 规定可靠性活动组织实施的时机和人员以及开始条件、结束标志等, 测算实施每个工作项目所需的资源。此外, 还应在软件可靠性计划中明确检查点、评审点、测试点等, 以实现对计划执行情况的监控。

软件产品可靠性工作计划的主要内容包括[72]:

(1) 组织机构、人员及其职责和权限。

(2) 定性、定量的可靠性目标。

(3) 各项任务实施的进度表或网络图。

(4) 对资源的配置要求。

（5）可靠性估计和验证所用的判据和条件。

（6）软件重用及标准化要求。

（7）评审要求与计划。

（8）文档编制要求。

（9）培训及支持保证计划。

（10）测试计划与配置管理计划。

（11）计划实施过程中的监控要求、内容和方法。

12.6.3 可靠性评审

软件可靠性评审是改进和提高软件可靠性的一种行之有效的办法,通过评审,找出软件需求分析、软件设计等过程中及其相关文档中的错误与缺陷以及潜在的问题,采取改进措施,从而确保软件的可靠性满足分配需求的规定。

根据软件的可靠性、安全性关键程度等级以及软件的规模等,可对软件实施分级评审和管理。推荐组织实施评审的方法如表 12-4 所列。

表 12-4　按照安全关键等级的军用软件可靠性评审管理推荐办法

评审点	评审方式	软件安全关键等级			
		A/Ⅰ	B/Ⅱ	C/Ⅲ	D/Ⅳ
给定需求	正式评审	√	√	√	√
软件需求分析	内部评审	√	√	√	√
	正式评审	√	√	√	△
概要设计	内部评审	√	√	√	△
详细设计	内部评审	√	√	△	△
	正式评审	√	√	△	/
单元测试	内部评审	√	√	△	/
软部件测试	内部评审	√	√	△	/
配置项测试	内部评审	√	√	△	△
确认测试	内部评审	√	√	√	√
	正式评审	√	√	△	△
系统测试	内部评审	√	√	√	√
	正式评审	√	√	△	△

注:√表示必须的评审;△表示视情况选择的评审;/表示不需要的评审;软件安全关键等级分级可参照第 13 章表 13-1

正式评审是军方软件可靠性管理机构相关人员必须参加的。内部评审由承制方厂级质量管理部门组织实施,并将相应评审结果以文档方式保存,报军方软件可靠性管理机构备案。

12.6.4　软件生存周期可靠性管理活动

软件可靠性管理是对软件生存期各个阶段中的软件可靠性工程活动进行规划和控制。1992 年,AT&T Bell 实验室定义了一个最佳的 SRE 大纲中应包括的软件可靠性工程活动[69]。

1. 需求阶段

该工程阶段的工作重点是确定产品的可靠性需求,具体内容包括:

(1) 确定功能剖面。

(2) 定义并划分失效等级。

(3) 确定用户的可靠性需求。

(4) 进行权衡研究。

(5) 确定可靠性目标值。

2. 设计和实现阶段

该工程阶段的工作重点是开发满足可靠性要求的产品,具体内容包括:

(1) 分配组件的可靠性。

(2) 管理产品使其满足可靠性目标。

(3) 基于功能剖面分配资源。

(4) 管理缺陷的引入和传播。

(5) 测量重用软件的可靠性。

3. 测试阶段

该工程阶段的工作重点是测试并确认软件使其满足软件可靠性目标值,具体内容包括:

(1) 确定运行剖面。

(2) 进行可靠性增长测试。

(3) 跟踪测试进程。

(4) 预计还要进行的测试量。

(5) 验证可靠性目标值是否满足要求。

4. 交付后和使用维护阶段

该工程阶段的工作重点是持续进行可靠性管理,具体内容包括:

(1) 预计售后人员的需求量。

(2) 监控现场使用可靠性,并和目标值进行比较。

（3）跟踪用户的可靠性满意程度。

（4）安排引入新的软件特性。

（5）指导软件产品和过程的改进。

利用此阶段收集到的信息可以改进影响可靠性的开发过程,改进后续的产品版本或新的产品的可靠性。

第 13 章　军用软件安全性工程

军用软件由于其用途和使用环境的特殊性,大多为使命关键软件(Mission-Critical Software,MCS)或安全关键软件(Safety-Critical Software,SCS),它一旦失控、失效或失密,将导致武器系统处于高危状态,产生严重后果。因此,军用软件的安全性与一般商用软件相比,有着更加严格的要求。然而,事与愿违,软件存在的缺陷和脆弱性与军用软件的高安全性、高可靠性之间的矛盾在实际中普遍存在,因为软件质量问题引发的军用装备安全事故时常发生,军用软件的安全性正成为各国军方关注的焦点和研究机构研究的热点问题之一。在我国,随着新型武器装备的功能日趋完善,软件安全问题也越来越突出,正在越来越多地危及装备使用安全,因此切实保证软件的安全性具有重要意义。本章主要讲述了军用软件安全问题的认识,军用软件安全性的概念,军用软件安全开发生存周期,军用软件安全性设计方法,军用软件安全性分析测试方法等内容。

13.1　军用软件安全概述

13.1.1　安全性问题的由来

在过去很长一段时间内,人们并未认识和重视软件具有触发危险事故的能力,甚至有些人还认为“软件不会造成危险”,就连在 1983 年 IEEE 制定的软件工程术语中都没有出现软件安全性这个条目。虽然软件代码本身不会造成损害,但是当软件用于过程监测和实时控制时,软件的错误可以通过软硬件接口使得硬件发生误动作或失效,从而造成严重的安全事故[81]。

近年来,软件在高新武器装备中的比重和地位不断快速上升,由于软件故障导致的装备安全性问题也呈现出增加态势,惨痛严重的教训不胜枚举。不断发生的软件失效和事故使人们逐渐意识到:当相应软件复杂到一定程度后,常规的软件工程方法和评测手段并不能完全解决软件安全性设计的深层次问题,某些错误可能隐存并在特定的环境下运行时带来危害。例如,1991 年海湾战争,由于软件系统未能及时消除计时累积误差,导致“爱国者”导弹误伤盟军的惨痛事故。在英阿马岛战争中,英军"谢菲尔德"号驱逐舰指控系统软件误将飞鱼式导弹列为"友方"导弹,而阿方也使用了同类型导弹,由于软件敌我识别错误,导致英舰被击沉。美第四代战斗机 F/A-22 航电系统飞行试验时间占总时间的 2/3,但由于航电系统的软件可靠性和安全性问题,导致该飞机试飞进度拖后近一年,其中还发生了多起事故。

软件的安全性问题具有较为特殊的属性,因此软件系统的安全性需要通过专业技术予以保证。特别地,对于安全关键程序,甚至它的执行时间和占用内存都必须完全界定。以上这些因素都催发了软件安全性技术的发展。

在国外,系统安全性的概念早在 20 世纪 40 年代就已经被引入,但是直到 20 世纪 80 年代软件系统的安全性才逐步被人们所关注。1984 年,美军发布的 MIL-STD－882B《系统安全性大纲》中将软件安全性作为单独的一章,增加了软件危险分析的工作项目系列,并用相当大的篇幅描述了有关工程和管理规定。后续改进推出的 882C、882D 标准不断体现了当时的软件和硬件安全性的进展,目前 MIL-STD－882 系列标准仍旧是美军用和民用的系统安全性基础文件,而这一系列标准正朝着性能规范转化。

性能规范,就是以软件性能为出发点和落脚点的规范。美军用标准改革前的军用规范是一种非常详尽的规范。它对产品的性能、设计、检验等各个方面,均做出详细的规定。而性能规范只关注产品性能的起点和归宿。它重点回答两个问题:"需要什么样的产品?"以及"如何确定产品是否可以接受?"。与详细规范相比,两者的主要区别在于详细规范规定"如何做",而性能规范则不规定"如何做",并将它留给承包商去完成。性能规范的实质是一种"管住两头,放开中间"的规范,它利于发挥开发者的创造性,吸纳新技术。美军 882C 到 882D 的演变,标准内容从 119 页压缩到 31 页,就体现了这一趋势。

经过 20 年的应用实践,到了 2004 年美国航宇局又以 MIL-STD－882B 为主要参照,专门制定了 NASA-STD－8719.13B《软件安全性标准》和 NASA-GB-8719.13《NASA 软件安全性指南》两个软件安全性的标准,规定了在其开发生存周期各阶段的安全性要求,从技术和管理两方面确保将安全性设计到软件中去。《软件安全性标准》侧重在规定软件安全性的要求,主要规定软件安全性任务。而《NASA 软件安全性指南》则详细说明并推荐如何实现规定的安全性要求,同时包含管理和技术方面的内容,相继推出一些重要的形式化安全方法,如 SFMEA(Soft Failure Modes and Effects Analysis)以及 SFTA(Soft Fault Tree Analysis)。可以说这两个标准全面总结了到目前为止人们在软件安全性方面的理论研究和工程实践。

我国在 20 世纪 90 年代初开始对系统安全性进行研究,编制了 GJB 900—

1990《系统安全性通用大纲》,把软件安全性分析列为系统安全性分析的重要工作内容,对安全关键软件,要求在软件开发中的各个阶段进行有关的软件危险分析。随着航空、航天领域自主研发能力的提高,大大地推动了对系统安全性和软件安全性技术应用的需求。在基础研究方面,已组织开展了有关软件安全性工程方面的技术和工具的研究,编写了软件可靠性和安全性的专著;在标准方面,结合工程需要研究了一些实用技术和方法,制定了 GJB/Z 102—97《软件可靠性和安全性设计准则》和 GJB/Z 142—2004《军用软件安全性分析指南》,初步规范了软件安全性方面的工作。GJB/Z 157—2011《军用软件安全保证指南》规定了获取安全保证的一般过程和对安全保证过程的技术要求。但是,这些标准多集中在软件安全性设计、评估等方面,如何进行软件安全性工程管理尚处于研究发展阶段。

13.1.2 军用软件安全性的定义

安全性是一个系统的概念,它反映的是系统不出现事故的一种能力。软件作为系统的一个重要子系统,其安全性能则体现在不引发系统事故的能力上。

根据美军标 MIL-STD – 882D 的定义[85],安全性包含:① 避免可能引起死亡、伤害或职业病;② 避免对设备或财产造成损坏或损失。因此,软件的安全性就是软件能够保证不导致上面两种情况的属性。

在我国,GJB/Z 102—97《软件可靠性和安全性设计准则》中定义的软件安全性是"软件运行不引起系统事故的能力"。GJB/Z 142—2004《军用软件安全性分析指南》中定义的软件安全性为"软件具有的不导致事故发生的能力"。确切地说,军用软件安全性指的是软件的功能安全性,考虑的是软件本身运行失败对其周围环境、人、财产的损害程度,是软件的一种内在属性,可采用系统化、规范化、数量化的方法来指导构建安全的软件。按照该定义,软件的安全性可通过建立在可靠性理论基础上的安全度、失效度、软件事故率、平均事故间隔时间等来度量。

但是,上面这样的一种描述并没有反映出人们对事故后果严重性的态度,因此从风险分析的角度来看,软件安全则是关于如何理解软件所引起的安全风险以及如何管理这些风险的学科。根据 ISO-8402 的定义,软件安全性又可定义为"使伤害或损害的风险限制在可接受的水平内"。在软件安全中,危险(Hazard)是一个专门的术语,指导致或可能引起一个失误(Mishap)的已存在或潜在的条件。失误可认为是由任意可能组合的一系列的并发的相关事件。在满足危险发生条件的情况下,这一系列事件的发生会导致系统失去控制并产生损失。

承制方应进行必要的安全性分析,以确保软件需求,设计和操作规程能把执行任务时的潜在危险情况减小到最小。任何潜在的危险情况或操作规程均应清楚地标识,并编制相应文档。军用软件按其安全性关键程度可划分为四个等级,如表 13-1 所列。对于安全关键程度为 A 级和 B 级的软件,必须进行安全性设计。

表 13-1　软件安全关键等级分级

软件关键等级	软件失效的危害严重等级	软件失效的危害
A	Ⅰ(灾难)	软件的故障将导致系统出现灾难性后果
B	Ⅱ(严重)	软件的故障将导致系统出现危险性后果
C	Ⅲ(轻度)	软件的故障将导致系统错误
D	Ⅳ(轻微)	软件的故障不影响系统完成规定的任务

13.1.3　军用软件安全性的内涵

军用软件的安全性包括两个方面的内容[83]:自动化信息系统软件的信息保密安全性(Software Security)和武器系统软件的安全性(Software Safety)。前者也被称作软件保密安全性,它主要涉及软件、数据和信息的保密和安全问题,表现的是系统的一种外部行为能力,着眼于有意和恶意的攻击,重点考虑对国家或军事机密的破坏。通常,民用软件中安全性的概念就是保密安全性,国内一些文献中将 Security 翻译为安全性是不够严谨的,应该称为保密性或保密安全性更为妥当。后者也被称作软件失效安全性,正如 13.1.2 节所述,它涉及到系统内部的特征,着重于自然的、有意或无意的行为,主要考虑对生命、财产、装备或环境的破坏。特别是对于高技术装备、军用装备中各种安全关键软件,软件失效安全性容不得半点差错,必须予以高度重视。

学术界多研究软件的保密安全性,而对于军用软件而言,两种安全性都应备受关注。通常,对自动化信息系统软件和信息战装备软件侧重保密安全性,对武器系统软件则侧重防危险性的安全性。如果把系统对访问权限控制、数据保密、恶意入侵等方面的管理失效看作是系统事故或危险,那么保密性目标也可看作是安全性目标的一个子集。

13.1.4　军用软件安全性故障分类

(1) 影响军用软件保密安全性的故障可以分为以下几类[89]:

① 数据信息安全,包括支持数据库安全、用户权限控制与认证安全、数据传输安全等。

② 软件运行安全,包括软件输入数据安全、SQL 注入攻击、访问权限窃取、缓冲区溢出、内存访问控制安全等。

③ 软件自身安全,包括防盗版、防反编译、加密解密保护等。

(2) 影响军用软件失效安全性的故障可以分为以下几类[83]:

① 结构性故障,包括分支性和循环性两种。分支性故障包括无用的编码、编码中无法达到的分支。循环性故障主要指的是死循环。

② 算术性故障,包括混合模式算术错误和测量、计算时错误两种。前者主要指非法类型转换错误,而测量、计算时错误具体表现为除数为零、负数开方、上溢下溢错误等。

③ 数据性故障,例如不正确地显示和诊断信息。

④ 编码性故障,例如没有定义的变量、冲突的软件函数包、变量限制等。

⑤ 功能性故障,例如请求违规。

⑥ 集成性故障,例如对系统硬件不起作用的软件、中断冲突、与硬件关联的定时或计时问题。

13.1.5 安全性与可靠性的区别

软件的安全性与可靠性在设计中有许多相同的方法和基本要求,安全性与可靠性之间的确存在密不可分的关联,致使很多人将两者混为一谈。实际上,安全性和可靠性既有联系又有区别[82]。

1. 目标侧重点不同

软件可靠性指的是软件在规定条件下,在规定的时间内完成规定功能的能力,它主要考虑的是避免软件失效。而软件的安全性考虑的是避免或减小与软件相关的危险条件的发生。所以,可靠性要求的是使系统无故障,而安全性需求指的是系统无事故。故障和危险有时是等同的,如致命性故障就是一种危险。因此,并非所有的软件错误都会引起安全性问题,同样也不能认为按照规定功能运行的软件都是安全的,有些事故就是在软件没有出现失效的情况下发生的危险。

2. 涉及范围交叉

当软件存在设计缺陷时,在外部输入导致软件执行到有缺陷的路径时就会导致失效。软件可靠性关注的是与软件失效相关的设计缺陷,以及导致失效发生的外部条件。由于只有部分软件失效可能导致系统进入危险状态,所以软件的安全性只关注那些导致危险条件发生的失效,以及与该类失效相关的设计缺陷和外部输入条件。这时,软件故障后果会导致系统不安全,软件可靠性问题就转换成了软件安全性问题。

3. 危险情况分析不同

硬件失效以及用户误操作等也可以影响软件的正常运行,从而导致系统进入危险的状态。因此,进行软件安全性设计时必须对这种危险情况进行分析。而软件可靠性仅针对系统要求与约束进行设计,考虑的是常规的容错需求,并不需要进行专门的危险分析。

4. 特殊失效条件

在复杂系统运行条件下,有时尽管软硬件均为失效,但两者的相互作用在特殊条件下仍会导致系统进入危险状态,这也是软件安全性设计考虑的重点内容之一,但软件的可靠性并不考虑这类特殊条件。

一般来说,软件可靠性和软件安全性的目标是一致的。通常,一个可靠度高的系统,其安全度相对较高;反之,一个安全度高的系统必具备较高的可靠度。

13.2 安全软件开发生存周期

安全软件的开发生存周期(Secure Software Development Lifecycle,SSDL),是指通过软件开发的各个步骤来确保软件的安全性,其目标就是得到安全的软件。无论采用何种软件开发周期模型,安全都应该与其紧密关联和结合。

13.2.1 传统安全软件开发生存周期

安全软件开发生存周期通常由五个部分组成[79]。

1. 安全原则及章程

安全原则及章程通常被视为保护性需求。该阶段应创建一份系统范围内的规范,并规定所有将应用到本系统的安全需求,此规范也可以通过特定的官方规章、相关标准或安全策略来定义。

2. 安全需求工程

这里的安全需求工程是针对某一软件系统特定功能应满足的特殊安全需求,这些安全需求虽有别于上面涉及的系统范围的安全规范和安全策略,但也应在项目时开始通过文档的形式定义下来。传统的软件工程需求分析主要是从功能角度来分析软件系统应该具备哪些功能,而安全需求则规定软件系统不应以何种方式来处理某项功能。需求一般包括:① 应该避免的缺陷和错误;② 安全需求处理点的关联处理。

3. 架构和设计的安全性评审、威胁建模

安全分析人员应尽早评审软件的架构和设计,可有效避免形成有安全缺陷

的体系结构和设计。为了避免设计漏洞,即在软件系统分析和设计阶段就应考虑遗漏对安全的威胁,通过进行威胁建模有利于及早发现安全问题。

4. 软件安全编码

软件编码人员可采用以下方式来提高软件的整体安全性:① 遵照软件安全编码原则;② 使用安全分析工具,例如,静态源代码分析工具可以自动发现一些潜在的源代码安全缺陷,并加以警告。

5. 软件安全测试、判定可利用性

软件安全测试主要包括白箱/黑箱/灰箱测试、软件渗透测试以及基于风险的测试方法,对测试出的安全漏洞或者在开发结束新公布的软件漏洞进行分析,判定这些漏洞是否构成威胁,是否危急系统安全。

13.2.2 其他安全软件开发生存周期模型

其他与安全联系较为紧密的软件开发生存周期模型包括:

(1)微软可信计算软件开发生存周期(Trustworthy Computing Software Development Lifecycle)。

(2)安全软件开发的团队软件过程(Team Software Process for Secure Software Development,TSP-Secure)。

(3)安全软件开发的敏捷模型(Agile Methods)。

1. 微软可信计算软件开发生存周期

在微软公司的软件开发活动中,对于每一个过程的相应阶段中,均增加了一系列以安全为重点的活动和提交报告。微软通过利用安全衡量指标,以及微软核心安全团队的安全专业知识来对软件开发人员进行强制性的安全培训,实践表明:利用这样的安全开发生存周期过程 SDL,设计生产的软件产品的安全性得到大幅度提升。

SDL 主要包括:

(1)在需求分析阶段,对安全功能的要求和可信行为的确切定义。

(2)在软件设计阶段,对安全风险识别的威胁建模;在代码实现阶段,静态分析、代码扫描工具和代码审核工具的使用;以及以安全为核心的测试。

(3)在审查阶段,一个额外的安全举动包括最终的代码审查和历史代码的审查。

(4)在发布阶段,最后的安全检查是由微软核心安全小组完成。该小组由安全专家组成,在整个软件开发周期中都可以参与产品的开发。

SDL 过程主要分为以下 13 个阶段,如表 13-2 所列。需要指出,实施中必须使用一种组织的方法,才能使 SDL 被有效采用并发挥实质作用。

表 13 – 2　微软可信计算软件开发生存周期的各主要阶段

SDL 的 13 个阶段	
Stage1：教育和意识	Stage8：安全测试策略
Stage2：项目启动	Stage9：安全推动
Stage3：定义最佳实践	Stage10：最终安全审查
Stage4：产品风险评估	Stage11：安全响应计划
Stage5：风险分析	Stage12：产品发布
Stage6：创建安全文件、工具以及为客户提供最佳实践	Stage13：安全响应执行
Stage7：安全编码策略	

2. 安全软件开发的团队软件过程

安全软件开发的团队软件过程是由美国卡内基·梅隆大学软件工程研究院提出的,它是一组进程的集合,为团体和个人的软件工程提供了一个可执行框架,并通过三个层面来描述安全软件开发:① 明确的软件安全计划,建立具有自我导向、自我负责的开发团队;② 在整个产品的开发生存周期中,统筹管理软件质量;③ 对开发人员安全意识的训练。通过 TSP 产生的软件比起根据现有方法产生的软件要少一个或者两个数量级的缺陷数目。那就是说,比起现有的每千行代码中存在 12 个缺陷,TSP 方法的软件只有 0 ~ 0.1 个缺陷。

初始计划通过一系列项目启动会议执行,通常是由一个训练有素的团队管理者领导。安全开发团队必须对工作的安全目标和执行方法达到一致共同的认识,并制定可用于指导实践工作的详细计划。该计划中典型的任务包括确定安全风险、定义安全要求、安全设计和代码审查、静态分析工具的应用、安全测试等。其质量管理策略的核心就在于:在软件开发生存周期中,尽可能地多去除软件缺陷。每个去除缺陷的活动就像是一个过滤器。去除缺陷的过滤器越多,那么软件产品中剩余的可能导致软件漏洞的缺陷则会越少。更为重要的是,早期测量到的缺陷,能够使组织在软件开发生存周期的早期采取纠正措施,做到防患于未然。

3. 安全敏捷开发方法

近年来,软件工程领域的一系列敏捷开发方法已经得到人们的认可。这些方法符合敏捷宣言。敏捷宣言认为,通过敏捷开发,发现了更好的开发软件的方法,并已经开始在一些方面达到共识:如个体和交互胜过有效的工具;可以工作的软件胜过面面俱到的文档;客户合作优于合同谈判;响应变化胜过遵循计划等。

个体的敏捷开发包括熟知的极限编程、精益软件开发、特征驱动开发以及动态系统开发方法等。这些方法都遵循着某些共同的原则,例如短期开发迭代、新兴的设计和架构、集体代码所有权、提倡代码等同文档的思想,以及逐步建立测试用例等。应当指出,其中有些做法是与安全的 SDLC 过程有直接冲突的。比如,一个基于安全设计原则的设计,要在一个威胁建模的预先活动中识别安全风险,是安全的 SDLC 进程的一个重要组成部分,但是它和敏捷开发中的设计原则相悖。通过建立敏捷安全保障机制,可以将安全保证活动纳入到敏捷开发方法中,而这也是一项值得深入研究的课题。

此外,软件可信成熟度模型、软件安全框架以及 BSI 成熟模型也是新近提出的安全软件开发生存周期模型,对这方面研究感兴趣的读者可以继续参考相关文献[79,87,88]。

13.2.3　军用软件安全性研制过程

军用软件安全性研制过程主要包括安全性分析、安全性设计和安全性测试三个步骤。

1. 软件安全性分析

软件安全性分析是软件需求分析的一个重要组成部分,其目的是力求找出软件的全部风险因素,再采取针对性措施,为软件安全性设计和测试建立良好基础。

根据 GJB/Z142—2004《军用软件安全性分析指南》,软件安全性分析工作项目包括以下七个方面的内容:

(1) 软件需求安全性分析。对分配给软件的系统级安全性需求进行分析,规定软件的安全性需求,保证规定必要的软件安全功能和软件安全完整性。

(2) 软件结构安全性分析。将全部软件安全性需求综合到软件的体系结构设计中,确定结构中与安全性相关的部分,并评价结构设计的安全性,以保证软件安全功能的安全完整性。

(3) 软件支持工具和编程语言安全性分析。在安全相关软件的开发过程中,应选择合适的设计、编码、评价和修改的软件支持工具。该项分析可独立于软件项目进行,最迟在软件编码之前完成。

(4) 软件详细设计安全性分析。分析软件的设计和实现是否能以相应的软件安全完整级别满足软件安全性需求,设计和需求应是可分析和验证的,并能安全地修改。

(5) 软件编码安全性分析。分析软件的实现是否能以相应的软件安全完整性级别满足软件安全性需求,实现代码应是可分析和可验证的,并能安全地修改。

（6）软件测试安全性分析。安全性测试包括测试有效性分析和测试结构评估,是保证软件安全性的重要手段。根据要求的软件安全功能和软件安全完整性级别,可保证通过测试检验达到软件安全性需求。

（7）软件变更安全性分析。分析对软件进行改正、增强或改写时是否能保持要求的软件安全完整性级别,包括变更原因分析、变更影响分析和变更结果分析。

2. 软件安全性设计

软件安全性设计是软件总体设计和详细设计的重要组成部分,其目的是在安全性分析的基础上采用装备安全性设计方法来提高软件的安全性。在下一节将详细阐述结构化设计、容错设计、冗余设计以及软件保护等典型的软件安全性设计方法[90]。

3. 软件安全性测试

软件安全性测试应尽可能在符合实际使用的条件下进行,用于检验软件中已存在的安全性、安全保密性措施是否有效。确认(Validation)是指对软件进行评价,以确定其是否符合规定要求的过程。软件安全性测试首先要确认软件是否完成了预期的功能,即是否实现了需求;验证(Verification)是指评定软件开发活动的产品与作为输入提供给该活动的产品及标准是否正确和一致的过程。软件安全性测试同时也要验证软件是否以正确的方式完成了该项功能,即是否正确地实现了需求。传统的测试是一种事后行为,以验证功能需求为主;软件安全测试则与后者紧密相连,需要验证安全需求和测试安全隐患。

因此,软件安全性测试不同于传统测试类型,二者之间最大的区别在于安全性测试强调软件不应当做什么,而不是软件要做什么,测试的重点包括异常条件下安全性关键部件的处理、异常及非法数据的处理和非法操作的处理等。软件嵌入装备后,还应对软件与设备之间的接口进行安全性测试,即检查软件设备接口中可能存在的安全性问题[90]。

13.3　军用软件安全性设计方法

13.3.1　结构化设计

结构化设计的目的是建立一个结构良好的程序结构,即将软件设计成由相对独立、功能单一的模块组成的系统,使模块之间的耦合度最弱,内聚度最高。结构化设计既是一种设计思想,也是一种设计方法,更是提高软件安全性的基础。结构化良好的软件有利于识别安全性关键部件、数据和接口,易于进行安全性测试,同时能显著减少软件缺陷,提高软件的可靠性和可维护性。

结构化设计应遵循的主要原则包括:

(1)模块功能最小化。每个模块只实现一个特定的功能,并且每个模块只包含实现此功能的各项任务的最小子集。

(2)模块独立。模块应具有高内聚度、低耦合度。模块的耦合方式尽量使用数据耦合,而不用或少用控制耦合;将可能发生变化和修改的因素尽量限制在某个模块内部;限制模块间传递参数的个数;采用模块调用的方式,而不直接访问模块内部信息。

(3)树状的程序结构。程序结构采用自顶向下、逐步细化的设计思路,在逻辑上构成分层次的树状结构;应使高层模块具有较高的扇出,同时低层模块具有较高的扇入。

(4)缩小模块规模。对每个模块内包含的可执行语句数应加以合理限制。

(5)限制模块调用关系和出入口。模块通信只限于上下级之间;必须通过上级模块与同级模块发生联系;每个模块必须有唯一的出口和唯一的入口。

13.3.2 容错设计

容错设计是提高软件安全性的关键,主要应用于关键性部件处于异常状态、关键数据超过正常值域、内外接口输入输出数据异常、用户异常操纵等情况的处理。

1. 容错编码设计

硬件一般都具有防震动及电磁兼容性设计措施,在设计软件时要使得在出现这些干扰时,系统仍能安全运行。为消除由于震动和强电磁可能对军用软件数据的影响,对一些重要的状态条件判断字和启动、关闭命令字等关键变量,不能使用单一的0、1或某个特定值来加以判定,而应以特定的编码形式来进行。编码的自检和纠错能力采用 Hamming 距离来度量,特别对于关键变量应尽量增加两种状态码之间的 Hamming 距离。

2. 数据容错设计

数据异常分两类:一是使处理器溢出,二是超越了数据本身的物理实际意义。前者如除数为0、对负数求平方根;后者如飞行相对高度为负数等。数据容错设计的目的是:当关键数据溢出其值域或产生异常时对其进行处理,保证软件系统继续运行。这也是很多军用软件在设计中最容易忽略的问题。

对于第一类异常,在软件设计和编码中应进行特殊处理或在进行可能溢出的运算前对操作数进行值域判断。对于第二类异常,应根据软件系统的需求和功能对数据的要求加以默认值处理。

3. 动态检错设计

在软件中插入检错程序,在运行过程中动态地,即定周期或定点地对软件安全性分析出的关键信息(数值)和系统的各种关键状态进行合理性、逻辑性检查和再确认,目的是及时发现错误和确定出错部件。例如,在某些实时操作系统中,看门狗定时器就是一种通过检查软件的时间特性的动态检错方法。

4. 防错误操作设计

军用软件一般通过人机界面供操作员输入指令或数据。软件应判断操作人员的指令输入正确与否。在遇到不正确操作时拒绝执行该操作命令,同时提醒操作人员操作有误,指出纠正措施。对于操作人员人工输入的任何数据,都应进行有效性及值域判断,对于错误数据应提示操作人员重新输入。

5. 异常错误处理设计

软件运行中发生的错误和异常可分为两类。一类是设计时可预见的,另一类是设计时不可预见的。对于不可预见的异常处理采用冗余设计解决,对于可预见的异常,在设计时就应考虑其恢复措施。通常,异常错误处理设计应与动态检错设计配合使用。

13.3.3　冗余设计

从本质上讲,冗余设计属于容错设计,由于其原理较特殊,故将其单独列出。

1. N – 版本技术

对于一些安全性关键级别较高的软件,如导弹发射程序,根据同一需求说明,编制 N 个不同版本的程序。每一个版本由不同的设计人员在彼此不交流的情况下,采用不同的程序语言、不同的方法设计编写。其设计思想是基于不同的设计人员对同一需求说明的理解未必有相同的错误,不同的设计技术编制的程序,其错误是相互独立的。软件运行时,将 N 个版本的软件置于相同条件下,同时投入运行,并将它们的结果进行多数表决处理以决定最终输出,从而屏蔽掉错误,达到提高安全性的目的。已有的工程实践表明,N 版本系统的可靠性和安全性比单版本系统高一个数量级。该方法的缺点是占用 CPU 资源,运行的程序量大。

2. 恢复块技术

恢复块技术也需要用到 N 个版本的程序,所不同的是每次只投入一个版本运行。由检错程序对运行结果进行检测,如果没有错误就继续执行。一旦发现错误,则自动调入另一版本重新运行,直至有一个版本运行成功为止。如果都不成功,则给出错误信息,并采取措施保持程序继续运行。这种技术的缺点是需要检错程序配合,且检验到何种程度和以多大的频率进行检验具有较强的主观性。

应当指出,这里所说的 N 版本程序,既可以实现同一需求,完成同一功能,也可以在满足基本需求的基础上,降低版本的功能,实现系统的降级运行,以保证系统规避安全事故。

13.3.4 余量设计

余量设计来源于硬件的余度设计思想。在设计软件时,要确定有关软件模块的存储量、输入/输出通道的吞吐能力及处理时间要求,并保证满足系统的余量要求。

13.3.5 软件保护技术

1. 基于介质的保护

基于介质的保护技术是一种防复制技术。其思想是让程序检测载体介质是否为原件。以载体介质软盘为例,则在发布软件时,创建专用的特殊扇区,在执行程序时校验这些扇区。若软件被复制到一个新的软盘中,执行程序会探测到该软盘没有特殊的扇区,从而拒绝运行程序。当载体介质为 CD 时,可以采取类似的 CD 防复制技术,要求正版软件所在的 CD 必须在驱动器中才能使用。

2. 基于序列号的保护

序列号(也叫注册码)方法是目前最常用的软件保护技术。一个简单方法是直接给出一个唯一的序列号,并通过安装程序提示用户输入给定的序列号。这种方法的问题在于合法的序列号可能被共享,导致非法安装。为了解决这个问题,在安装软件时需要用户输入相关信息如用户名、组织名等,并根据 CPU 或主板等硬件信息获取一个唯一的机器标识符,并将用户名和机器标识组合起来生成一个唯一值。这个值通过注册机程序算出对应序列号,保证安装的顺利进行。由于序列号和机器标识符相关,故即使把序列号给其他用户,也不能安装。这种方法的关键在于保护序列号生成算法。

3. 基于硬件的保护

基于硬件的保护技术,其思想是通过添加防篡改的硬件来验证正在运行的软件,如加密狗。加密狗是一块可以连接到计算机的微型芯片。受保护的程序调用设备驱动程序检测计算机是否安装了加密狗,若正确安装方能运行。这种简单方法很容易破解,因为攻击者可以去除或者跳过检测代码,从而能够在没有加密狗的情况下运行。目前,一些加密狗已经内置单片机电路,使得加密狗具有判断、分析的处理能力,这种智能型加密狗增强了主动的反解密能力。

4. 密码处理器

对加密代码的解密操作通常在 CPU 处理,所以解密的密钥和解密后的代码不可能隐藏,故在用户端计算机里配置专用的解密硬件,这种硬件包含隐藏的、无法或者很难获取的密钥。软件供应商发布加密的软件,用户通过内置的硬件进行。这种硬件就是密码处理器(Crypto-Processor),可以实时对加密的运行代码进行解密。基于硬件解密的保护方法的隐患是可能遭受能量分析攻击,即通过分析硬件的能量消耗猜测运算的次数,从而估计出密钥。

5. 数字水印技术

数字水印技术(Digital Watermark)用信号处理的方法在数字化的多媒体数据中嵌入隐蔽的标记,这种标记通常是不可见的,只有通过专用的检测器或阅读器才能提取。数字水印通常用于保护多媒体信息的数字版权,水印信息隐藏在多媒体文件中,不易觉察。隐蔽标识水印的目的是将保密数据的重要标注隐藏起来,限制非法用户对保密数据的使用。

6. 可信计算

可信计算是一项由可信计算组织推动和开发的技术。从技术角度来讲,"可信的"并不代表着对用户而言是值得信赖的。确切的说,它意味着可以充分相信其行为会更全面地遵循设计,而执行设计者和软件编写者所禁止的行为的概率很低。

可信计算通过软硬件结合提供安全的计算,包含密码处理引擎芯片用于维护系统专用的密钥对,私钥隐藏在密码处理引擎中,公钥是公开可得的,供应商使用用户系统的公钥加密,只有用户系统才能解密。这一点类似基于硬件的软件复制保护技术。可信计算中的可信平台提供受保护的分区,在受保护的分区中程序可以安全运行,其他程序无法访问到它的代码和数据。如 Microsoft 的下一代安全计算平台(Next-Generation Secure Computing Base,NGSCB),与 NGSCB 支持硬件相配合,未来的操作系统支持 Nexus 执行模式,即系统支持受保护内存,它是物理内存的一个特殊区域,只有特定的进程才能访问该内存。

13.3.6 伦理准则

以上讨论的都属于技术或管理方面的问题。鉴于安全事故一旦发生,可能导致生命财产的重大损失,甚至发展成为社会的灾难,因此美国计算机协会和 IEEE 联合,在 2006 年提出了从事安全关键开发过程的全体人员应开遵守的伦理准则。准则包括(但不限于)[98]:

(1)所有参与项目开发的软件工程和管理人员必须对他们的编码和决策承担责任。

（2）软件必须在通过全部规定测试，完全符合安全规范和满足功能要求，不至于影响任何人的生命安全之后，才能批准发放。

（3）保证为所有的终端用户提供项目的全部文档。

（4）在安装产品之前，系统已知的全部风险和危险，已经全部关闭。

（5）对于提出产品安全问题的所有机构和人员，产品生产的公司都应采取合作的态度，包括充分调查对有关产品安全的全部申述。

13.4　军用软件安全性分析测试方法

13.4.1　保密安全性分析测试方法

软件保密安全性分析测试方法可分为安全功能测试和安全漏洞测试[83]。安全功能测试基于软件的安全功能需求说明，测试软件的安全功能是否与安全需求一致，需求实现是否正确完备。软件安全功能需求主要包括数据机密性、完整性、可用性、不可否认性、身份认证、授权、访问控制、审计跟踪、委托、隐私保护、安全管理等。安全漏洞测试则从攻击者的角度，以发现软件的安全漏洞为目的。安全漏洞是指系统在设计、实现、操作和管理上存在的可被利用的缺陷和弱点。漏洞被利用可能造成软件受到攻击，使软件进入不安全的状态，安全漏洞测试就是识别软件的安全漏洞。

软件安全测试技术的主要作用就是检测、分析软件或软件设计中存在的安全缺陷问题，从而指导软件进行安全性能改善。在安全测试的过程中需要解决两个问题：一方面，软件安全缺陷与隐患的表示即软件安全建模；另一方面，软件安全缺陷与隐患的检测即基于该建模技术的安全检测。

同其他测试类型相比，软件安全性测试有其自身的特殊性，安全性相关缺陷不同于一般的软件缺陷。一个很难发现的软件安全漏洞可能导致大量用户受到影响，而一个很难发现的软件缺陷可能只影响很少一部分用户。常见的安全缺陷和攻击类型有缓冲区溢出、特权提升、加密弱点、共享数据、配置文件和数据、脚本处理、网络协议缺陷、编程接口缺陷、伪装攻击和木马攻击等，可以按照常见的安全缺陷建立安全缺陷模型。非安全性缺陷常常是违反规约的，即软件应当做 A，它却做了 B。安全性缺陷常常由软件的副作用引起，即软件应当做 A，但它做了 A 的同时，又做了 B。

因此，对于这类安全缺陷测试的核心思想是：被测试程序都会执行一些与安全相关的操作，而安全属性则定义了这些操作的顺序，违背该顺序的操作序列可能导致潜在的安全漏洞。软件安全检验的目的就是验证程序是否很好地满足了安全属性。问题的关键在于如何以恰当的形式来定义和描述安全属性,使得其便于验证。

对安全缺陷建模是非常重要的,目前主要的安全检测方法包括形式化安全测试、基于模型的安全功能测试、语法测试、基于故障注入的安全性测试、模糊测试以及基于属性的测试等方法。常用的基于安全缺陷模型的软件测试模型有有限状态机、UML 模型、马尔可夫链等[79,83]。

1. 基于模型的安全功能测试

基于模型的安全功能测试方法,其主要思路是利用 SCR-Modeling 工具对软件的安全功能需求进行建模,使用表单方式设计软件的安全功能行为模型,将表单模型转换为测试规格说明模型,利用 T-VEC 工具生成测试向量,开发测试驱动模式和目标测试环境的对象映射,将测试向量输入测试驱动模式执行测试。这种方法是一种普通的安全功能测试方法,其适用范围取决于安全功能的建模能力。

2. 模糊测试

模糊测试本质上是一种黑箱测试。它是在软件测试中,强制应用程序适用破坏的数据并观察结果的一种测试方法。不够健壮的代码在处理这些数据时,尤其当没有检查数据的正确性和完整性时,会出现崩溃现象。而拥有良好的编码的程序则不会出现这种现象。

模糊测试的用例通常是带有攻击性的畸形数据,用来测试是否可能触发各种类型的漏洞。模糊测试的优点是可以快速找到真正的漏洞,操作简便,很少出现误报;缺点是可能存在漏报。表 13 - 3 给出了微软公司的模糊测试的几种不同种类。

表 13 - 3　模糊测试的分类方法

模糊测试类别	定　义
Dumb 模糊测试	不考虑数据结构的随机破坏数据
Smart 模糊测试	考虑数据结构的破坏数据包,同时考虑编码方法以及数据块间的关系
黑盒模糊测试	发送畸形数据,没有验证代码路径是否满足
白盒模糊测试	发送畸形数据,验证目标代码路径已经满足
Generation	自动产生模糊测试数据,并不基于任何先前输入
Mutation	根据缺陷模式,通过破坏有效的数据来产生模糊测试数据
变异模板	使用变异模板作为输入,产生模糊缓冲池并发送给测试软件

3. 软件渗透测试

渗透测试是从攻击的角度测试软件系统是否安全,其价值在于可以测试软件发布到实际系统中的安全状况。由于是在最终产品环境中进行测试,故可以用于挖掘配置问题和其他对软件安全影响较大的环境因素。渗透测试可以通过对攻击模式的归纳和整理,设计出对典型攻击模式的测试用例。

渗透测试可以使用静态分析工具,也可以使用动态分析工具。故障注入工具作为一种潜在的安全技术,可以作为渗透测试工具,具有较好的应用前景。攻击者的工具库通常包括反编译器、控制流程和覆盖工具、API SPY32 工具、断点设置和监视程序、用户模式调试器、内核模式调试器、外壳代码等。

4. UML 模型

UML 模型作为事实上的面向对象建模标准语言,统一建模语言在面向对象开发过程中得到广泛应用,出现了大量商品化的支持工具。因此,基于模型的测试也得到了广泛关注。基于模型的测试研究主要集中于状态图,状态图是有限状态机的扩展,强调了对复杂实时系统进行建模,提供了层次状态机的框架,即一个单独状态可以扩展为更低级别的状态机,并提供了并发机制的描述,因此使用状态图对单个类的行为建模。

5. 马尔可夫链模型

马尔可夫链模型是一种以统计理论为基础的统计模型,可以描述软件的使用,在软件统计测试中得到了广泛应用。马尔可夫链实际上是一种迁移具有概率特征的有限状态机,不仅可以根据状态间迁移概率自动产生测试用例,还可以分析测试结果、对软件性能指标和可靠性指标等进行度量。另外,马尔可夫链模型适用于对多种软件进行统计测试,并可以通过仿真得到状态和迁移覆盖的平均期望时间,有利于在开发早期对大规模软件系统进行测试时间和费用的规划。马尔可夫链是统计测试的基本模型,在净室软件工程中得到了深入研究,在微软和美国联邦航空署都得到了成功应用。

6. 面向军用软件的基于软件安全缺陷模型测试

军用软件多面向特定专业应用领域,是信息攻防对抗的焦点,上述缺陷的分类可能不全,检测方法和工具也可能不满足实际需求,所以应研究建立合适的软件安全缺陷测试模型来开展测试。基于模型的安全缺陷通常包含以下几个步骤:

(1)分析理解被测试软件,定义缺陷内容和缺陷类型。

(2)选择或构造合适的测试模型。

(3)生成和执行测试用例。

(4)得到测试数据,确定和排除缺陷。

13.4.2　失效安全性分析测试方法

软件失效安全性分析测试方法大都是从硬件安全性分析中借鉴而来的,主要针对使命关键或安全关键软件,可分为静态分析和动态分析两种类型。基于静态分析的失效安全分析测试包括软件故障树分析法 SFTA、软件失效模式效应及影响分析(SFMECA)和潜通道分析法。基于动态分析的失效安全分析测试包括 Petri 网及其扩展模型分析法。其中,SFTA 和 SFMECA 两种方法得到广泛应用[83,99]。

1. 软件故障树分析法 SFTA

软件故障树分析通常用于安全性要求较高或关键性的软件研制工作中,通过证明软件系统将不完成任何不期望的或意外的功能,其目标就是确定软件系统发生非预期风险事件的可能性。此外,故障树分析法对于软硬件复合的系统安全性分析尤为有效,分析人员可以使用它分析产生安全事故的各种原因,分析系统任何部分发生的失效、分析硬件、软件和操作员的失误,并可以识别潜在的、复杂的失效模式。

软件故障树用以分析不期望事件,事件的前提用布尔符号来连接,分析的执行过程始于不期望事件(顶事件),通过对软件控制流程的分析,可回溯到造成事件发生的基本原因(底事件)。这样,“顶事件”的发生可看作是由若干“底事件”逻辑组合所导致的。因此,SFTA 是用图形模式来解释预先定义事件发生故障的并行和串行的组合。图 13 - 1 给出了某软件系统“文件被破坏”为“顶事

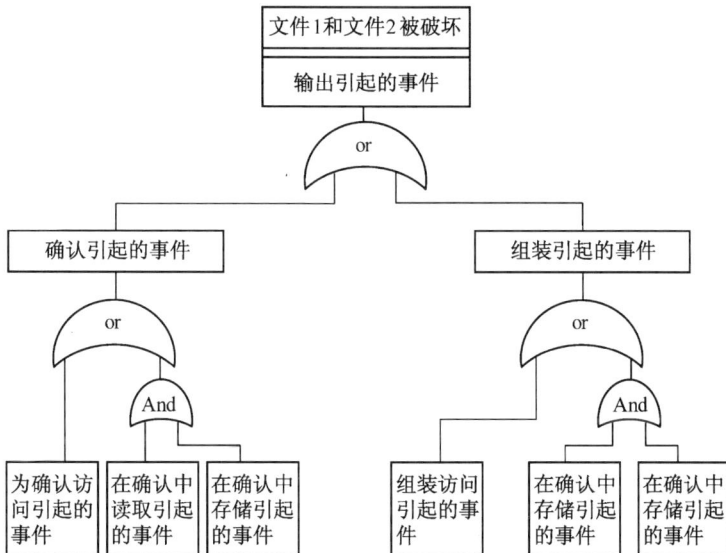

图 13 - 1　故障树图例

件"的故障树图例。

应当指出,在软件生存周期不同阶段,SFTA 发挥作用的层次不同:在软件需求阶段,SFTA 只能深入到功能层,因此软件的功能失效即为底事件;在软件概要设计阶段,SFTA 可以深入到软件部件层,因此软件的部件失效即为底事件;在软件详细设计阶段,SFTA 可以深入到软件单元层,因此软件的单元失效即为底事件。

软件故障树的分析和使用包括割集分析、定量分析和普遍原因分析等,如图 13 - 2 所示。

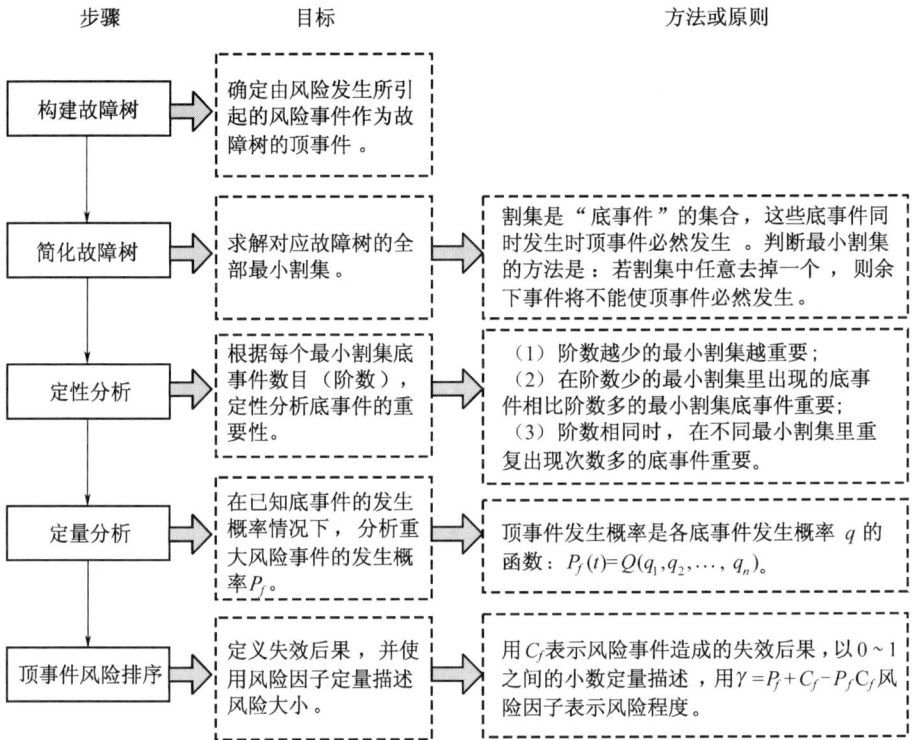

步骤	目标	方法或原则
构建故障树	确定由风险发生所引起的风险事件作为故障树的顶事件。	
简化故障树	求解对应故障树的全部最小割集。	割集是"底事件"的集合,这些底事件同时发生时顶事件必然发生。判断最小割集的方法是:若割集中任意去掉一个,则余下事件将不能使顶事件必然发生。
定性分析	根据每个最小割集底事件数目(阶数),定性分析底事件的重要性。	(1) 阶数越少的最小割集越重要; (2) 在阶数少的最小割集里出现的底事件相比阶数多的最小割集底事件重要; (3) 阶数相同时,在不同最小割集里重复出现次数多的底事件重要。
定量分析	在已知底事件的发生概率情况下,分析重大风险事件的发生概率 P_f。	顶事件发生概率是各底事件发生概率 q 的函数:$P_f(t)=Q(q_1,q_2,\cdots,q_n)$。
顶事件风险排序	定义失效后果,并使用风险因子定量描述风险大小。	用 C_f 表示风险事件造成的失效后果,以 0~1 之间的小数定量描述,用 $\gamma=P_f+C_f-P_fC_f$ 风险因子表示风险程度。

图 13 - 2　软件故障树分析和使用方法

需要注意的是,软件故障树分析法的定量分析能力并不是它最重要的用途。软件故障树分析最重要的意义在于,根据分析的结果可以找出关键性的安全事故发生的原因,可以用于指导软件的安全性设计和测试、确定软件测试的重点和内容,使系统的安全得到更充分的保证。例如,利用软件故障树分析提供的信息,可以用来判断哪些模块是安全关键单元并且确定是否需要进一步采取容错措施;软件故障树分析中揭示的系统失效的条件,可以用来识别系统的不安全状态,决定在什么情况下应该必须采取安全措施。

除此之外,还可以对故障树进行灵敏度分析,找出对顶事件影响最大、最灵敏的底事件。在进行故障树的分析和计算的过程中,必须对软件故障树的各个底事件是否满足统计独立的假定进行论证。只有在进行近似分析时,才能直接采用相互独立的假设。这种做法得出的结果虽然不够准确,但是在比较各种备用方案优劣时,仍可发挥重要作用。

在实际使用中,软件故障树分析法存在某些固有局限性。SFTA 的分析工作相当繁琐费时,实际上不可能在编码的层次对整个系统进行彻底的分析,所以软件故障树分析法一般只限于在程序的安全关键部位使用。抛开这种客观存在的约束,企图将软件故障树分析方法拓展为一般的可靠性分析工具的做法也是不明智的。此外,不能因为应用了软件故障树分析,就在设计中放弃避错、查错措施,软件故障树分析法很难考虑系统的时间效应及环境条件导致的失效,系统的各种接口中的问题,也不能仅仅靠软件故障树分析来解决。因此,在对实时系统进行分析时,应该充分考虑软件故障树分析的这些特点[100]。

2. 软件失效模式及影响分析 SFMECA

软件失效模式及影响分析是一种集危险识别、危险分析和后果分析于一体的分析方法,是一种从底向上的分析方法,属于归纳分析法的范畴。该方法于 20 世纪 80 年代由美国国防部首先应用于安全关键系统,也是软件可靠性分析和评价的有力工具。

SFMECA 分析方法的特点在于首先列举出系统元部件的各种故障模式,然后分析这些模式出现后对系统的影响,识别关键失效模式,提出对应的解决方法。分析的结果最终用规定的表格列出,其基本步骤如图 13 – 3 所示。

SFMECA 与 SFTA 不同,它的分析过程是自底向上的。从被分析的软件的最低等级部件开始,对每一个潜在的故障模式进行分类,区分发生的频率,逐步向上推进,直到分析其对软件系统任务和安全产生的影响为止,最终列出故障模式及故障原因表,提出消除可能的故障模式的影响或其

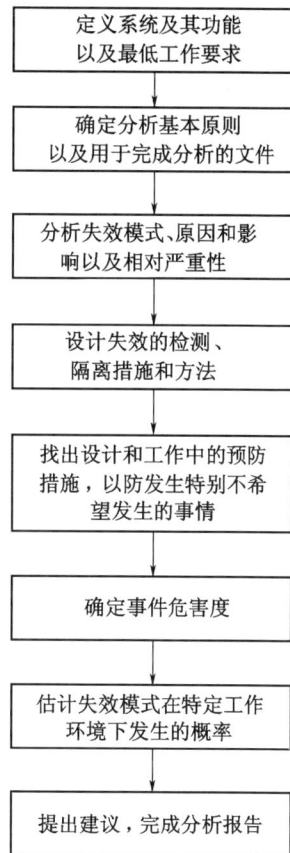

图 13 – 3　软件失效模式及
影响分析基本步骤

235

发生概率的分析报告。同时,SFMECA 与 SFTA 可采用正向综合或逆向综合的思路进行互补分析,以提高分析结果的完备性和表达方式的直观性,从而进一步提高软件失效分析的质量[69,101]。例如,从软件的某个设计层次开始,用 SFTA 分析与该软件的这个层次有关的各种底层风险事件,然后用 SFMECA 从这个底层开始分析已经确定的每个底层事件对上一层的影响模式、影响效果、危害程度、发生概率及避免措施。

标 准 篇

　　标准篇,论述了军用软件质量管理标准体系的概念、构成,软件工程标准的分类、构成,国内外软件工程标准状况,软件工程标准化的进展情况;军用软件工程标准的实施步骤、要求,软件标准的裁剪原则、时机;军用软件产品评价标准的主要内容,技术要点,标准的贯彻与实施;军用软件验证和确认标准的主要内容,技术要点,标准的贯彻与实施;军用软件验收标准的主要内容,技术要点,标准的贯彻与实施;军用软件维护标准的主要内容,技术要点,标准的贯彻与实施等。

第 14 章 军用软件工程标准及其标准化

软件产品的质量是设计和管理出来的,而标准是软件开发质量保证和管理的基础。软件工程标准是软件工程化生产所必需的。为了更好地满足当前武器装备对军用软件质量与可靠性的要求,必须尽快建立和完善我军的军用软件标准体系,制定和修订一批急需的软件标准,扎扎实实地做好军用软件的标准化工作。使军用软件的需求分析、设计、程序编制、测试及运行维护等各阶段走上科学化、规范化的道路,不断提高军用软件的质量与可靠性水平。本章主要讲述了软件工程标准及其标准化,国外软件工程标准的状况,以及我国军用软件工程标准化的进展情况等。

14.1 概　述

14.1.1 软件工程标准及其标准化

随着人类社会的发展进步,在从事生产、生活与日益增强的群体交互活动中,无不伴随着代表生产力的标准技术的探索、交流、应用与推广。

标准的本质,是对重复事物和概念所做的统一规定。它以科学、技术和实践经验的综合成果为基础,经有关方面协调一致,由主管部门机构批准,以特定形式发布,作为共同遵守的准则和依据[91]。软件工程标准与规范是为软件开发和管理的过程以及软件产品规定的共同准则,是对软件生存周期各阶段工作做出的合理而又统一的规定,它通常包括术语和符号标准、产品标准、方法和技术标准以及管理标准等。

标准化是指在经济、技术、科学及管理等社会实践中,对重复性事物和概念通过制定、发布和实施标准,达到统一,以获得最佳秩序和社会效益的活动。国内学术界将"统一"、"简化"、"选优"和"协调"作为标准化的基本原则[92]。软件工程标准化就是通过制定、贯彻并监督实施标准,规范软件开发、运行、维护和引退全过程工作和产品,以提高软件产品质量[18]。

人们在探索如何实施软件工程的过程中逐渐认识到,要得到高质量的软件,只搞好编程工作是远远不够的,涌现出的大量的不同程序设计语言在使用、管理和移植等方面遇到了许多障碍。为了解决程序设计语言不统一而造成的问题,人们制定了标准的程序设计语言,并为程序设计语言规定了若干个标准子集,这就是软件工程标准化的开始。而此时,软件工作的范围逐步从只是使用程序设计语言编写程序,扩展到整个软件生存期。如软件概念的形成、需求分析、设计、实现、测试、安装和检验、运行和维护,直到软件淘汰或被新的软件所取代。同时,还有许多技术管理工作(如过程管理、产品管理、资源管理)以及确认与验证工作(如评审和审核、产品分析、测试等)常常是跨越软件生存期各个阶段的专门工作。所有这些方面都应当逐步建立起标准或规范。

在软件工程化的推动下,从根本上摆脱了软件"个体"式或"作坊"式的生产方法,人们更注重项目管理和采纳形式化的标准和规范,并以各种生存周期模型来指导项目的开发进程。可以说,软件工程标准概念的产生是软件开发由手工作坊生产迈向工程化开发的重要里程碑。当前软件标准化的范围已扩展到软件整个生存周期的技术和管理,其进程是同软件工程化的发展水平相适应的。主要包括以下几个方面的内容[91]:

(1)软件设计的标准化,包括设计方法、设计表示方法、程序结构、程序设计语言、程序设计风格、用户接口设计、数据结构设计、算法设计等。

(2)文档编制的标准化,包括可行性研究报告、软件项目开发计划、软件需求规格说明、数据需求规格说明、软件测试计划、软件概要设计说明、软件详细设计说明、数据库设计说明、用户手册、操作手册、项目开发总结报告等。

(3)项目管理的标准化,包括开发流程、计划与进度管理、人员组织、质量管理、成本管理、维护管理和配置管理等。

根据标准制定的机构和标准适用的范围,软件工程标准分为 6 个级别。以下分别对其作简要说明:

1. 国际标准

由国际联合机构制定和公布,并供各国参考的标准。国际标准化组织公布的标准有着广泛的代表性和权威性,对于各国制定相关标准也有较大影响,发布的标准通常标有 ISO(International Standards Organization)字样前缀。20 世纪 60 年代初,该机构建立了"计算机与信息处理技术委员会"(简称 ISO/TC97),专门负责与计算机有关的标准化工作。

2. 国家标准

由国家的官方标准化机构或国家政府授权的有关机构批准、发布,适用于全国范围的标准。

中华人民共和国国家技术监督局是我国的最高标准化机构,它所公布实施的标准简称为"国标"。"GB"是我国强制性标准代号,推荐性国家标准代号为"GB/T",国家标准化指导性技术文件代号为"GB/Z"。

美国国家标准协会(American National Standards Institute, ANSI),是美国一些民间标准化组织的领导机构,具有一定的权威性。美国商务部国家标准局联邦信息处理标准的代号为 FIPS(Federal Information Processing Standards),它所公布的标准冠有 FIPS 字样。英国国家标准的代号为 BS(British Standard)。日本工业标准的代号为 JIS(Japanese Industrial Standard)。

3. 行业标准

由行业机构、学术团体或国防机构制定,并适用于某个业务领域的标准。行业标准是对国家标准的补充,在相应国家标准实施后自行废止。

我国主要的行业标准包括:GJB——中华人民共和国国家军用标准,在1998 年以前由我国原中国国防科学技术工业委员会批准发布,以后由中国人民解放军总装备部批准发布,适合于国防部门和军队使用的标准。它所公布实施的标准简称为"国军标"(标准代号 GJB),航空标准(标准代号 HB),航天标准(标准代号 QJ)等。例如,1997 年发布实施的 GJB/Z 102—1997《软件可靠性和安全性设计准则》。以及航空工业标准,如 HB 6466—1990《软件质量保证计划编制规定》,航天工业行业标准如 QJ 3128—2001《航天型号软件开发规范》等。电子标准(标准代号 SJ),如 SJ 20523—1995《软件文档管理指南》。

美国电气和电子工程师学会(Institute of Electrical and Electronics Engineers, IEEE),专门成立了软件标准分技术委员会(SESS),积极开展软件标准化活动,取得了显著成果,并逐步受到软件界的关注。IEEE 通过的标准常常要报请 ANSI 审批,使其具有国家标准的性质。因此,看到 IEEE 公布的标准常冠有 ANSI 字头。例如,ANSI/IEEE Str 828—1983《软件配置管理计划标准》。DOD-STD(Department of Defense-STanDards),称为美国国防部标准,适用于美国国防部门。MIL-S(MILitary-Standards),称为美国军用标准,适用于美军内部。NASA(National Aerospace and Space Administration),称为美国国家航空航天局标准,其发布的标准冠以 NASA 字样。ESA(Europe Space Administration),称为欧洲航管局标准,其发布的标准冠以 ESA 字样。

4. 地方标准

在某个省、自治区、直辖市范围内需要统一的标准。对没有国家标准和行业标准而又需要在省、自治区、直辖市范围内统一的工业产品的安全和卫生要求,可以制定地方标准。地方标准不得与国家标准、行业标准抵触,在相应国家标准或行业标准实施后,地方标准自行废止。地方标准代号由"DB"加上省、自治区、直辖市行政区划代码前两位数、再加斜线、顺序号和年号四部分组成。

5. 企业标准

企业所制定的产品标准和在企业内需要协调、统一的技术要求和管理工作要求所制定的标准。国家鼓励企业在不违反相应强制性标准的前提下,制定充分反映市场、用户和消费者要求的或出于某些工作需要的,严于国家标准、行业标准和地方标准的企业标准,仅在企业内部适用。例如,美国 IBM 公司通用产品部 1984 年制定的《程序设计开发指南》,航天科技集团公司第一研究院标准 Q/Y 169—2005《软件配置管理规范》等。

6. 项目规范

由某一科研生产项目组织制定,且为该项任务专用的软件工程规范。例如,中国人民解放军总装备部某工程办公室为某项大型工程项目编写的规范《软件设计和编程指南》等。

我国的军用软件工程标准分为国家标准、行业标准、企业标准和项目规范四类。根据标准实施的强制性程度,军用软件工程标准可以分为下述三类[91]:

(1) 标准:有强制性要求的文件。强制性要求通常使用动词"必须"来描述。例如:航天工业行业标准 QJ 2345—1999《航天用计算机软件测试规范》等。

(2) 推荐的实践:描述标准开发组织建议的规程及状态的文件。例如,国家军用标准 GJB/Z 102—1997《软件可靠性和安全性设计准则》等。

(3) 指南:提出良好实践的候选方法,提供实施指导的文件。例如,国家军用标准 GJB/Z 115—1998《GJB 2786 <武器系统软件开发> 裁剪指南》等。

14.1.2 软件工程标准的分类

软件工程标准分类法由标准划分、软件工程划分和这两种划分的表示关系组成[93]。每个划分引出一组类型的定义,而每种类型有名字和组成规则[91]。

1. 基于类型的标准划分

根据 GB/T 15538—1995《软件工程标准分类法》,按照标准的类型进行划分,软件工程标准体系可分为四个部分:过程标准、产品标准、行业标准和记法标准。其中过程标准和产品标准是软件工程标准的最基本也是最主要的组成部分,我国军用软件工程标准通常也只包括这两部分内容。

过程标准是用来规定软件工程过程中(如开发、维护等)所进行的一系列活动或操作以及所使用的方法、工具和技术的标准。例如,GB/T 14079《软件维护指南》和 GB/T 15532《计算机软件单元测试》等都是软件工程过程标准。过程标准可以进一步划分为方法标准、技术标准和度量标准。方法标准是指"该标准描述了开发一个产品或从事一项服务所使用的有序处理或过程";技术标准是指"该标准描述了在产品制造过程或从事一项服务中所使用的积累技术或管理技能及其方法";度量标准是指"用于测量过程或产品的标准"。

产品标准定义了在软件工程过程中,正式或非正式地使用或产生的那些产品的完整性和可接受性,产品标准涉及事物的格式和内容。软件开发和维护活动的文档化结果就是软件产品。这类标准包括 GJB 438B—2009《军用软件开发文档通用要求》、GB/T 9385—1988《计算机软件需求说明编制指南》等。产品标准可以进一步划分为需求标准、设计标准、部件标准、描述标准、计划标准和报告标准。需求标准是指"用于描述需求规格说明特性的标准";设计标准是指"该标准描述了数据或程序部件的设计特征";部件标准是指"该标准描述了数据或程序部件的特征";描述标准是指"该标准描述了有助于理解、测试、安装、运行或产品维护的信息或规程";计划标准是指"该标准给出了完成预定目标或在给定资源范围内的工作安排";报告标准是指"用于描述工程和管理活动结果的标准"。

行业标准标识一个行业为一个业务领域,并且把它和其他行业相区别,行业标准涉及软件工程行业的所有方面。行业标准可以进一步划分为职业标准、认可标准、许可标准和课程标准。职业标准是指"用于描述工作或职业的通用范围的标准";认可标准是指用于描述认可工作的标准;许可标准是指"该标准描述了由官方或法律机构给予个人或组织所能做或所拥有特定事物的权力";课程标准是指"该标准描述了由教育机构提供的有关软件工程学科内的知识"。

记法标准是指"用于描述工作或职业的通用范围的标准",涉及软件工程行业内用于交流的方法。记法标准可以进一步划分为术语标准、表示法标准和语言标准。术语标准是指"用于描述系统或一组名字、标记或符号的标准";表示法标准是指"用于表示工程或管理产品各个方面的特征的标准;语言标准是指"用于需求规格说明、设计或测试的一类语言标准"。

2. 基于软件工程的标准划分

按照软件工程进行划分,可以包括两种类型:任务功能和软件生存周期。使用这两个部分以便比较、判断、评价和确定软件工程标准的范围和内容。

任务功能可以表示软件工程过程。任务功能可划分为三个部分:产品工程功能、验证与确认功能和技术管理功能。这三个部分是并行进行的产生、检查和控制的主要活动。产品工程功能包括定义、产生和支持最终软件产品所必需的相关过程。验证和确认功能是检查产品质量的技术活动。技术管理功能是构造和控制产品工程功能的相关过程。因此,任务功能标准可分为产品工程功能标准、验证与确认功能标准和技术管理功能标准。

典型的软件生存周期包括概念阶段、需求阶段、设计阶段、实现阶段、测试阶段、制造阶段、安装和验收阶段、运行和维护阶段,引退阶段。因此,软件生存周期标准按其阶段又进一步划分为概念阶段标准、需求阶段标准、设计阶段标准、实现阶段标准、测试阶段标准、制造阶段标准、安装和验收阶段标准、运行和维护阶段标准以及引退阶段标准。

3. 软件标准分类表

软件标准分类表包括标准划分中各成分的名称及名称之间的关系、软件工程划分中各成分的名称及名称之间的关系、组成规则和表示格式。IEEE Std 1002:1987《软件工程标准分类法》提供了三种可供使用的分类表,分别是基本分类表(版本 A)、基本分类表(版本 B)和完整分类表。在基本分类表中,版本 A 和版本 B 的行标题栏相同而列标题栏略有不同。版本 A 的列标题取自软件工程划分的任务功能部分和软件生存周期部分,行标题为标准划分的主要类型。版本 B 的列标题完全取自软件工程划分中的任务功能部分。完整分类表则使用了全部的标准划分和软件工程划分。

14.1.3 军用软件工程标准化的作用与意义

军用软件的标准化问题并不是一个单纯的理论问题,而是一个如何合理安排软件开发过程的实践性很强的问题。它借鉴了传统软件工程的原则和方法,以保证高效地开发高质量软件,是一门将理论和知识应用于实践的科学。

推行军用软件标准化工作的必要性包括:第一,就一个军用软件开发项目来说,需要经历若干个开发阶段并由不同分工的人员相互协作,在所开发软件的各个部分以及各个开发阶段之间存在着密切的联系和衔接问题。如何把这些错综复杂的关系协调处理好,需要有一系列有章可循的标准与规定。第二,在军用软件开发过程的各个阶段,需要进行评审、验收或测试。军用软件的管理工作则渗透到软件生存期的每一个环节,这些工作要求提供一致的行动规范和衡量准则。

多年来,在军用软件的开发过程中,无论是在理论方面还是在实践方面都进行了大量的工作,取得了一些很好的研究与实践成果,这些成果在提高军用软件质量和生产率方面起到了十分重要的作用。把这些成果"固化"为军用软件标准并指导软件工程的实践,必将产生深远的意义:

(1) 军用软件工程标准化,为软件工程活动规定了通用框架和基本要求,有助于保证软件工程活动的完整性、有效性,提高管理的透明度、可控性和有序性。

(2) 军用软件工程标准化,有助于软件人员之间有效地进行交流,减少理解上的差错,提高软件产品的质量。

(3) 军用软件工程标准化,有利于软件项目管理,提高软件的生产率,缩短软件开发周期,降低软件产品的开发成本和维护成本。

(4)军用软件工程标准化,有助于克服由多种方法并用所带来的困难,保证军用软件开发方法与硬件研制的方法相协调。

(5)军用软件工程标准化,有利于提高软件的重用率、互操作性、保障性、透明性等。

(6)军用软件工程标准化,有效保证产品质量、降低全寿命周期费用、缩短开发周期及部署时间、提高综合保障能力。

总之,有效地开展标准化工作是保证和提高军用软件质量、缩短开发周期及部署时间、提高综合保障能力的一个重要手段。必须把贯彻执行军用软件标准提高到重要的议事日程上来,特别是在当前各类研究项目中,软件占据举足轻重的比例时,此项工作显得尤为迫切。当今世界科学技术发展的步伐日益加快,如何通过标准化工作将成熟的新技术迅速及时地引入武器装备,提高武器装备的技术水平是今后国防标准化工作的一项战略任务。

14.2 国内外软件工程标准状况

20 世纪 60 年代,软件工程作为一门独立的学科出现,随着软件工程学科的发展,早在 20 世纪 70 年代初一些软件工程标准开始被制定使用。1973 年,美国国家标准局设立了联邦信息处理标准(FIPS)第 14 任务组,开始编写供联邦政府使用的"联邦信息处理标准"出版物。1976 年,美国政府出版办公室印发了第 38 号 FIPS 出版物《计算机程序与自动数据系统的文件编制指南》。该指南围绕软件工程的功能需求、数据需求、系统/子系统规格说明、程序规格说明、数据库规格说明、用户手册、操作手册、程序维护手册、测试计划和测试分析报告等10 个文件进行组织。1976 年,电子与电气工程师协会主持下的某分组成立,其任务是制定一项软件质量保证标准。该分组的成果是 IEEE STD 730《软件质量保证计划标准》。该标准作为一个试用标准在 1980 年首次发布,1981 年被正式批准为通用标准。

此后,一些有影响的非政府和政府组织,如国际标准化组织(ISO)、美国电子电气工程师协会(IEEE)、政府组织美国国家标准化技术协会(NIST)、美国国防部(DOD)、美国国家航空航天局(NASA)、欧洲航空局(ESA)都建立了较为完善的软件工程标准体系。

14.2.1 ISO 软件工程标准状况

国际标准化组织(ISO)是一个非政府组织,与国际电工委员会(IEC)一起共同制定和出版各种国际标准,其目的是在世界范围内促进标准化发展以推动国际贸易和技术转变。除电气和电子工程由国际电工委员会来完成其标准化工作外,ISO 遍及其他各个领域,是国际标准化组织中最重要的一个组织。ISO/IEC 联合技术委员会 1(JTC1)负责所有领域的信息技术标准,其中第 7 分委员会 SC7"软件工程和系统工程"负责软件工程方面国际标准的制定。截止到 2006 年,相关的 ISO 标准共 80 余项,这些标准代表了当今软件工程水平和发展方向,是各国标准制定所参照的主要对象,且有些标准被越来越多的国家直接采用[96]。从表 14-1 中可以看出[17],ISO 在软件工程方面每年都推出多项标准,在软件工程过程方面的标准尤为突出,发展十分迅速。

表 14-1 ISO 软件工程标准

序号	标准编号	年份	标准名称	备注
1	ISO/IEC 2382-20	1990	Information technology-Vocabulary-Part 20: System development	
2	ISO 3535	1977	Forms design sheet and layout chart	
3	ISO 5806	1984	Information processing-Specification of single-hit decision tables	
4	ISO 5807	1985	Information processing-Documentation symbols and conventions for data, program and system flowcharts, program network charts and system resources charts	
5	ISO/IEC 6592	2000	Information technology-Guidelines for the documentation of computer-based application systems	
6	ISO 6593	1985	Information processing-Program flow for processing sequential files in terms of record groups	
7	ISO/IEC 8211	1994	Information technology-Specification for a data descriptive file for information interchange	
8	ISO/IEC 8631	1989	Information technology-Program constructs and conventions for their representation	
9	ISO 8790	1987	Information processing systems-Computer system configuration diagram symbols and conventions	
10	ISO/IEC 9126-1	2001	Software engineering-Product quality-Part 1: Quality model	
11	ISO/IEC TR 9126-2	2003	Software engineering-Product quality-Part 2: External metrics	

序号	标 准 编 号	年份	标准名称	备注
12	ISO/IEC TR 9126-3	2003	Software engineering-Product quality-Part 3：Internal metrics	
13	ISO/IEC TR 9126-4	2004	Software engineering-Product quality-Part 4：Quality in use metrics	
14	ISO 9127	1988	Information processing systems-User documentation and cover information for consumer software packages	
15	ISO/IEC 9294TR	1990	Information technology-Guidelines for the management of software documentation	
16	ISO/IEC 10746-1	1998	Information technology-Open Distributed Processing-Reference model：Overview	
17	ISO/IEC 10746-2	1996	Information technology-Open Distributed Processing-Reference model：Foundations	
18	ISO/IEC 10746-3	1996	Information technology-Open Distributed Processing-Reference model：Architecture	
19	ISO/IEC 10746-4	1998	Information technology-Open Distributed Processing-Reference model：Architectural semantics	Amd 1：2001
20	ISO/IEC 11411	1995	Information technology-Representation for human communication of state transition of software	
21	ISO/IEC 12119	1994	Information technology-Software packages-Quality requirements and testing	
22	ISO/IEC TR 12182	1998	Information technology-Categorization of software	
23	ISO/IEC 12207	1995	Information technology-Software life cycle processes	Amd 1：2002
24	ISO/IEC 13235-1	1998	Information technology-Open Distributed Processing-Trading function：Specification	
25	ISO/IEC 13235-3	1998	Information technology-Open Distributed Processing-Trading function-Part 3：Provision of trading function using OSI directory service	
26	ISO/IEC 13244	1998	Information technology-Open Distributed Management Architecture	Amd 1：1999

序号	标准编号	年份	标准名称	备注
27	ISO/IEC 13800	1996	Information technology-Procedure for the registration of identifiers and attributes for volume and file structure	
28	ISO/IEC 14102	1995	Information technology-Guideline for the evaluation and selection	
29	ISO/IEC 14143-1	1998	Information technology-Software measurement-Functional size measurement- Part 1：Definition of concepts	
30	ISO/IEC 14143-2	2002	Information technology-Software measurement-Functional size measurement- Part 2：Conformity evaluation of software size measurement methods to ISO/IEC 14143-1：1998	
31	ISO/IEC TR 14143-3	2003	Information technology-Software measurement-Functional size measurement-Part 3：Verification of function size measurement methods	
32	ISO/IEC TR 14143-4	2002	Information technology-Software measurement-Functional size measurement-Part 4：Reference model	
33	ISO/IEC TR 14143-5	2004	Information technology-Software measurement-Functional size measurement-Part 5：determination of functional domains for use with function size function size measurement	
34	ISO/IEC TR 14471	1999	Information technology-Software engineering-Guidelines for the adoption of CASE tools	
35	ISO/IEC 14598-1	1999	Information technology-Software product evaluation-Part 1：General overview	
36	ISO/IEC 14598-2	2000	Software engineering-Product evaluation-Part 2：Planning and management	
37	ISO/IEC 14598-3	2000	Software engineering-Product evaluation-Part 3：Process for developers	
38	ISO/IEC 14598-4	1999	Software engineering-Product evaluation-Part 4：Process for acquirers	
39	ISO/IEC 14598-5	1998	Information technology-Software product evaluation-Part 5：Process for evaluators	

序号	标 准 编 号	年份	标准名称	备注
40	ISO/IEC 14598-6	2001	Software engineering-Product evaluation-Part 6：Documentation of evaluation modules	
41	ISO/IEC 14750	1999	Information technology-Open Distributed Processing-Interface Definition Language	
42	ISO/IEC 14752	2000	Information technology-Open Distributed Processing-Protocol support for computational interactions	
43	ISO/IEC 14753	1999	Information technology-Open Distributed Processing-Interface references and binding	
44	ISO/IEC 14756	1999	Information technology-Measurement and rating of performance of computer-based software systems	
45	ISO/IEC TR 14759	1999	Software engineering-Mock up and prototype-A categorization of software mock up and prototype models and their use	
46	ISO/IEC 14764	1999	Information technology-Software maintenance	
47	ISO/IEC 14769	2001	Information technology Open Distributed Processing-Type Repository Function	
48	ISO/IEC 14771	1999	Information technology-Open Distributed Processing-Naming framework	
49	ISO/IEC 14834	1996	Information technology-Distributed transaction processing-The XA specification	
50	ISO/IEC 14863	1996	Information technology-System-Independent Data Format(SIDF)	
51	ISO/IEC 15026	1998	Information technology-System and software integrity levels	
52	ISO/IEC TR 15271	1998	Information technology-Guide for ISO/IEC 12207(Software Life Cycle Processes)	
53	ISO/IEC 15288	2002	Systems engineering-System life cycle processes	
54	ISO/IEC 15414	2002	Information technology-Open distributed processing-Reference model-Enterprise language	
55	ISO/IEC 15437	2001	Information technology-Enhancements to LOTOS (E-LOTOS)	

序号	标 准 编 号	年份	标 准 名 称	备注
56	ISO/IEC 15474-1	2002	Information technology-CDIF framework-Part 1：Overview	
57	ISO/IEC 15474-2	2002	Information technology-CDIF framework-Part 2：Modeling and extensibility	
58	ISO/IEC 15475-1	2002	Information technology-CDIF transfer format-Part 1：General rules for syntaxes and encodings	
59	ISO/IEC 15475-2	2002	Information technology-CDIF transfer format-Part 2：Syntax SYNTAX. 1	
60	ISO/IEC 15475-3	2002	Information technology-CDIF transfer format-Part 3：Encoding ENCODING. 1	
61	ISO/IEC 15476-1	2002	Information technology-CDIF semantic metamodel-Part 1：Foundation	
62	ISO/IEC 15476-2	2002	Information technology-CDIF semantic metamodel-Part 2：Common	
63	ISO/IEC TR 15504-1	1998	Information technology-Software process assessment-Part 1：Concepts and introductory guide	
64	ISO/IEC 15504-2	2003	Information technology-Process assessment-Part 2：Performing an assessment	Cor1：2004
65	ISO/IEC 15504-3	2004	Information technology-Process assessment-Part 3：Guidance on Performing an assessment	
66	ISO/IEC TR 15504-5	1999	Information technology-Software Process Assessment-Part 5：An assessment model and indicator guidance	
67	ISO/IEC TR 15504-7	1998	Information technology-Software Process Assessment-Part 7：Guide for use in process improvement	
68	ISO/IEC TR 15504-8	1998	Information technology-Software Process Assessment-Part 8：Guide for use in determining supplier process capability	
69	ISO/IEC TR 15504-9	1998	Information technology-Software Process Assessment-Part 9：Vocabulary	
70	ISO/IEC TR 15846	1998	Information technology-Software life cycle processes-Configuration management	

序号	标准编号	年份	标准名称	备注
71	ISO/IEC 15910	1999	Information technology-Software user documentation process	
72	ISO/IEC 15939	2002	Software engineering-Software measurement process	
73	ISO/IEC TR 16326	1999	Software engineering-Guide for application of ISO/IEC 12207 to project management	
74	ISO/IEC 18019	2004	Software and system engineering-Guidelines for the design and preparation of user documentation for application software	
75	ISO/IEC 19500-2	2003	Information technology-Open distributed processing-Part 2：General Inter-ORB Protocol（GIOP）/Inter-ORB Protocol（IIOP）	
76	ISO/IEC TR 19760	2003	Systems engineering-A guide for the application of ISO/IEC 15288（System life cycle processes）	
77	ISO/IEC 19761	2003	Software engineering-COSMIC-FFP-A functional size measurement method	
78	ISO/IEC 20926	2003	Software engineering-IFPUG 4.1 Unadjusted functional size measurement method-Counting practices manual	
79	ISO/IEC 20968	2002	Software engineering-Mk II Function Point Analysis-Counting Practices Manual	
80	ISO/IEC 90003	2004	Software engineering-Guidelines for the application of ISO 9001：2000 to computer software	

14.2.2 IEEE 软件工程标准状况

另一个在软件工程标准化方面有重要贡献的组织是电子与电气工程师协会（IEEE）。IEEE 是一个经特别授权的标准团体，其成员包括用户、销售商和工程专业人员。IEEE 标准由 IEEE 各技术委员会和标准部标准协调委员会负责制定，IEEE 计算机学会软件工程标准委员会（SESC）制定并维护的标准大约有 66 项，每项 IEEE 标准至少每 5 年评审一次。IEEE 标准也代表着当前软件工程发展方向和水平，不少 ISO 标准是由 IEEE 标准提升的，同时也是许多国家、行业标准制定时的主要参考对象，如表 14－2 所列[17]。

251

表 14 - 2　IEEE 软件工程标准

序号	标 准 编 号	年份	标 准 名 称
1	EIA/IEEE J-STD-016-	1995	软件开发者-采办者-供应者协议（MIL-SID-498 的非军事化版本）
2	ANSI/IEEE Std 610-12	1990	软件工程术语标准
3	VIEEE Std 730	2002	软件质量保证计划
4	IEEE Std 730. 1	1995	软件质量保证策划指南
5	ANSI/ IEEE Std 828	1998	软件配置管理计划
6	IEEE Std 829	1998	软件测试文档标准
7	IEEE Std 830	1998	软件需求规范推荐的实践
8	IEEE Std 990	1987	Ada 作为程序设计语言标准的推荐实践
9	ANSI/ IEEE St 982. 1d	1988	生产可靠性软件的度量字典
10	ANSI/ IEEE Std 982. 2	1988	生产可靠性软件的度量字典使用指南
11	IEEE Std 1002	1987	软件工程标准分类学
12	IEEE Std 1003. 1e	1995	POSIX 第 1 部分：系统 API 修正
13	IEEE Std 1003. 2c	1995	POSIX 第 1 部分：shell 和实用程序修正
14	IEEE Std 1003. 5	1992	POSIX Ada 语言接口 第 1 部分：系统 API 的联编
15	IEEE Std 1003. 5b	1996	POSIX Ada 语言接口 第 1 部分：实时扩展的联编
16	IEEE Std 1003. 9	1992	POSIX Fortran77 语言接口 第 1 部分：系统 API 联编
17	IEEE Std 1003. 19	—	与 POSIX 的 Fortran90 的联编
18	IEEE Std P1003. 21	—	POSIX 第 1 部分：系统 API 修正：实时分布系统通信
19	IEEE Std P1003. 22	1995	POSIX 开放系统环境指南　安全框架
20	ANSI/ IEEE St d 1008	1987（Reaff 1993）	软件测试文档
21	ANSI/ IEEE Std1012 a	1998	软件验证和确认
22	IEEE Std 1012	1998	对软件验证和确认的补充
23	ANSI/ IEEE Std 1016	1998	软件设计说明的推荐实践

序号	标准编号	年份	标准名称
24	IEEE Std P1201.1		统一应用程序接口 图形用户接口（Ada83 的联编）
25	IEEE Std 1028	1997（Reaff 1993）	软件评审和审核
26	IEEE Std 1029	1993	推荐采用的计算机辅助软件工程工具的评估和选择实践
27	IEEE／ANSI St d 1042	1987（Reaff 1993）	软件配置管理指南
28	ANSI／IEEE Std 1044	1993	软件异常分类
29	ANSI／IEEE Std 1044.1	1995	软件异常分类指南
30	ANSI／IEEE Std 1045	1992	软件生产率度量
31	IEEE Std 1058	1998	软件项目管理计划
32	ANSI／IEEE St d 1059	1993	软件验证和确认计划指南
33	IEEE Std 1061	1998	软件质量度量方法学
34	IEEE Std 1062	1998	软件采办推荐的实践
35	IEEE Std 1063	2001	软件用户文档
36	IEEE Std 1074	1997	软件开发生存周期过程
37	IEEE Std 1175	1992	计算系统工具互联参考模型使用标准
38	IEEE Std 1175.1	2002	CASE 工具互联指南 分类与描述
39	IEEE Std 1219	1998	软件维护
40	IEEE Std 1220	1998	系统工程过程的应用和管理
41	ANSI／IEEE Std 1228	1994	软件安全性计划
42	IEEE Std 12331	1998	系统需求规范的研制指南
43	IEEE Std 1320.	1998	IDEFO 功能建模语言的语法和语义
44	IEEE Std 1320.2	1998	IDEFIX 概念建模语言的语法和语义
45	IEEE Std 1327	1993	OSI 抽象数据操作 C 预研接口 应用程序接口联编
46	IEEE Std 1327.1	1993	基于 X.400 的电子报文交换 C 语言接口 应用程序接口联编
47	IEEE Std P1327.2	1993	目录服务 C 语言接口 应用程序接口联编
48	ANSI／IEEE Std 1348	1995	采用计算机辅助软件工程工具的推荐实践

序号	标准编号	年份	标准名称
49	IEEE Std 1352	1993	OSI 应用程序接口 ACE 和表示层 API(C 联编)
50	IEEE Std 1362	1998	系统定义 使用文档方案
51	IEEE Std 1387.2	1995	POSIX 系统管理 第 2 部分：软件管理
52	IEEE Std 1420.	1995	信息技术 软件重用 重用库互操作性的数据模型：基本互操作性数据模型(BIDM)
53	IEEE Std 1420.1a	1996	信息技术 软件重用 重用库互操作性的数据模型：有益的鉴别框架
54	IEEE Std 11420.1b	1999	信息技术 软件重用 重用库互操作性的数据模型：智力财产版权框架
55	IEEE Std 1430	1996	信息技术 软件重用 互操作重用库的操作概念
56	IEEE Std 1462	1998	采纳 ISO/IEC 14102：1995 CASE 工具的评价和选择指南
57	IEEE Std 1465	1998	采纳 ISO/IEC 12119：：1994（E）信息技术 软件包：质量要求和测试
58	IEEE Std 1471	2000	软件密集型系统体系结构说明的推荐实践
59	IEEE Std 1490	1998	项目管理知识体指南
60	IEEE Std 1517	1999	信息技术标准 软件生存周期过程 重用过程
61	IEEE Std 1540	2001	软件生存周期过程 风险管理
62	IEEE Std 12207.0	1996	ISO/IEC 12207：1995 IT 软件生存周期过程的工业实践
63	IEEE Std 12207.1	1997	ISO/IEC 12207：1995 IT 软件生存周期过程的工业实践 生存周期数据
64	IEEE Std 12207.2	1997	ISO/IEC 12207：1995 IT 软件生存周期过程的工业实践 实现考虑
65	IEEE Std 14143.1	2000	采纳 ISO/IEC 14143-1：1998 信息技术 软件测量 功能规模测量 第 1 部分：概念定义
66	IEEE Std 15068.2	1999	采纳 ISO/IEC 15068-2：1999 信息技术 可移植操作系统接口 系统管理 第 2 部分：软件管理

14.2.3 美国军用软件工程标准化状况

美国是国际上软件工程最发达的国家,尤其是军用软件。美国国防部历来都十分重视软件工程标准化工作,并通过标准实施来保证武器装备软件的质量。美国军用软件工程标准化起步最早,并代表着世界软件工程化水平,对其他各国都有很大影响。早在20世纪70年代美军就开始陆续制定军用软件工程标准,并颁布实施了世界上第一个软件工程标准。

美国陆军在1974年制定了MIL-STD-52779《软件质量保证规范》,1977年制定了DOD-STD-7935《自动数据系统文档编制标准》;美国空军1979年制定了MIL-STD-483《系统、设备、军需品和计算机程序的配置管理条例》;美国海军1978年制定了MIL-STD-1679《武器系统软件开发》标准。

到了20世纪80年代,美国国防部为了减少武器系统软件保障费用,改进各系统之间的通用性,不仅发布了一系列国防部指令和政策,而且还大力加强了软件开发过程标准化等方面的工作,并对已有标准进行了修订或整合,成为美国国防部标准,另外还组织强大的专家队伍制定了多个重大标准,如DOD-STD-2167:1985《国防系统软件开发》、DOD-STD-2168:1988《军用软件质量保证规范》、DOD-STD-1703:1987《军用软件产品》、DOD-STD-1467:1987《军用软件支持环境》等。到20世纪80年代末期,美军形成了以一个DOD-STD-2167A为代表的完备配套的软件工程标准体系,并规定凡是美国国防部的关键任务计算机资源项目一律要遵守该标准。1987年,美国软件工程研究所(SEI)发表了承包商软件工程能力的评估方法标准,1991年该标准逐步发展成为能力成熟度模型CMM1.0版,用来评估美国国防部潜在的软件开发承包商软件工程能力,并得到了国际软件产业界和软件工程界的广泛关注和认可。1993年,ISO在调研国际社会对软件过程评估标准需求的基础上决定组织制定软件过程标准,1995年完成了ISO/IEC 15504《软件过程评估》工作草案,该草案以CMM为基础,并吸收了国际上软件过程工作的成果[18]。

20世纪90年代随着冷战的结束,美国国家防务政策发生了重大调整,军费大规模削减,投入军用标准化研究的经费也随之大幅减少。1994年6月,美国时任国防部长佩里决定对美国军用标准进行改革,全面清理整顿原有军用标准,消除"军标不军"现象。在这次清理整顿中,大部分软件工程标准宣布作废,同时提倡大力采用非政府标准来满足武器装备软件采办需要。这场军用标准改革是美国军用标准发展史上最重要的一次全面改革[91]。

美国国防部信息系统局(DISA)的信息技术标准中心(CFITS)属于采纳单位,负责确定适合国防部使用的信息技术方面的标准[94]。美国国防部使用的软件标准主要来源为政府标准和非政府标准（或民用标准）。政府标准包括国防部组织制定的军用标准（MIL-STD）、军用规范（MIL-SPEC），国家标准技术研究所（NIST）制定的联邦信息处理标准（FIPS）出版物；非政府标准包括由部门组织、社团制定的标准化文档。

根据美国国防部的方针，重点是选择代替军方专用标准的国家标准、国际标准和事实标准。作为该项工作的一部分，美国国防部信息系统局信息技术标准中心成立了软件工程标准工作组（SESWG），其目的是确定软件工程界需要的标准，并建立解决软件工程标准问题的机制。通过评估所有现行或正在制定的军用软件工程标准，提供采用相应法定标准或工业事实标准的可行性观点，或将所选择的军用标准/规范提交给国家或国际标准制定机构供其参考等方式，协助国防部减少或消除军用标准/规范，同时并给出需要补充和实施的指南。1999 年 7 月 SESWG 编写了《软件工程标准选择和应用指南》，该指南是美军软件工程标准化方面的一项重要文件，其大力采用非政府标准的思想在其中得到了充分体现。从政策高度来看，从 1994 年实施全面改革以后，美国国防部从新的战略出发，美国军用标准化更加注重强调"军民结合"这一原则，通过建立军民一体化的"国家科技工业基础"，为国防部的采办服务。这一原则主要体现在三个方面：一是建立同非政府标准团体的伙伴关系，鼓励非政府标准团体了解军队需求，制定满足军用要求的非政府标准，积极参与军事专用标准的制定活动；二是要求国防部各有关单位积极参与非政府标准团体的活动，包括国际标准化组织的活动，同他们一起制定满足军用要求的非政府标准；三是积极采纳非政府标准，将其纳入《国防部规范与标准目录》，作为国防部的采办或采购文件。

SESWG 推荐的软件工程标准如表 14 – 3 所列[17]，从中可以清晰地看到美国军用软件工程标准的发展趋势，即积极采用国际标准、协会标准等。

表 14 –3　软件工程标准工作组 SESWG 推荐的软件工程标准

标准类型	标准号	标准名称
软件生存周期	EIA/IEEE J-STD-016：1995	软件开发者—采办者—供应者协议（MIL-SID-498 的非军事化版本）
	ISO/IEC 12207：1995	信息技术　软件生存周期过程
	IEEE/EIA 12207. 0：1998	ISO/IEC 12207：1995　信息技术标准　软件生存周期过程的工业实现
	IEE/EIA 12207. 1：1998	ISO/IEC 12207：1995　信息技术标准　软件生存周期过程的工业实现-生存周期数据
	IEEE/EIA 12207. 2：1998	ISO/IEC 12207：1995　信息技术标准　软件生存周期过程的工业实现　实现考虑

标准类型	标准 号	标 准 名 称
数据元素	FIPS PUB 184：1993	信息建模集成定义（IDEFlx）
	DOD 8320.1-M-1：1998	DOD 数据标准化规程
建模与仿真	FIPS PUB 183：1993	功能建模集成定义（IDEFO）
	IEEE Std 1320-1：1998	IDEFO 功能建模语言的语法和语义
	IEEE Std 1320-2：1998	IDEFIX 概念建模语言的语法和语义
接口	ISO/IEC 12227：1995	信息技术 编程语言 SQL/Ada 建模描述语言（SAMeDL）
	ISO/IEC 9945：?	可移植操作系统接口（POSIX）
软件度量	IEE Std 1061：1998	软件质量测量方法
软件配置管理	EIA 649：?	国家同意的配置管理标准
	IEEE Std 828：1998	软件配置管理计划
	IEEE Std 1042：1993	软件配置管理指南
质量保证	ISO 9001：1987	质量体系 设计、开发、生产、安装和服务的质量保证模型
	ISO 9000-3：1991	质量管理和质量保证标准 第3部分：ISO 9001 在软件开发、供应和维护中的应用指南
	IEEE 1298：1992	软件质量管理系统 第1部分：需求
	IEEE Std 730：1998	软件质量保证计划
系统测试	IEEE Std 829：1998	软件测试文档
	IEEE Std 1008：1993	软件单元测试
	IEEE Std 1012：1998	软件验证和确认
	IEEE Std 1044：1993	软件异常分类
项目管理	IEEE Std 1058：1998	软件项目管理计划
软件可靠性	AIAA R-013：1992	软件可靠性推荐实践
	IEEE Std 982.1：1998	生产可靠性软件的度量字典
	IEEE Std 982.2：1998	生产可靠性软件的度量字典使用指南
软件安全性	IEEE Std 1228：1994	软件安全性计划
采办	IEEE Std 1062：1992	软件采办推荐实践
编程语言	ANSI/ISO/IEC 8652	Ada

标准类型	标准号	标准名称
语言联编	IEEE Std 1003.5：1992	POSIX Ada 语言接口　第1部分：系统 API 联编
	IEEE Std 1003.9：1992	POSIX Fortran 77 语言接口　第1部分：系统 API 联编

美国联邦政府还通过《国家技术转移和技术进步法》，以法律形式规定联邦政府各机构（含国防部）应优先采用非政府标准，积极参与非政府标准的制定工作。同时，在改革后国防部在使用标准的顺序上也发生了重大变化，将使用非政府标准放在第一优先位置，就是说在采办一项武器装备时，首先要考虑使用非政府标准，只有在确无非政府标准可用，或使用非政府标准不能满足要求时才考虑使用军用标准，在合同中使用军用标准还要经过批准。例如，原美国军用软件工程标准的顶层标准 MIL-STD-498：1994《军用软件开发与文档》现已改为采用 IEEE 12207.0《ISO/IEC 12207：1995 信息技术标准　软件生存周期过程的工业实现》、IEEE 12207.1《ISO/IEC 12207：1995 信息技术标准　软件生存周期过程的工业实现　生存周期数据》和 IEEE 12207.2《ISO/IEC 12207：1995 信息技术标准　软件生存周期过程的工业实现　实现考虑》。另外，美国国防部还重视从组织建设方面保证积极采用非军方专用标准，成立了采纳标准单位，专门负责根据美国国防部的需求采纳非政府标准的单位。从《软件工程标准选择和应用指南》中可以看到，与软件工程工作相关的非政府标准团体为数不多，制定美国国防部感兴趣的软件工程标准或推动其发展的主要非政府标准团体主要有：ISO、美国国家标准研究所（NIST）、美国电子电气工程师协会（IEEE）、美国电子工业协会（EIA）。另外，软件工程技术方面信息的来源有美国计算机协会（ACM）、美国空军软件技术支持中心、软件生产力联盟（SPC）、美国卡内基·梅隆大学软件工程研究所（SEI）、美国军方的软件项目经理网络（SPMN）等的出版物、开发的方法、提供的最佳实践等[17]。

美国国防部主要是从采办方面推动软件标准的实施。采办政策鼓励采用商用软件标准，并鼓励承包商选用基于其所选标准和惯例的软件开发方法。在方案探索或更早的阶段，负责软件采办的项目办公室一般应在招标书（RFP）完成之前就指出适用于该项目的标准。对于每类项目通常都规定有一些标准需要强制执行。虽然有强制标准，但一般说来，美国国防部的目标是尽量不在 RFP 中规定研制方必须采用的标准。项目办公室通常还需标识哪些标准需要优先选用供承包商选择，并提出可以免于申请特许的标准。承包商在编写投标书的过程中，一般需评审 RFP 中规定的标准。如果合同已签订，可在制定软件开发计划

（SDP）过程中检查这些标准。如果承包商发现存在问题或冲突，或想在投标书中建议采用自己的软件开发过程，则可以向项目办公室说明或建议不同的方法，并指出区别、风险和改进之处。合同签订以后，承包商可根据《单一过程倡议》，也可建议采用另外一种软件开发过程，并申请对合同进行修改。对于存在问题或冲突的标准，凡是涉及美国国防部研制项目的，其系统工程问题通常由主管采办和技术的国防部副部长（DUSD（A&T））负责解决，任何与信息处理标准有关的问题或更改建议则应会同软件保障局（SSA）进行处理，并通过各军兵种标办予以提交 DISA CFITS。DISA CFITS 将与各军兵种标准方面的代表协调，并通过标准化团体的相应工作组对这些建议进行处理[17]。

尽管国防部依赖于非政府标准和开发商的实践，但在采用有效、成熟的软件实践方面，国防部还有一些特殊要求。如 DOD 5000.2-R：1996《重大防务采办项目和重大自动化信息系统采办项目必须遵循的程序》要求所有软件开发必须使用商业最佳过程和实践来管理和设计，从而降低成本、缩短进度和减少性能风险，并要求软件承包商应具有以下能力：开发类似软件系统的领域经验；以往业绩成功的记录；可论证的软件开发能力和成熟过程。尤其是美国国防部对软件承包商具备 CMM 相应等级的能力是有要求的，而不要求按 ISO 9000-3 对供方进行第三方注册或认证。这是因为尚无美国政府认可的 ISO 9000-3 认证机构，而且不能证明注册或认证所付出的努力是正确的。

从上面可以看出实际上美军已建立了一套完善的软件工程标准化政策和工作体系，通过大力采用非政府标准来满足国防部软件采办需求标准。在新时期军用标准化战略计划的指引下，美军标准化界当前正在积极工作，以信息技术为主战场，组建了"开放系统联合工作组"、"国防部信息系统公共操作环境工作组"、"联合技术体系结构工作组"等专门的机构，致力于信息系统标准的研究和制定等工作，并已经取得了不少有价值的成果，可供我军参考和借鉴。

14.2.4　美国国家航空航天局软件工程标准状况

美国国家航空航天局（NASA）是美国政府的一个机构，在美国国防部顶层标准的指导下，也建立了一套指导本部门的软件工程标准体系[95]。NASA 的现行软件工程标准系列参见表 14 - 4[91]。

表 14 - 4　NASA 软件工程标准

序号	标 准 号	标 准 名 称
1	NMI 2410.10B	NASA 软件管理、保证和工程方针
2	NMI 2410.7	NASA 软件管理保证和工程要求

序号	标 准 号	标 准 名 称
3	DOD-STD-2167A	国防系统软件开发
4	DOD-STD-2168	国防系统软件质量大纲
5	DOD-STD-7935	自动数据系统文件编制
6	MIL-HDBK-286	军用手册 对 DOD-STD-2168 的剪裁指南
7	MIL-HDBK-287	军用手册 对 DOD-STD-2167A 的剪裁指南
8	MIL-STD-483A	系统、设备、军需品及计算机程序的配置管理条例
9	MIL-STD-490A	规格说明条例
10	MIL-STD-973	配置管理
11	MIL-STD-1521B	系统、设备及计算机程序的技术评审和审计
12	MIL-STD-1083	软件完整性大纲（美军标还有一些相应配套标准）
13	NASA-STD-2100	NASA 软件文档编制标准
14	NASA-STD-2201	NASA 软件保证标准
15	NASA-STD-2202	NASA 软件正式审查标准
16	NSS-1740.13	NASA 软件安全性标准
17	NASA CM GDBK	NASA 软件配置管理指南
18	NASA GB-A201	NASA 软件保证指南
19	NASA GB-A301	NASA 软件质量保证审计指南
20	NASA GB-A312	NASA 软件正式审查指南
21	NASA GB-001	NASA 软件测量指南
22	NASA GB-002	NASA 软件过程改进指南
23	NASA GB-003	NASA 软件管理指南
24	NASA GB-004	NASA 软件规格说明和验证的正规方法
25	NASA GB-005	NASA 软件安全性指南

14.2.5 欧洲软件工程标准化状况

在欧洲,软件工程界十分重视软件标准化在软件开发和质量保证中的重要

260

作用,并已经建立了一套质量保证标准,将软件开发过程中的活动分解为一个一个的过程来管理。过程内容包括软件工程方法的使用及顺序、交付的文档资料、为保证质量和协调变化所需要的各项管理活动,以及软件开发各个阶段的里程碑等。

欧洲各国十分重视软件企业质量体系的认证,国际标准化组织 ISO 在 1994 年发布的 ISO 9000-3《质量管理与质量保证标准 第 3 部分: ISO 9001 在软件开发、供应和维护中的使用指南》就是以英国标准 BS 5750 为蓝本制定的。目前十分流行的 TickIT《软件质量体系按 ISO 9001 建立和认证指南》认证,最早就是由英国贸易部和工业部发起,现已得到许多国家承认,欧洲、大洋洲和远东的一些国家还直接采用 TickIT 大纲作为本国认证大纲的基础。

欧洲航空局是欧洲共同体的一个机构,它更加重视软件标准的作用。通过参考 IEEE 相关标准,在 NASA TPL Publication 78-53 基础上,结合具体实践制定了一系列推荐非强制性 ESA 软件工程标准。这套完整的 ESA 软件工程标准采用层次结构,自成体系,其中关键软件的质量保证按 ESA PSS-01-21 严格执行,如表 14-5 所列[17]。

表 14-5　ESA 软件工程标准

序号	标 准 号	标 准 名 称
1	ESA PSS-05-0	ESA 软件工程标准
2	ESA PSS-05-01	软件工程标准指南
3	ESA PSS-05-02	用户需求定义阶段指南
4	ESA PSS-05-03	软件需求定义阶段指南
5	ESA PSS-05-04	件体系结构设计阶段指南
6	ESA PSS-05-05	软件详细设计和生产阶段指南
7	ESA PSS-05-06	软件转移阶段指南
8	ESA PSS-05-07	软件操作和维护阶段指南
9	ESA PSS-05-08	软件项目管理指南
10	ESA PSS-05-09	软件配置管理指南
11	ESA PSS-05-10	软件验证和确认指南
12	ESA PSS-05-11	软件质量保证指南
13	ESA PSS-01-21	ESA 空间系统软件产品保证要求

ESA 软件工程标准系列建立在瀑布式开发模型基础上,因此暴露出技术方案、手段等方面的不灵活性,以及对新技术应用兼容性差等问题,需要修改的呼声很高。目前欧洲空间标准化合作组织(ECSS)已经推出一套新的标准系列 ECSS-Q-80,以代替和弥补 ESA PSS-05-0 系列,目前该新标准系列参见表 14 – 6[91]。

表 14 – 6　ESA 软件工程新标准

序号	标准号	标准名称
1	ECSS-Q-80	空间产品保证 软件产品保证
2	ECSS-Q-80-01	供项目使用的 ECSS-Q-80 裁剪指南
3	ECSS-Q-80-02	软件可信性和安全性技术指南
4	ECSS-Q-80-03	软件过程评估与改进指南
5	ECSS-Q-80-04	软件度量大纲定义和实现指南
6	ECSS-E-40	软件
7	ECSS-E-40-01	航天工程 空间运行段的软件专用标准
8	ECSS-E-40-03	航天工程 地面部分软件专用标准

这套 ESA 软件工程新标准体系是 20 世纪 90 年代中期开始制定的,与 ISO 9000 标准系列兼容,制定时主要参考的文献包括 ECSS 方针、国际公认的术语、ISO 9000 标准体系、ESA PSS-05-0 标准系列以及法国航天局 CNES 管理指令。新标准对软件可信性和安全性分析、软件的重用和商业软件的使用等均提出了具体要求,反映了当今软件工程标准的发展动向,是新一代软件工程标准的代表,值得认真研究。

欧洲航空局对航天产品的质量管理,执行基于以下三个层次的标准体系:一是 ISO9000:2000 标准族,用以建立单位质量保证体系;二是依据 ECSS 标准体系结构实施项目管理,开展产品质量、安全性以及可信性保证;三是根据公司自身特点制定具体执行的作业指导书,即剪裁标准。在整个体系中,对软件而言,一方面要服从 ECSS 标准,与 ECSS 一起构成完整的系统;另一方面,还要对下一级的标准作进一步的说明和补充。ECSS-E-40、ECSS-Q-80 是 ECSS 的组成部分,ECSS-E-40 还有更专用的标准。例如,ECSS-E-40-01 是航天工程空间运行段的软件专用标准,ECSS-E-40-03 是航天工程地面部分软件的专用标准。EC-SS-Q-80 也包括下一级标准作为指导性文件,如 ECSS-Q-80-01 是软件公用编码定义与执行的指导性文件,ECSS-Q-80-02 是软件可信性安全性技术的指导性文件,ECSS-Q-80-03 是软件过程评估与改进的指导性文件等[17]。

14.2.6 我国软件工程标准状况

1983 年 5 月,中国国家标准总局和电子工业部主持成立了"全国信息技术标准化技术委员会",该组织下设编码技术、软件与系统工程等 16 个分技术委员会,已制定国家标准 1700 多项。与软件相关的分技术委员会有"程序设计、环境和系统软件接口分技术委员会"和"软件和系统工程分技术委员会"。

我国制定和推行标准化工作的总原则是向国际标准靠拢,即对于能够在中国适用的标准一律等同采用,以促进与国际的接轨。"等同采用"用代号"IDT"表示,是指"我国标准与国际标准在技术内容和文本结构上完全相同,或者与国际标准在技术内容上相同,但有少量编辑性修改,且'反之亦然原则'适用"。因此,在软件工程标准的制定方面,国标主要以引进和转化 ISO 标准为主,国标本身具有较强的先进性和超前性。然而由于我国软件工程整体水平不高,管理体制与国外存在较大的差异,国家标准在工程应用方面存在可操作性较差、针对性不强、标准间协调性不好等问题。

另外,自 2000 年 6 月国务院下发了《鼓励软件产业和集成电路产业发展的若干政策》文件,鼓励软件出口企业按 CMM(软件能力成熟度模型)改进软件过程,鼓励软件企业开展 ISO 9000 认证工作,2002 年 11 月信息产业部与国家认监委还联合发布了《软件过程及能力成熟度评估指南》,将软件能力成熟度评估纳入了国家认证认可的范围,并颁布了 CNAB - AC51《软件过程及能力成熟度评估机构要求》、《软件过程及能力成熟度评估机构认可规则》,从而形成了我国软件能力评估体系的雏形,为逐步建立我国软件工程标准符合性评价能力开辟了通路,同时也将软件工程标准化工作推向了一个新的高潮。

目前,国家软件工程标准化发展十分迅速,共发布软件工程有关国家标准近 70 项,见表 14 - 8[17]。

表 14 - 8　软件工程国家标准目录

序号	标准编号	年份	标准名称	参照的标准	备注
1	GB/T 11457	2006	信息技术软件工程术语	IEEE 729	
2	GB/T 12504	1990	计算机软件质量保证计划规范	IEEE 730	作废
3	GB/T 12505	1990	计算机软件配置管理计划规范	IEEE 828	作废
4	GB/T 12856	1991	程序设计语言 BASIC 子集	ECMA 226	
5	GB 13502	1992	信息处理程序构造及其表示的约定	ISO 8631—1989	
6	GB/T 13702	1992	计算机软件分类与代码		作废

序号	标准编号	年份	标 准 名 称	参照的标准	备注
7	GB/T 14079	1993	计算机软件维护指南		作废
8	GB/T 14085	1993	信息处理系统计算机系统配置图符号及其约定	ISO 8790—1987	
9	GB/T 14246.1	1993	信息技术可移植的操作系统接口（POSIX）第一部分：系统应用程序接口（API）	ISO 9945－1—1990	
10	GB/T 14394	1993	计算机软件可靠性和维护性管理		
11	GB/T 1500	1987	程序设计语言 ALGOL60	ISO 1538—1984	
12	GB/T 15189	1994	DOS 中文信息处理系统接口规范		
13	GB/T 1526	1989	信息处理数据流程图、程序流程图、系统流程图、程序网络图和系统资源图文件编制符号及约定	ISO 5807—1985	
14	GB/T 15272	1994	程序设计语言 C	ISO/IEC 9899—1990	
15	GB/T 15532	1995	计算机软件测试规范		
16	GB/T 15535	1995	信息处理单命中判定表规范	ISO 5806—1984	
17	GB/T 15538	1995	软件工程标准分类法		作废
18	GB/T 15697	1995	信息处理按记录组处理顺序文卷的程序流程	ISO 6593—1985	
19	GB/T 16260.1	2006	软件工程产品质量第 1 部分：质量模型	ISO/IEC 9126	
20	GB/T 25000.51	2010	软件工程软件产品质量要与评价（SQuaRE）商业现货（COTS）软件产品的质量要求和测试细则		
21	GB/T 18234	2000	信息技术 CASE 工具的评价与选择指南	ISO/IEC 14102—1995	
22	GB/T 18491.1	2001	信息技术软件测量功能规模测量第 1 部分：概念定义	ISO/IEC14143－1—1998	
23	GB/T 18492	2001	信息技术系统及软件完整性级别	ISO/IEC15026—1998	
24	GB/T 18493	2001	信息技术软件生存周期过程指南	ISO/IEC 15271—1998	
25	GB/T 3057	1996	程序设计语言 FORTRAN		
26	GB/T 3178	1982	ALGOL 语言基本符号的硬件表示法		

序号	标准编号	年份	标 准 名 称	参照的标准	备注
27	GB/T 4092.1	1992	程序设计语言 COBOL 预备知识		
28	GB/T 4092.10	1992	程序设计语言 COBOL 源正文管理模块		
29	GB/T 4092.11	1992	程序设计语言 COBOL 排错模块		
30	GB/T 4092.12	1992	程序设计语言 COBOL 程序间通信模块		
31	GB/T 4092.13	1992	程序设计语言 COBOL 通信模块		
32	GB/T 4092.2	1992	程序设计语言 COBOL 核心模块		
33	GB/T 4092.4	1992	程序设计语言 COBOL 顺序 I－O 模块		
34	GB/T 4092.5	1992	程序设计语言 COBOL 相对 I－O 模块		
35	GB/T 4092.6	1992	程序设计语言 COBOL 索引 I－O 模块		
36	GB/T 4092.7	1992	程序设计语言 COBOL 排序—合并模块		
37	GB/T 4092.8	1992	程序设计语言 COBOL 报表编制模块		
38	GB/T 4092.9	1992	程序设计语言 COBOL 程序分段模块		
39	GB/T 4144	1984	程序设计语言最小 BASIC		
40	GB/T 7591	1987	程序设计语言 PASCAL		
41	GB/T 8566	2007	信息技术软件生存周期过程	ISO/IEC 12207	
42	GB/T 8567	2006	计算机软件文档编制规范		
43	GB/T 9362	1988	用于工业过程控制实时 FORTRAN		
44	GB/T 9385	2008	计算机软件需求规格说明规范	ANSI/IEEE 830—1984	
45	GB/T 9386	2008	计算机软件测试文档编制规范	ANSI/IEEE 829—1983	
46	GB/T 9542	1988	程序设计语言 PL/1	ISO 6160—1979	
47	GB/T 9543	1988	程序设计语言 PL/1 通用子集	ISO 622—1985	
48	GB/T 16680	1996	软件文档管理指南	ISO/IEC TR9294—1990	
49	GB/T 18726	2002	现代设计工程集成技术的软件接口规范		

序号	标准编号	年份	标准名称	参照的标准	备注
50	GB/T 18905.1	2002	软件工程产品评价第1部分：概述	ISO/IEC 14598-1—1999	
51	GB/T 18905.2	2002	软件工程产品评价第2部分：策划和管理	ISO/IEC 14598-2—2000	
52	GB/T 18905.3	2002	软件工程产品评价第3部分：开发者用的过程	ISO/IEC 14598-3—2000	
53	GB/T 18905.4	2002	软件工程产品评价第4部分：需方用的过程	ISO/IEC 14598-4—1999	
54	GB/T 18905.5	2002	软件工程产品评价第5部分：评价者用的过程	ISO/IEC 14598-5—1998	
55	GB/T 18905.6	2002	软件工程产品评价第6部分：评价模块的文档编制	ISO/IEC 14598-6—2001	
56	GB/T 18914	2002	信息技术软件工程CASE工具的采用指南	ISO/IEC 14471—1999	

14.2.7　我国国防科技工业各行业标准

近年来，国防科技工业各行业在软件工程标准化方面也取得了令世人瞩目的成就，积累了大量丰富的成功经验，在航空、航天等领域制定了相关行业标准，以指导本行业软件的开发。各行业已有的软件工程标准见表14-9~表14-11[17]。

表14-9　航空工业软件工程标准目录

序号	标准编号	年份	标准名称	备注
1	HB 6249	1989	计算机软件摘要	作废
2	HB 6250	1989	计算机软件分类与代码	
3	HB 6464	1990	软件开发规范	作废
4	HB 6465	1990	软件文档编制规范	作废
5	HB 6466	1990	软件质量保证计划编制规定	作废
6	HB 6467	1990	软件配置管理计划编制规定	作废

序号	标准编号	年份	标 准 名 称	备注
7	HB 6468	1990	软件需求分析阶段基本要求	作废
8	HB 6469	1990	软件需求规格说明编制规定	作废
9	HB 6780	1993	软件的确认、验证和试验	
10	HB 6781	1993	软件安全性保证基本要求	
11	HB 6698	1993	软件工具评价与选择的分类特性体系	
12	HB 7233	1995	民用机载计算机软件质量保证大纲编写指南	
13	HB/Z 177	1990	软件项目管理基本要求	作废
14	HB/Z 179	1990	软件维护基本要求	作废
15	HB/Z 178	1990	软件验收基本要求	作废
16	HB/Z 180	1990	软件质量特性评价方法	作废
17	HB/Z 182	1990	状态机软件开发方法	作废
18	HB/Z 244	1993	软件支持环境	
19	HB/Z 295	1996	机载系统和设备合格审定中的软件考虑	

表 14－10　航天工业软件工程标准目录

序号	标准编号	年份	标 准 名 称	备注
1	QJ 1518	1988	微型机汉字 CA－FORTH 语言	
2	QJ 1912.1	1999	航天型号软件文档管理制度软件文档格式及填写要求	
3	QJ 1912.2	1999	航天型号软件文档管理制度软件文档的编号	
4	QJ 1912.3	1999	航天型号软件文档管理制度软件文档的完整性要求	
5	QJ 1912.4	1999	航天型号软件文档管理制度软件文档的签署规定	
6	QJ 1912.5	1999	航天型号软件文档管理制度软件文档的更改控制	
7	QJ 1912.6	1999	航天型号软件文档管理制度软件文档的管理要求	
8	QJ 1912.7	2003	航天型号软件文档管理制度软件文档编写要求	
9	QJ 2098	1991	导弹武器系统计算机软件评审与审查规范	

序号	标准编号	年份	标准 名 称	备注
10	QJ 2543	1993	航天用计算机软件维护规范	
11	QJ 2544	1993	航天用计算机软件质量度量准则	
12	QJ 2545	1993	航天计算机软件项目管理规范	
13	QJ 2547	1993	FORTRAN 语言编程格式约定	
14	QJ 2548	1993	Ada 语言编程格式	
15	QJ 2622	1994	Ada 交叉编译系统技术要求	
16	QJ 2645	1994	计算机病毒防治系统技术要求	
17	QJ 2646	1994	计算机软件结构化设计约定	
18	QJ 2858	1996	航天计算机软件产品代号编制规定	
19	QJ 2949	1997	BASIC 语言编程格式约定	
20	QJ 2950	1997	C 语言编程格式约定	
21	QJ 3026	1998	航天型号软件异常分类规范	
22	QJ 3027	1998	航天型号软件测试规范	
23	QJ 3048	1998	元器件检测站测试软件开发规范	
24	QJ 3096	1999	航天型号软件产品证明书的编写规定	
25	QJ 3097	1999	航天型号软件产品质量履历书的编写规定	
26	QJ 3098	1999	航天型号软件产品研制任务书的编写规定	
27	QJ 3126	2000	航天软件产品保证要求	
28	QJ 3128	2001	航天型号软件开发规范	
29	QJ 3129	2001	航天型号软件需求分析规范	
30	QJ 3130	2001	航天型号软件配置管理规范	

表 14－11   电子工业软件工程标准目录

序号	标准编号	年份	标准 名 称	备注
1	SJ/Z 2583	1985	软件产品设计文件的组成和编制	
2	SJ/T 10367	1993	计算机过程控制软件开发规范	

序号	标准编号	年份	标 准 名 称	备注
3	SJ/T 11234	2001	软件过程能力评估模型	
4	SJ/T 11235	2001	软件能力成熟度模型	
5	SJ/T 11290	2003	面向对象的软件系统建模规范第1部分：概念与表示法	
6	SJ/T 11291	2003	面向对象的软件系统建模规范第2部分：文档编制	
7	SJ 20355	1993	机载雷达软件开发规程	
8	SJ 20356	1993	机载雷达软件质量保证规程	
9	SJ 20523	1995	软件文档管理指南	
10	SJ 20681	1998	地空导弹指挥自动化系统软件模块通用规范	
11	SJ 20778	2000	软件开发与文档编制	

14.3 我国军用软件工程标准化进展

14.3.1 我国军用软件工程标准化现状

自从1983年军用标准化工作实行统一管理以来，软件工程标准化工作受到各有关单位的重视，取得了可喜的成绩。经过各界的不断努力，自1988年第一项软件工程国军标 GJB 437《军用软件开发规范》发布，先后颁布的一批国家军用标准，包括 GJB 438—1988《武器系统软件开发文档》、GJB 439—1988《军用软件质量保证规范》、GJB 1091—1991《军用软件需求分析》、GJB 1267—1991《军用软件维护》、GJB 1268—1991《军用软件验收》、GJB 2115—1994《军用软件项目管理规程》、GJB 2255—1994《军用软件产品》、GJB 2434—1995《军用软件测试与评估通用要求》、GJB 2786—1996《武器系统软件开发》和 GJB/Z 117—1999《军用软件验证和确认计划指南》等，解决了军用软件无标准可用的问题，对指导我军软件工程标准化工作的开展起到了重要的推进作用，为军用软件质量的提高起到了重大作用[97]。

目前，我国已初步建立了军用软件工程标准体系。软件工程标准主要是软件开发、运行、维护和引退的方法以及过程等方面的标准。军用软件工程标准体系主要由基础标准、软件工程环境标准、软件过程标准、软件产品标准组成，标准体系框架见表14-12[17]。

表 14 - 12　我国军用软件标准层次表

第一层次	第二层次	备　注
A 基础标准	AA 术语和符合	
	AB 度量与评价	
	AC 专业工程	可靠性和安全性
	AD 其他	
B 软件工程环境标准	BA 语言及联编	
	BB 计算机辅助软件工程/软件开发环境	
	BC 软件构件	
	BD 专用语言和编译器工具	
	BE 其他	
C 软件过程标准	CA 基本过程	主要包括获取、供应、开发、运行、维护等过程
	CB 支持过程	主要包括文档编制、配置管理、质量保证、验证、确认、联合评审、审核、问题解决等过程
	CC 组织过程	主要包括管理、基础设施建立、改进等过程
D 软件产品标准		主要包括软件工程过程中产生的文档等产品

目前现行有效的军用软件工程方面通用标准约 33 项,见表 14 - 13。

表 14 - 13　现行有效的军用软件工程国军标

序号	体系中的位置	标准号	年份	标准名称
1	CB	GJB 439	1988	军用软件质量保证规范
2	CA	GJB 1091	1991	军用软件需求分析
3	CA	GJB 1267	1991	军用软件维护
4	D	GJB 1419	1992	军用计算机软件摘要
5	D	GJB 1566	1992	军用计算机软部件文档编制格式和内容
6	BA	GJB 1683	1993	军用 JOVIAL 语言

序号	体系中的位置	标准号	年份	标 准 名 称
7	BA	GJB 1922	1994	信息处理系统 计算机图形 图形核心系统（GKS）与 Ada 语言联编
8	D	GJB 2041	1994	军用软件接口设计要求
9	CC	GJB 2115	1994	军用软件项目管理规程
10	BB	GJB 2694	1996	军用软件支持环境
11	AC	GJB/Z 102	1997	软件可靠性和安全性设计指南
12	C	GJB/Z 115	1998	GJB 2786《武器系统软件开发》裁剪指南
13	BA	GJB 3181	1998	军用软件支持环境选用要求
14	BA	GJB 1382A	1998	程序设计语言 SQL
15	BA	GJB 1383A	1998	程序设计语言 Ada
16	BD	GJB 4456	2002	军用巨型计算机并行语言及编译系统设计要求
17	CB	GJB 5234	2004	军用软件验证和确认
18	CB	GJB 5235	2004	军用软件配置管理
19	AB	GJB 5236	2004	军用软件质量度量
20	CA	GJB/Z 141	2004	军用软件测试指南
21	AC	GJB/Z 142	2004	军用软件安全性分析指南
22	AB	GJB 2434A	2004	军用软件产品评价
23	CA	GJB 1268A	2004	军用软件验收要求
24	CA	GJB 4072A	2006	军用软件质量监督要求
25	CB	GJB 5716	2006	军用软件开发库、受控库和产品库通用要求
26	CB	GJB 5880	2006	软件配置管理
27	CB	GJB 6389	2008	军用软件评审
28	D	GJB 6921	2009	军用软件定型测评大纲编制要求
29	D	GJB 6922	2009	军用软件定型测评报告编制要求
30	CC	GJB 5000A	2008	军用软件研制能力成熟度模型
31	D	GJB 438B	2009	军用软件开发文档通用要求
32	C	GJB 2786A	2009	军用软件开发通用要求
33	AC	GJB/Z 157	2011	军用软件安全保证指南

目前,各个军用软件承制单位对军用软件标准化重要性的认识在不断深化,军用软件标准的应用对保证军用软件产品的质量起着关键性的作用。首先,军用软件标准可规范军用软件在开发研制中的每个过程,从而从根本上提高软件产品的质量;其次,在采购或开发中,军用软件标准是最为有效的和最终的验收依据,可以选择合格的军用软件承制方或有一定质量保证的产品,确保有效滤除不符合要求或质量低劣的软件产品进入军队。例如,型号两总系统十分重视软件和软件标准化问题,针对每一个型号项目,建立了一套行之有效、切合实际的软件工程规范,并在型号软件开发中进行贯彻实施。

回顾我国军用软件工程标准化工作历程可以看出:军用软件工程标准化,不论在有效提高武器装备软件质量,还是在促进军用软件工程化水平方面,都发挥了很大的作用,取得了显著的成绩。尽管如此,目前仍存在一些问题和不足。主要体现在[17]:

(1)我国军用软件工程标准整体水平还落后于国外先进国家,我国同类标准的出台,一般落后于美军标 10 年左右。

(2)标准间协调性较差。现有军用软件标准由于其制定年代的不同,其参照的标准体系也有所不同,有的以国际标准为参考制定,有的则是以美国军用标准为参考制定,还有的是以自己的实践经验为基础制定的,相互之间存在体系、术语和做法等方面的不协调之处,尚需对这些标准进行修订,以形成一个统一、协调的体系。

(3)部分标准缺乏较为实用的可操作性。为了更好地贯彻和实施现有标准,尚需要制定相关指南,以促进军用软件承制单位有效地贯彻实施。

(4)标准信息不畅,标准得不到有效实施。有些基层单位不能及时了解最新的标准信息,在实际工作中还存在无章可循、无据可依的情况;有些基层单位尽管拥有一些标准,但由于缺乏必要的宣贯和培训,在标准的实施过程中存在不知道如何执行或者执行不到位的情况。

随着我军信息化建设的深入,对军用软件工程标准化提出了更高的要求,加强军用软件工程标准体系建设,有效发挥军用标准化的作用任重而道远。

14.3.2 军用软件系列标准推进过程

从 2002 年初起,总装备部军用标准化主管单位组织开展了一系列军用软件工程标准化工作,并提出了武器装备软件管理急需的 7 项标准的制定、修订:

(1)军用软件验收。

(2)军用软件配置管理。

(3)军用软件验证和确认。

（4）军用软件质量度量。

（5）军用软件产品评价。

（6）军用软件测试指南。

（7）军用软件安全性分析指南。

上述军用软件工程标准制定、修订工作主要分为如下三个阶段[17]：

（1）需求分析和项目确定阶段

2002 年 4 月 8 日,总装备部军用标准化主管单位组织召开了全军软件测试标准化座谈会,广泛听取了军内外单位软件测试工作情况及软件测试方面标准化情况的汇报。2002 年 12 月 25 日,总装备部军用标准化主管单位组织召开了军用软件测试所需标准制定、修订工作研讨会,与会专家来自总参谋部三部、总参谋部通信部、总装备部司令部、空军、海军、第二炮兵、航天、航空、电子等军内外有关单位,对总装备部电子信息基础部标准化研究中心所提出的软件测试标准制定、修订调研分析报告和今后工作的建议进行了讨论,确定了急需制定、修订的 7 项标准,并对任务分工及工作进度达成一致意见,报请总装备部军用标准化主管单位批准。2003 年 2 月,总装备部军用标准化主管单位正式下达了 7 项标准的制定、修订计划,并成立"军用软件测试标准编制工作组",负责各项标准制定的协调、监督和技术把关。

（2）标准编制阶段

任务下达后,各项目承担单位根据总装备部军用标准化主管单位的统一要求,开展了标准项目的论证、标准编制等工作。"军用软件测试标准编制工作组"充分发挥了技术协调和把关作用。

2003 年 3 月 14 日,总装备部军用标准化主管单位组织召开了"军用软件测试标准编制工作组"第一次工作会议,在这次会议上对标准项目承担单位的论证情况进行了审查,并对每个标准项目的主要内容,制定、修订原则等进行了重点讨论。

2003 年 8 月 4 日~6 日,召开了"军用软件测试标准编制工作组"第二次工作会议,审查了各项目编制组提出的标准编制大纲,并重点讨论了各项目存在的共性问题,明确了有关原则。

2003 年 9 月 2 日~5 日和 2003 年 10 月 21 日~24 日,分别召开了"军用软件测试标准编制工作组"第三次和第四次工作会议,对 7 项国军标的征求意见稿逐项进行了认真讨论,协调解决了标准中存在的各类技术问题。

此后,各项目的标准编制组将经过工作会议讨论后的征求意见稿发至军内各部门、承担军事型号的各有关单位,进行了为期 1 月~2 月的广泛征求意见;编制组收到反馈意见后,根据意见进一步修改了征求意见稿,提出了征求意见二稿,并分别召开了征求意见稿讨论会,再次征求有关单位或专家的意见。在上述工作基础上,形成了标准送审稿。

（3）标准审查阶段

由各项目主编单位的上级主管部门组织,2004年上半年7个项目分别召开了标准审查会,参加会议的有"军用软件测试标准编制工作组"专家、军内外有关单位的专家和代表等。审查委员会重点对标准技术内容、标准之间的协调性、重大分歧意见的处理、标准的编写格式等进行审查,并对7项标准在保证软件质量方面的作用给出充分的肯定,还对部分标准中存在的一些问题给出了修改建议。

该系列标准已于2004年9月20日颁布,2005年1月1日实施。该系列标准的发布和实施对规范军用软件研制、鉴定和定型工作,促进军用软件评价和监督机制的建立,提高军用软件质量和技术水平等都具有重要的作用。

第15章　军用软件工程标准实施过程

军用软件标准在制定过程当中,考虑到适用性和普遍性,通常制定得比较详细和严格,在使用时可根据实际情况进行剪裁。本章在参考总装备部电子信息基础部标准化研究中心研究成果[17]的基础上,主要论述了军用软件标准的实施步骤、剪裁时机及裁剪原则,从标准内容、技术要点以及贯彻实施等几个方面介绍了常用的几个军用软件标准:包括军用软件产品评价、军用软件验证和确认、军用软件验收、军用软件维护等。

15.1　军用软件标准的实施步骤

一般来说,军用软件标准的实施应采取如下步骤[18]:

(1)订购方提出软件采办需求。

(2)根据需求,初步选用和剪裁适用的软件军用标准。

(3)订购方提出招标书、软件标准要求。

(4)承制方编制投标方案及标准实施的方案。

(5)确定承制方、订购方和承制方可商讨并修改标准实施的方案。

(6)签订合同。

(7)承制方纳入产品研制规范及图样中。

(8)传递各类文件。

(9)执行并监督。

15.2　军用软件标准的裁剪

标准的剪裁必须在软件研制合同中进行商定,以免后期产生不必要的争议。军用软件的剪裁是指对选用标准中的每一项要求进行分析、评估和权衡,确定其对特定产品的适用程度,必要时对其进行修改、删减或补充,并通过有关文件提出适合特定产品最低要求的过程。通过对标准的剪裁,允许执行标准时有一定的灵活性,这也为订购方和承制方协商签订合同提供了基础,也使标准的普通性要求转变为特定型号或产品必须执行的强制要求,打破过去贯彻实施标准中存在的不考虑时间、场合和条件要求百分之百无条件执行的做法。

15.2.1　国军标裁剪原则

对软件军用标准剪裁的重要原则是权衡考虑近期效益与长远影响,例如[18]:

(1) 对用户所需支持文档的剪裁,近期可以省时省力,但如不适当,在长期使用和支持软件的费用上可能会产生严重的相反效果。

(2) 对软件产品评价的剪裁,能够节省时间和费用,但如不适当,很可能导致软件产品质量的下降而造成返工。

(3) 对软件配置管理的剪裁,在短期内能够省时省力,但是如果承制方失去了对软件版本及其文档的跟踪,要重新建立它们将需要更多的时间和费用的投入。

(4) 对审查与审核的剪裁,可以节省时间和费用,但如不适当,会由此降低对软件开发过程的控制及对订购方的透明度的监督。

15.2.2　国军标裁剪时机

国军标的剪裁通常是一个渐进的活动,标准剪裁时机的选择也是非常重要的。在合同谈判之前,订购方和承制方应针对项目的具体情况进行初步剪裁。在初步剪裁的基础上,洽谈合同,进行详细具体的剪裁,并正式签订合同。在开发期间,根据实际需要,可对相关标准再次进行剪裁,但剪裁内容须得到订购方主管部门的认可。

15.2.3　国军标裁剪考虑的主要因素

标准剪裁时要考虑的主要因素如下[18]:

(1) 软件开发所对应的武器系统研制阶段。

(2) 订购方的政策。对使用程序设计语言、安全性分析、软件质量等方面的要求。

(3) 软件开发的策略。是由一个承制方完成所有的软件开发工作,还是把工作分配给几个承制方? 是否把正式评审和审查作为项目的里程碑? 是否进行独立的验证与确认?

(4) 软件保障方案。软件保障方案规定软件将被支持多久,是否希望软件在一段时间后更改,如何批准执行这些更改? 软件保障方案引出了对剪裁要作如下考虑:谁负责软件保障? 软件开发承制方是否提供培训? 软件开发承制方是否计划进行责任转移？

（5）影响到剪裁的特性包括：一是软件是否用来实现用户接口；二是系统对软件的规模时间是否有限制；三是软件的错误是否会导致系统安全性的破坏或危及生命；四是系统对软件的规模及完成时间是否有限制；五是部分或全部软件是否实现固化。

（6）软件类型。标准剪裁时也要考虑软件的类型，如对于新开发软件、修改的软件或者非开发软件，其适用的软件标准的剪裁是不一样的。

（7）标准剪裁时要考虑的其他因素：一是软件的关键性；二是软件的技术风险；三是软件的项目规模。

15.3 军用软件产品评价

15.3.1 概述

要使软件的质量能充分满足应用的要求、系统的要求，就必须重视和加强软件质量管理，特别是要重视确定和设计质量，实施质量管理和评价所期望的软件质量。软件质量管理是一项系统活动，它包括质量设计和质量控制。质量设计是指在软件的设计之初就考虑软件的质量指标，这些质量指标是用户和系统对软件的功能和性能的要求。软件开发组织在质量设计中就应确定软件应该达到什么水平，考虑如何设计高质量的软件以及如何通过测试来确定质量问题。为此，需要对要设计的软件给出应达到的质量目标，并尽量将它们定量化。质量控制是指对软件实现过程的质量管理。从软件生存周期过程的最新发展来看，不仅需要软件开发组织在软件的设计、开发、测试和集成活动中实施质量管理政策和规程来满足所期望的质量指标，而且应该在软件生存周期的各个基本过程，包括获取、供应、运行和维护过程中通过多种方式控制软件质量，实现质量管理。

实践表明，在软件生存周期过程中及时对软件产品，包括软件的中间产品和最终产品的质量进行系统科学的评价，是促进软件质量提高的一种有效方法。在软件的开发过程中根据质量需求适时对软件的中间产品的质量属性进行测量和评价，可以尽早发现问题、及时纠正问题，从而降低成本、控制进度；在获取现货软件、定制的软件或修改现有的软件产品时，软件的需方按照系统的要求对软件产品的质量进行评价，验证其是否满足系统的要求，可以选择最适合的产品，或重用已有的软件产品，从而加快进度，节约成本；第三方评价机构对软件产品客观、公正的评价，有助于供方组织改进产品质量，更好地推广产品，有助于需方组织关注可能的质量问题,更好地进行维护。

GJB 2434A—2004《军用软件产品评价》是采纳了国际标准化组织 ISO/IEC 近年推出的软件产品评价系列标准而制定的,它规定了军用软件产品在软件的开发、获取等过程中采用的评价活动以及组织方面的管理活动,使得软件产品的开发组织、需方和第三方评价者能够按照标准提供的评价过程和活动来组织和开展软件产品的质量评价,以便从手段和方法上落实质量管理目标,提高软件产品质量。

对软件产品实施软件质量评价,是继软件质量管理和独立软件测试之后的又一个推动我国军用软件质量进一步提高的重要手段。软件质量评价能够比较客观地评定软件的质量水平,有目的地控制、管理和改进软件的质量,为软件定型、验收、鉴定和产业化提供了客观、公正的科学依据。因此,软件质量评价对保证我国军用软件质量提供了有效保障。

15.3.2 主要内容和技术要点

GJB 2434A—2004《军用软件产品评价》是依据 ISO/IEC 14598 系列标准的内容而制定的,取代了 GJB 2434—1995《军用软件测试与评估通用要求》。

原 GJB 2434—1995 标准的内容主要是参照 ISO/IEC 9126:1991 标准制定。原 GJB 2434—1995 标准中规定的软件质量框架和软件评测过程模型参照了 ISO/IEC 9126:1991 标准中的软件质量模型和质量评价过程。随着信息技术的不断发展和对软件工程研究与实践的不断深入,国际标准化组织 ISO/IEC 不断吸收和采纳了国际上一些先进软件组织的优秀的质量管理思想和技术,陆续发布了一些新的软件工程标准,如 ISO/IFC12207《信息技术软件生存周期过程》,ISO/IEC TR 15846《信息技术软件生存周期过程配置管理》等。同时,对原有的 ISO/IEC 9126 标准也进行了重大调整,将软件工程界许多新的研究实践成果吸收进来,并在结构上将有关软件质量模型、质量度量的内容与软件产品评价的内容分开来,组成了两个系列的标准——ISO/IEC 9126 系列和 ISO/IEC 14598 系列标准。在这两个系列标准中深入细致地描述了软件生存周期不同过程使用的软件质量模型和度量方法,以及不同使用者使用的软件产品评价的过程和活动。

为了使军用软件产品的开发和质量管理工作能尽快地应用这些新发布的国际标准,更好地提高军用软件产品质量,规范军用软件的质量管理,标准编制组采纳了将软件质量模型和产品评价过程分别描述的方法,参照 ISO/IEC 9126《软件工程产品质量》系列标准的内容制定了 GJB 5236—2004《军用软件质量度量》标准,参照 ISO/IEC 14598《软件工程产品评价》系列标准的内容对 GJB

2434—1995 标准进行了修订,形成了现在的 GJB 2434A 标准。

ISO/IEC 14598《软件工程产品评价》系列标准共包括六个部分,分别是:

(1) ISO/IEC 14598 – 1:1999《软件工程产品评价第 1 部分:概述》。

(2) ISO/IEC 14598 – 2:2000《软件工程产品评价第 2 部分:策划与管理》。

(3) ISO/IEC 14598 – 3:2000《软件工程产品评价第 3 部分:开发者用的过程》。

(4) ISO/IEC 14598 – 4:1999《软件工程产品评价第 4 部分:需方用的过程》。

(5) ISO/IEC 14598 – 5:1998《软件工程产品评价第 5 部分:评价者用的过程》。

(6) ISO/IEC 14598 – 6:2001《软件工程产品评价第 6 部分:评价模块的文档编制》。

在制定 GJB 2434A 标准时,为了便于阅读和使用,将这六个部分整合为一个完整的标准,并且在结构上进行了适当调整。同时,考虑到军用软件产品的特点,删去了原系列标准中的一些不适用的内容,并将各标准之间用语不一致、表述不清晰或难以理解的地方进行了调整和统一,将原标准正文和原规范性附录中出现的引用标准转换为对应的国家军用标准或国家标准。

从 GJB 2434A 标准与 GJB 5236—2004《军用软件质量度量》标准所依据的国际标准的发展历程可以看出,这两个标准在技术内容上是密切相关的,在应用中必须结合起来使用。这两个标准都是对软件生存周期过程中的质量管理活动进行描述,产品评价过程也是由评价的活动和任务组成,因此它们与 GB/T 8566—2007《信息技术软件生存期过程》标准也是密切相关的。

15.3.3 标准的贯彻与实施

GJB 2434A 的主要内容是给出了三种软件产品评价过程,分别规定了供方、需方和第三方独立评价者实施产品评价所遵循的过程。这些过程的基本活动是类似的,都是按照确立评价需求、规定评价、设计评价和执行评价等活动来描述相应的产品评价过程,如图 15 – 1 所示。但每个过程活动的具体任务则要根据使用者的不同,评价目的和需求的不同而有所区别。

在依照标准具体实施各方产品评价之前,理解软件产品的通用评价过程主要包括哪些活动,这些活动相应的任务是什么,都有哪些输入和输出等是非常必要的。

1. 确立评价需求

确立评价需求的活动主要由确立评价目的、标识产品类型和规定质量模型

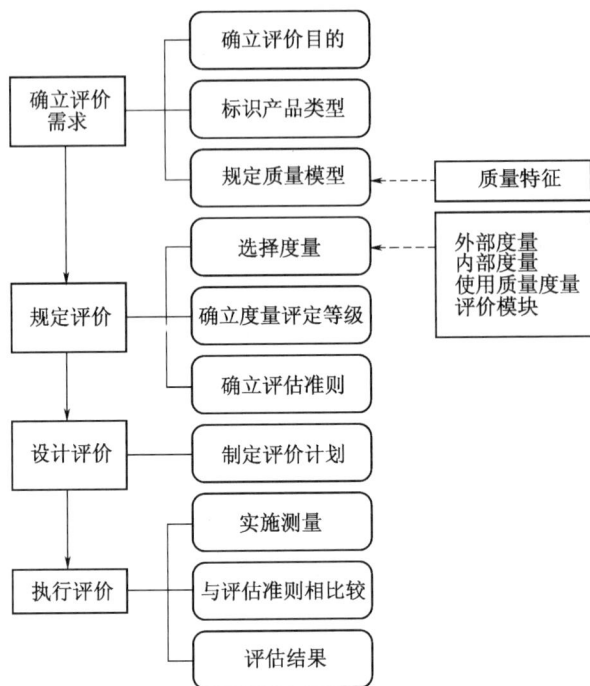

图 15 - 1　通用产品评价过程

组成。这一活动的输入是软件或系统的质量需求,包括用户质量要求、系统的质量要求、相应的法律法规及特定的需方的要求等,输出是软件的评价需求。

1) 确立评价目的

确立评价目的,即明确为什么要进行评价,确立评价目标。概括地说,软件质量评价的目的是为了直接支持开发和获取能满足用户要求的软件。最终目标是保证产品能提供所要求的质量,即满足用户(包括操作者、软件结果的接受者或软件的维护者)明确和隐含的要求。这可以根据评价工作要在软件生存周期五个基本过程(获取、供应、开发、运作和维护过程)中的哪一个过程中实施来确定。例如,是为了在开发过程中尽早发现软件的质量问题,还是对要采购或定制的软件是否满足系统的质量需求而进行评价;是供方为向需方推广其产品而委托第三方评价组织进行的符合性评价,还是为了更好地运行或维护系统而对现有的系统能否持续地满足要求而组织的评价,通过分析确立评价目标。不同的评价者关注评价的视角不同,评价的内容也不一样。从供方、需方和第三方三个不同的视角,评价者可以采用更有针对性的质量评价过程和组织策划产品评价工作。

2）标识产品类型

标识产品类型需要考虑要评价的产品是中间产品还是最终产品。一般来说,对于软件的设计开发过程,评价更多的是针对中间产品,主要关注软件的内部质量需求是否满足要求,以便决定是否接受分包商交付的中间产品;决定某个过程的完成,以及何时把产品送交下一个过程;预计或估计最终产品的质量;收集中间产品的信息以便控制和管理过程。

对于获取、供应、运行和维护过程来说,产品评价主要针对最终产品。通过软件在运行时,它所在的系统表现的外部质量特性来评价产品的外部质量需求和使用质量需求是否得到满足。评价最终产品质量的目的是：决定是否接受这个产品;决定何时发布这个产品;与参与竞争的产品进行比较;从众多可选的产品中选择何种产品;使用产品时评估产品的积极和消极的影响;决定是否升级或替换该产品。

3）规定质量模型

规定质量模型具体说来是规定评价需求。在进行软件或系统的需求分析时,不仅要分析其功能需求,还必须要考虑它的质量需求和性能需求。忽略了质量需求,既会潜藏软件的质量隐患,也会使产品评价缺乏依据。因此,要对每一个软件产品按照软件质量模型,分解用户或系统的质量要求,确定要评价产品的质量特性/子特性,分析每个特性/子特性的优先级,以便确定产品的质量要求和评价需求。

确定质量需求先从分析用户要求开始。可以参照使用质量的模型,从软件的有效性、生产率、安全性和满意度方面来标识产品在特定的使用环境中应具备的要求,并尽量以形式化的方式来描述。然后,再参照产品的外部质量和内部质量模型来逐步分解和标识外部质量和内部质量需求。

将质量要求进行分解的过程也是一个逐步求精的过程。软件的质量模型代表了软件质量特性的总体,这些质量特性通常用特性、子特性和属性的分层树结构进行分类。一个特定的软件质量特性或子特性可以用一个或多个属性来评估。

对一个特定的软件来说,它的各个质量特性的重要性是不同的。如对于实时系统来说,可靠性、效率和功能性比较重要,而对一个特定的生存期长的软件来说,可移植性、可维护性的重要性是不同的。另外,还要考虑软件各个质量特性之间存在着的有利和不利的影响,例如,由于效率的要求,我们可以使用汇编语言,但这样编写出的程序可移植性和可维护性比较差。因此,在确定产品质量特性/子特性时要综合考虑它们之间的相互关系和重要程度,给出相应的优先级。例如,可以根据软件应具备的质量特性,用图 15 - 2、表 15 - 1、表 15 - 2 来描述软件的评价需求。

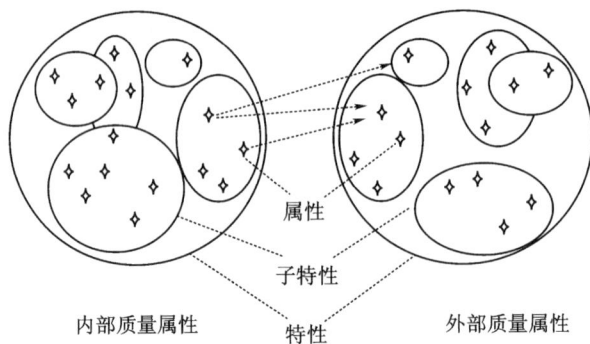

图 15 - 2 质量特性、子特性和属性

表 15 - 1 用户要求的特性与权重(1)

1. 使用质量的评价需求			
使 用 质 量			
	特 性	权重(高/中/低)	权 重 值
	有效性	高	
	生产率	高	
	安全性	低	
	满意度	中	
2. 外部和内部质量的评价需求			
外部与内部质量			
特 性	子 特 性	权重(高/中/低)	权 重 值
功能性	适合性	高	
	准确性	高	
	互操作性	低	
	安全保密性	低	
	功能性的依从性	中	
可靠性	成熟性(硬件、软件、数据)	低	
	容错性	低	
	易恢复性(数据、过程、技术)	高	
	可靠性的依从性	高	

表 15 - 2　用户要求的特性与权重(2)

特　性	子　特　性	权重(高/中/低)	权　重　值
易用性	易理解性	中	
	易学性	低	
	易操作性	高	
	吸引性	中	
	易用性的依从性	高	
效　率	时间特性	高	
	资源利用性	高	
	资源的依从性	高	
维护性	易分析性	高	
	易改变性	中	
	稳定性	低	
	易测试性	中	
	维护性的依从性	高	
可移植性	适应性	高	
	易安装性	低	
	共存性	高	
	易替换性	中	
	可移植性的依从性	高	
注: 权重可用高/中/低的方式表示,也可在 1～9 的范围内用顺序标度来表示(例如,1～3 = 低、4～6 = 中、7～9 = 高)			

还可以对上述两表进一步细化,分别列出每个特性/子特性的内部属性和外部属性,以便应用内部和外部质量度量。

2. 规定评价

规定评价的活动实际上就是规定评价的规格说明。它由选择度量、确立度量评定等级和确立评估准则组成。这一活动的输入是上一步的输出,它的输出是评价规格说明。

1)选择度量

GJB 5236 给出了对软件质量特性进行测量的度量表,对软件质量模型中的每个内部、外部和使用质量特性/子特性,通过提供若干度量元的方式列出了一些行之有效的测量方法。选择度量时,可以根据评价需求从表中选择适当的度量元,或根据需要开发和设计更为有效的度量元。需要注意的是,在上一步评价需求中,只是定性地描述了软件产品应具有的质量特性,并没有对它进行量化。例如图 15-2 所示的质量特性和子特性的描述还是比较抽象的,还应该更加细化,用一个或多个可以测量的质量属性来进一步描述每个质量特性/子特性,并且给每个质量属性确定相应的目标测量值作为质量属性的量化表示,以便对它们进行测量。

在选择度量元时,要注意选择那些成熟且简便易行的测量方法和技术,测量的结果要易于使用。度量表中并没有把所有的度量元或测量方法都列出来,对软件组织来说,积累和研究一些好的测量方法、工具和数据也是很有效的。

2)确定质量评定等级

确定质量评定等级是将产品满足质量需求的程度进行分类。分类的方式可以有多种,比如按是否满足最低要求的程度分为两类:满意或不满意;或者,按是否满足预期水平、当前水平和最差情况三个档次将满足需求的程度分为四类:优秀(表示产品的质量超过预期水平)、良好(达到目标)、合格(最低可接受)或不合格(不可接受)等。对属性的测量结果将映射到某个标度上,这个值本身并不表示满意的程度。若该值落于良好的范围,则表明该属性达到了质量需求的要求。

3)确立评估准则

在针对评价需求选择了一组度量元或方法、确立了评定等级之后,评价者应将评价规格说明编成文档。规格说明中可以按软件的完整性级别、规定的质量模型和优先顺序列出要评价的质量特性和子特性,选择的内部、外部或使用质量的度量,可能的验收准则等,如表 15-3 所列。

表 15-3　功能性的测度

	适合性	准确性	互操作性	安全保密性	依从性
期望值	肯定回答多于 70%	肯定回答多于 70%	肯定回答多于 70%	肯定回答多于 70%	肯定回答多于 25%
评定值	适合性的评价值	准确性的评价值	互操作性的评价值	安全保密性的评价值	依从性的评价值
1(不合格)	[0⋯0.70]	[0⋯0.70]	[0⋯0.70]	[0⋯0.70]	[0⋯0.25]
2(合格)	(0.70⋯0.80]	(0.70⋯0.80]	(0.70⋯0.80]	(0.70⋯0.80]	(0.25⋯0.50]
3(良好)	(0.80⋯0.90]	(0.80⋯0.90]	(0.80⋯0.90]	(0.80⋯0.90]	(0.50⋯0.75]
4(优秀)	(0.90⋯1]	(0.90⋯1]	(0.90⋯1]	(0.90⋯1]	(0.75⋯1]

评价者还应规定测量的执行条件(如环境、时间、成本等)和测量规程,针对不同的质量特性使用不同的评价准则。

3. 设计评价

设计评价的主要任务是制定评价计划。这一活动的输入是评价规格说明,输出是评价计划。评价计划描述了评价所用的方法和评价活动的进度表。

4. 执行评价

这一活动的输入是评价计划,输出是评价报告和评价数据。

按照评价计划对软件质量特性使用所选择的度量,其结果为一系列映射到测量标度上的值。要将测量的值与预定的准则进行比较,将结果记录下来。然后,对评价结果进行评估。评估是软件评价过程的最后一步,将对一组已评定的等级进行总结。其结果是对软件产品满足质量需求程度的一个综合的报告。最后,将总结的质量与时间和成本等其他方面进行比较。评价者根据管理准则做出一个管理决策。最终是决策层做出的接受或拒绝、发布或不发布该软件产品的决定。这一评价结果对软件开发生存周期的下一步决定十分重要。例如,需求是否须更改或开发过程是否需要更多的资源。

15.4　军用软件验证和确认

15.4.1　概述

随着武器装备的现代化、信息化、电子化,军用软件已经成为装备的重要组成部分。军用软件的质量好坏、可靠与否在某种意义上讲是战争成败的关键因素之一。做好军用软件的验证与确认(Verification and Validation, V&V)工作是提高军用软件的开发水平和产品质量的重要措施之一。

软件验证和确认的基本概念:

(1)验证是通过检查和提供客观证据,证实规定的需求已经得到满足。

(2)确认是通过检查和提供客观证据,证实特定预期用途的需求是否得到满足。

验证的目标在于检查软件是否符合其规格说明,并检查系统是否满足其规定的功能和非功能的需求。而确认是个更常用的过程,它确保软件满足用户的预期。

两者的主要区别如下:

(1)验证是指"我们是否正确地构造了产品?"

(2)确认是指"我们是否构造了正确的产品?"

软件验证和确认是软件研制过程中的一项重要的工作,极大程度地影响着软件的质量,是当前国外重大的软件开发中经常采用的一种技术,GJB 5234—2004《军用软件验证和确认》的发布与实施对提高我国军用软件质量具有重要的作用。

15.4.2 主要内容和技术要点

GJB 5234 中,先后出现了软件关键性和软件完整性两个概念,为不造成混淆,须明确两者的关系。关键性关注的是软件本身相对于应用所呈现的关键程度,它可体现在安全性、安全保密性、复杂性、可靠性等特性上;而软件完整性是从控制风险的角度来考查软件完整程度。然而,软件关键性和软件完整性密切相关,并且两者呈同一方向变化,因此 GJB 5234 用软件关键性引出了软件完整性,并用软件完整性级别来量化软件关键性。

关键性分析是一种为单个软件要素分配 V&V 资源的方法。关键性分析的目标是,当可用的资源不足以全面彻底地分析系统的所有方面时,确保能有效地使用这些资源。简而言之,关键性分析是一种可将 V&V 资源应用于软件中最重要(关键)的地方的系统性方法。关键软件是指其失效对安全性有重要影响或者会导致巨大经济或社会损失的软件。

关键性分析按四个步骤来执行:

(1) 确定待开发系统的关键性级别。关键性级别可指定高低值:高、中和低,或从 1 到 N 的数值之一。在很多情况下,使用两级或三级。

(2) 标识描述系统特征的需求集。

(3) 对于每个关键性类型,为每个需求指定一个关键性级别。

(4) 利用每个需求的关键性级别,来确定 V&V 方法以及适用于该需求的强度。

软件完整性级别一般在开发过程的早期指定,最好在系统需求分析和体系结构设计活动的过程中指定。不仅可对软件指定完整性级别,也可对软件需求、功能、功能组、软件部件或子系统指定完整性级别。而指定的软件完整性级别可随软件的演化而变化。通过实施 V&V 关键性分析,可对指定的软件完整性级别进行不断更新和评审。一个项目的软件完整性级别由需方、供方、开发方和第三方协商而定。在 V&V 工作计划中应规定软件完整性方案。

15.4.3 标准的贯彻与实施

GJB 5234 中指出,V&V 过程支持所有的软件生存周期过程。这表明,作为对软件生存周期中支持过程的验证和确认,可在很大的范围内有用武之地。然而,基于现有的知识和经验,GJB 5234 只阐述了在获取、供应、开发、运作和维护等软件生存周期基本过程中实施 V&V 所要执行的活动和任务,并描述了管理这些 V&V 活动和任务的管理过程。

在 GJB 5234 所描述的软件生存周期内,过程、活动和任务呈现层次分明的三层关系,如 GJB 5234 所示。

1. 管理过程

管理过程包含通用活动和任务,这些活动和任务可由管理其相应过程的任何一方使用。管理过程包含一项 V&V 活动:V&V 管理活动。一般情况下,在所有的软件生存周期过程和活动中都执行 V&V 管理活动。

V&V 管理活动将持续地评审 V&V 工作,基于更新的项目进度和开发状态对软件验证和确认计划(SVVP)进行必要的修订,并与开发方以及诸如质量保证、配置管理、评审和审核等其他支持过程协调 V&V 结果。

在选定适当的软件完整性级别后,V&V 管理活动应执行如下最低限度 V&V 任务:

(1)软件验证和确认计划(SVVP)生成。

(2)基线更改评估。

(3)V&V 管理评审。

(4)管理和技术评审支持。

(5)与组织过程及支持过程的接口。

2. 获取过程

获取过程从定义获取系统、软件产品或软件服务的需求(如需求陈述)开始,随后制定和发布招标书,选择供方和管理获取过程,直到验收系统、软件产品或软件服务。V&V 工作使用获取过程来界定 V&V 工作的范围,策划供方和需方间的接口,评审包含在标书中的系统需求草案。获取过程包含一项 V&V 活动:获取支持 V&V 活动。获取支持 V&V 活动涉及项目启动、招标、合同准备、供方监督以及验收和完成。

在选定适当的软件完整性级别后,获取支持 V&V 活动应执行如下最低限度 V&V 任务:

(1)确定 V&V 工作范围。

(2)设计 V&V 工作和供方间的接口。

(3)系统需求评审。

3. 供应过程

供应过程可由编制投标书以答复需方的招标书来启动,也可由与需方签订合同而提供系统、软件产品或软件服务来启动。随后确定管理和保证项目所需规程和资源,包括编制项目计划、执行计划,直到将系统、软件产品或软件服务交付给需方。V&V 工作使用供应过程的产品验证招标需求与合同需求是否一致、是否满足用户要求。V&V 策划活动使用包括程序进度的合同需求来修改并更新供方与需方间的接口计划。供应过程包含一项 V&V 活动:策划 V&V 活动。策划 V&V 活动涉及启动、投标准备、签约、策划、执行与控制、评审与评价以及交付与实施等活动。

在选定适当的软件完整性级别后,策划 V&V 活动应执行如下最低限度 V&V 任务:

(1) 策划 V&V 工作和供方间的接口。

(2) 合同验证。

4. 开发过程

开发过程包含开发方的活动和任务。该过程包含与软件产品有关的需求分析、设计、编码、集成、测试、安装和验收等活动。V&V 活动验证和确认这些活动和产品。V&V 活动被划分为概念 V&V、需求 V&V、设计 V&V、实现 V&V、测试 V&V 以及安装和检验 V&V。

1) 概念 V&V 活动

概念 V&V 活动分析和评价解决用户问题的特定实现解决方案。在概念 V&V 活动期间,系统体系结构已选定,对硬件、软件和用户接口部件分配系统需求。概念 V&V 活动涉及系统体系结构设计和系统需求分析。V&V 的目标是验证系统需求的分配,确认选定的解决方案,确保没有采纳错误的解决方案。

在选定适当的软件完整性级别后,概念 V&V 活动应执行如下最低限度 V&V 任务:概念文档评价;关键性分析;硬件/软件/用户需求分配分析;可追踪性分析;危险分析;风险分析。

2) 需求 V&V 活动

需求 V&V 活动确定了功能性和性能需求、软件外部接口、合格性需求、安全性和安全保密性需求、人因工程、数据定义、软件用户文档、安装和验收需求、用户操作和执行需求、用户维护需求。需求 V&V 活动涉及软件需求分析。V&V 的目标是,确保需求的正确性、完备性、准确性以及可测试性和一致性。

在选定适当的软件完整性级别后,需求 V&V 活动应执行如下最低限度 V&V 任务:可追踪性分析;软件需求评价;接口分析;关键性分析;系统 V&V 测试计划生成和验证;验收 V&V 测试计划生成和验证;配置管理评估;危险分析;风险分析。

3) 设计 V&V 活动

在设计 V&V 活动中,软件需求被转化为每个软件部件的体系结构和详细设计。设计包括数据库和接口(软件外部、软件部件间、软件单元间)。设计 V&V 活动涉及软件体系结构设计和软件详细设计。V&V 的目标是表明设计是软件需求的正确、准确和完备的转化,而且没有引入非预期的特征。

在选定适当的软件完整性级别后,设计 V&V 活动应执行如下最低限度 V&V 任务:可追踪性分析;软件设计评价;接口分析;关键性分析;部件 V&V 测试计划生成和验证;集成 V&V 测试计划生成和验证;系统 V&V 测试设计生成和验证;危险分析;风险分析。

4)实现 V&V 活动

实现 V&V 活动将设计转化为代码、数据库结构和相关的可执行机器代码表示。实现 V&V 活动涉及软件编码和测试。V&V 的目标是验证和确认这些转化是正确、准确和完备的。

在选定适当的软件完整性级别后,实现 V&V 活动应执行如下最低限度 V&V 任务:可追踪性分析;源代码和源代码文档评价;接口分析;关键性分析;V&V 测试用例生成和验证;V&V 测试规程生成和验证;部件 V&V 测试执行和验证;危险分析;风险分析。

5)测试 V&V 活动

测试 V&V 活动覆盖软件测试、软件集成、软件合格性测试、系统集成和系统合格性测试。测试 V&V 活动及它与软件生存周期的关系如 GJB 5234 所示。V&V 的目标是确保通过执行集成测试、系统测试和验收测试使软件需求和分配给软件的系统需求得到满足。

对于软件完整性级别 3 和 4 而言,V&V 工作应生成自己的 V&V 软件和系统测试产品(如计划、设计、用例、规程),执行并记录自己的测试,并对照软件需求验证开发过程的测试计划、设计、用例、规程和结果。对于软件完整性级别 1 和 2 而言,V&V 工作应验证开发过程的测试活动和产品(如测试计划、设计、用例、规程及执行结果)。

在选定适当的软件完整性级别后,测试 V&V 应执行如下最低限度 V&V 任务:可追踪性分析;验收 V&V 测试规程生成和验证;集成 V&V 测试执行和验证;系统 V&V 测试执行和验证;验收 V&V 测试执行和验证;危险分析;风险分析。

6)安装和检验 V&V 活动

安装和检验 V&V 活动是指在目标环境下对软件产品的安装,以及需方对软件产品的验收评审和测试。安装和检验 V&V 活动涉及软件安装和软件验收支持。V&V 的目标是验证和确认在目标环境下软件安装的正确性。

在选定适当的软件完整性级别后,安装和检验 V&V 活动应执行如下最低限度 V&V 任务:安装配置审核;安装检验;危险分析;风险分析;系统 V&V 最终报告生成。

5. 运作过程

运作过程包括软件产品的运行和对用户的运行支持。运作过程包含一项V&V 活动：运行 V&V 活动。运行 V&V 活动评价在预期运行环境中任何更改的影响，评估任何建议的更改对系统的影响，评价符合预期用途的操作规程，并分析影响用户和系统的风险。

在选定适当的软件完整性级别后，运行 V&V 活动应执行如下最低限度V&V 任务：对新约束条件的评价；评估建议的更改；运行规程评价；危险分析；风险分析。

6. 维护过程

由于问题的出现、需要改进或适应新的需求而导致对软件产品的代码和相关文档进行修改时，维护过程即被激活。维护过程包含一项 V&V 活动：维护V&V 活动。维护 V&V 活动涉及在运作过程中软件的修改（如增强、添加、删除）、迁移或退役。

在选定适当的软件完整性级别后，维护 V&V 活动应执行如下最低限度V&V 任务：SVVP 修改；评估建议的更改；异常评价；关键性分析；迁移评估；退役评估；危险分析；风险分析；任务重复。

15.5 军用软件验收

15.5.1 概述

军用软件验收是国家军用软件标准体系的重要组成部分，也是军用软件质量保证的关键环节。军用软件的验收包括验收申请、被验收方应提交的材料、软件验收计划、验收组织、软件验收测试和验收审查。军用软件维护是软件产品交付使用后，为纠正错误或改进性能与其他属性，或使软件产品适应改变了的环境而进行的修改活动。

原军用标准 GJB 1268—1991《军用软件验收》在 1992 年 6 月 1 日实施后，对提高军用软件质量，起到了重要作用。但是，随着信息技术的发展和我军科研管理体制的变化，尤其是我军对高质量军用软件的迫切需求，原军用标准 GJB 1268—1991《军用软件验收》的某些方面已不能适应新形势的要求，因此急需对其进行修订。

目前，专门针对软件验收的标准，在国外、国际上都很难找到，但有一些国家标准、国外及国际标准涉及到了软件验收，如 GB/T 8566—2007《信息技术软件生存期过程》,ISO/IEC 12207,IEEE/EIA 12207,IEEE Std 1012：1998,IEEE Std 1062：1998,这些标准在软件生存周期的某些阶段对软件验收作了阐述,但篇幅都不大。它们的着眼点在于整个软件生存周期过程的检查与控制,着重软件生存周期过程各个阶段的验证与确认。

多年来,美军的相应标准发生了很大的转变,标准的思想和内容均作了大的调整。1994 年 12 月 5 日美国国防部颁布了 MIL－STD－498《软件开发和文档》取代了 DOD－STD－2167A 等三部军用标准。1995 年 ISO/IEC 颁布了 ISO/IEC 12207：1995《信息技术软件生存周期过程》。ISO/IEC 12207 提供了一个开发管理软件的通用框架,它在美国的实现称为 IEEE/EIA 12207.0。它由定义(说明)、附录和被 IEEE/EIA 协会批准的更改等三部分组成。1997 年 IEEE/EIA 协会又相继颁布了两部指南,美国国防部 1998 年 4 月批准采用此指南。其一,IEEE/IEA 12207.1：1997《信息技术软件生存周期过程生存周期数据》,它提供了关于记录由 IEEE/EIA 12207.0 生存周期过程产生的生存周期数据指南;其二,IEEE/EIA 12207.2：1997《信息技术软件周期过程实现考虑》,它提供了关于 IEEE/EIA 12007.0 标准条款实现考虑指南。上述 IEEE/EIA 12207 系列取代了 MIL－STD－498。

GJB 1268—1991 的修订就是借鉴相应的国际标准如 IEEE/EIA 12207《信息技术软件生存周期过程》、IEEE Std 1062《推荐的软件获取实践》,同时考虑我军软件验收要求的特殊性、提高军用标准适用性的结果。GJB 1268A 是在总结 GJB 1268—1991《军用软件验收》发布以来的实施经验基础上,参考相应的国际标准以及美军标准,结合国情和军情,对原 GJB 1268—1991《军用软件验收》进行的修订。原标准 GJB 1268—1991 是参考美军 DOD－STD－1703(NS)《软件产品标准》,DOD－STD－2167《武器系统软件开发》及 IEEE Std 829：1983《软件测试文档标准》,结合我军当时的军用软件工程应用情况制定的。原标准与 GJB 437—1988《军用软件开发规范》、GJB 438—1988《军用软件文档编制规范》、GJB 439—1988《军用软件质量保证规范》、GJB 1091—1991《军用软件需求分析》、GJB 1267—1991《军用软件维护》等自成体系,形成一套军用软件工程标准规范。

原标准 GJB 1268—1991 包括军用软件验收要求的范围、引用文件、定义、软件验收过程四个部分以及两个附录：软件验收申请报告、软件验收报告的格式。总体来看,原标准的思路是基于验收测试的验收,以验收测试为中心。该标准思路清晰、概念正确,大体符合当时军用软件验收的实际需求。但是,随着我国军用软件管理体制的发展变化,该标准的部分内容已不能满足军用软件管理技术

和体制发展的需要,因此有必要对其进行修订。GJB 1269—1991 标准主要存在以下问题:

(1) 该标准适用范围比较模糊。

(2) 该标准是传统计划经济下的产物,使用"交办单位"、"承办单位"等术语,已不适用于当今市场经济的实际情况。

(3) 原标准所依据的标准体系已发生了改变,它所引用的三个文件有的已经过时(如 GJB 437—1988),需要加以更新和扩充。

(4) 软件验收过程强调验收评审会,形式过于单一,容易走过场,一刀切的做法不适用于所有军用软件的验收工作。

(5) 软件验收统一由验收委员会组织实施,形式单一,没有考虑军用软件测评机构的情况,验收测试不具规范性、专业性和权威性。

(6) 原标准没有考虑被验收软件完整性级别的概念。不同级别的软件,应不同对待。

(7) 原标准关于验收程序的规定较笼统,实际执行起来随意性大。

15.5.2 主要内容和技术要点

GJB 1268A 的编写原则是:

(1) 依据 GJB 0.1 的规定要求进行编写。

(2) 兼顾技术的先进性和实际可操作性。

(3) 重点突出标准的通用性。

(4) 与相关标准协调。

GJB 1268A 可供军用软件的验收方、被验收方使用,也可供参与军用软件验收工作的其他机构使用。GJB 1268A 与原标准 GJB 1268 的主要差别如下:

(1) 引用了新的国际标准和军用标准。

(2) 改变了验收组织和验收评审方式。新标准强调了验收计划的制定;验收组织新增了"军方认可的军用软件测评机构"的形式,强调了验收行为的专业性和权威性。

(3) 充实了验收程序内容。新标准除了强调验收测试之外,还规定了验收审查活动。

(4) 增加了验收活动要求。新标准规定了验收前提、验收各方职责、验收依据、验收准则等。

(5) 新标准去掉了原标准中软件产品移交的内容。

(6) 补充了附录内容(新标准增加了验收审查报告模板)。

从范围来看,GJB 1268A 具有广泛的适用性。它强调"本标准适用于各类军用软件的验收工作"。由于其广泛的适用性,军用软件验收的要求就不能太具体、繁琐,而只能在更抽象的层次上进行规定,所以,GJB 1268A 只规定了基本、共性要求和验收程序。GJB 1268A 使用验收方和被验收方的概念,就是为了体现 GJB 1268A 的通用性。软件验收可以是外部对内部的验收、也可以是内部对内部的验收,可以是软件开发最后阶段的验收,也可以是软件开发中间阶段的验收。

GJB 1268A 规定了军用软件验收基本要求及程序。GJB 1268A 从验收方对被验收方的角度,按照验收程序(过程)—验收活动—活动要求(任务)的层次框架进行编写。GJB 1268A 的整体结构如图 15-3 所示。按照一般标准的结构,验收要求划分为一般要求和详细要求。

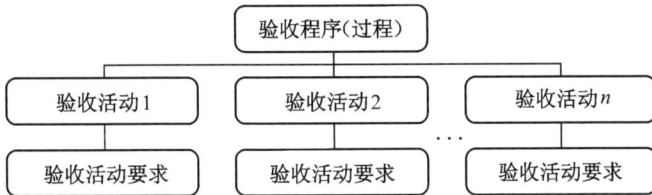

图 15-3　GJB 1268A 标准结构

GJB 1268A 正文共分6章和一个资料性附录:

(1)第1章　范围。

(2)第2章　引用文件。

(3)第3章　术语和定义。

(4)第4章　一般要求。

(5)第5章　详细要求。

(6)第6章　对 GJB 1268A 的裁剪。

(7)附录 A　软件验收申请报告格式、软件审查报告格式、软件验收报告格式。

GJB 1268A 是军用软件测评体系的重要组成部分,它是在借鉴了国际标准如 IEEE/EIA 12207、IEEE 1062,参考了某工程、航天等行业标准,增加了我国军用软件的特殊要求,对原标准 GJB 1268—1991 进行修订而最后形成的标准。GJB 1268A 在术语等方面与其他相关标准保持协调一致。GJB 1268A 主要与 GB/T 11457、GB/T 18492—2001、GJB 438A、GJB 2786、GJB/Z 141 有关。GJB 1268A 大部分术语引自 GB/T 11457,而使用的软件完整性概念引自于 GB/T 18492—2001,有关文档格式遵照 GJB 438A,软件开发的要求引用 GJB 2786,验收测试遵循 GJB/Z 141。

本质上,GJB 1268A 与军用软件定型管理办法都是为了解决军用软件的考核问题,即确认军用软件是否合格。两者都要求按照规定的程序(和权限),对军用软件进行验收测试和验收审查(考核),确认其达到验收依据(规定的标准和研制总要求)的活动。这是它们的相同点。在实际使用中,定型管理办法可以借用 GJB 1268A 的结果。但是两者又有很大的区别,它们在目标定位、目的、任务、范围、内容方面不同,其思路和要求也不同。

(1) GJB 1268A 是军用标准,军用软件定型管理办法是管理办法。它们的性质不同,彼此之间是标准和法规的关系。后者要求强制执行。

(2) 适用范围不同,GJB 1268A 规定"本标准适用于各类军用软件的验收工作",定型管理办法规定"本办法适用于配属或非配属于武器系统的软件包括计算机程序、数据和文档,以及固化在硬件中的程序和数据。"

(3) 定型管理办法重点在于管理,它涉及很多部门,着眼于层次性的部门管理(比如一级定型委员会、二级定型委员会、测评机构、试用单位),并规定了各个部门严格的权限。GJB 1268A 只涉及验收方、被验收方和验收组织。

(4) 实施过程不同。GJB 1268A 规定被验收方申请验收,验收方批准,验收方制定验收计划,验收方指定或成立验收组织,验收测试和验收审查,验收评审,验收结论。定型管理办法规定先进行定型测评,军方试验试用,申请定型,定型审查,定型审批,命名。GJB 1268A 和定型管理办法在实施"测试/测评"的时机方面不一致,而且后者还多了"军方试验试用"活动。

(5) 验收测试的组织有区别。GJB 1268A 引入软件完整性级别的概念,规定由验收方"确定是否由军方认可的军用软件测评机构进行验收测试、验收审查和验收评审"。验收组织有两种形式:验收小组和军用软件测评机构。软件定型管理办法规定了"定型测评机构职责",要求定型测评机构"通过总部有关部门资质合格评定,并经一级定办批准"。

(6) 最后的结论不同。GJB 1268A 规定验收组织根据验收准则通过表决的形式判定验收结论,验收结论只有两种:"建议通过"和"建议不通过"。定型管理办法规定审查组出具定型审查意见,由相应级别的定型委员会进行软件定型审批,审批结论有三种情况:批准、不批准,以及"个别主要战术指标达不到定性标准和要求……按规定的权限审批"。

15.5.3 标准的贯彻与实施

GJB 1268A 的一般(基本)要求有四项:软件验收前提、软件验收各方职责、软件验收依据、软件验收程序。做好这四项基本要求,一般就可以保证验收活动的质量。

1. 软件验收前提

被验收软件应具备合同或双方约定的验收依据文档规定的验收条件。

对委托开发软件,实施软件验收还应具备下列条件:

(1) 被验收软件已通过确认测试。

(2) 合同或双方约定的验收依据文档规定的各类文档齐全并通过评审。

(3) 被验收软件已置于配置管理之下并得到有效控制。

理解要点:被验收软件基本上可以分为委托开发软件和现货软件。显而易见,两者满足验收的前提都是被验收软件应具备合同或双方约定的验收依据文档规定的验收条件。对于委托开发的软件,验收前提条件还附带更为详细的要求:被验收软件已通过确认测试、文档齐全、处于有效的配置管理之下。这主要是从软件过程的角度对软件验收提出要求,因为软件质量很大程度上取决于软件过程,有效的软件过程一般强调测试、文档和配置管理等质量保证措施。

这里的确认测试是指被验收方在软件开发过程结束时,根据软件需求规格说明中定义的全部功能、性能和其他质量因素的要求,对被验收软件进行的正式测试,以确认被验收软件是否达到要求。

2. 软件验收各方职责

软件验收由验收方负责组织实施。验收方负责审批验收申请、制定验收计划、成立验收组织、做出验收结论。

验收组织负责验收测试和验收审查。

被验收方提供被验收的软件产品,包括程序、文档和数据;被验收方应积极支持、配合完成软件验收工作,负责做好验收所需的各项保障工作。

验收各方应保守验收方和被验收方双方规定的保密承诺。

理解要点:这里明确了软件验收各方的具体职责,涉及验收方、验收组织(验收实施方)和被验收方。在整个验收过程中,验收方处于主导地位,它负责组织实施软件验收,其职责包括审批验收申请、制定验收计划、成立验收组织、做出验收结论。

验收组织从属于验收方,验收组织或者为验收方自身组织的验收小组,或者为委托的第三方。

被验收方负责提供验收需要的被验收的软件产品,包括程序、文档和数据;被验收方应积极支持、配合完成软件验收工作,负责做好验收所需的各项保障工作。

由于军用软件的特殊性以及软件的知识产权属性,GJB 1268A 对保密性提出了要求,要求验收各方应遵守验收方和被验收方双方规定的保密承诺。

3. 软件验收依据

软件验收依据是合同或验收双方约定的验收依据文档。

理解要点: 在市场经济背景下,合同的作用凸现,软件开发、软件获取等一般要通过合同的形式来规定双方的权利与义务。如果没有合同,诸如任务书、验收要求文档等可以归入验收双方约定的验收依据文档类,这里所说的合同或验收双方约定的验收依据文档就囊括了所有的情况。国家标准、军用标准、行业标准等标准依从性要求应在合同或者验收依据文档中加以说明。

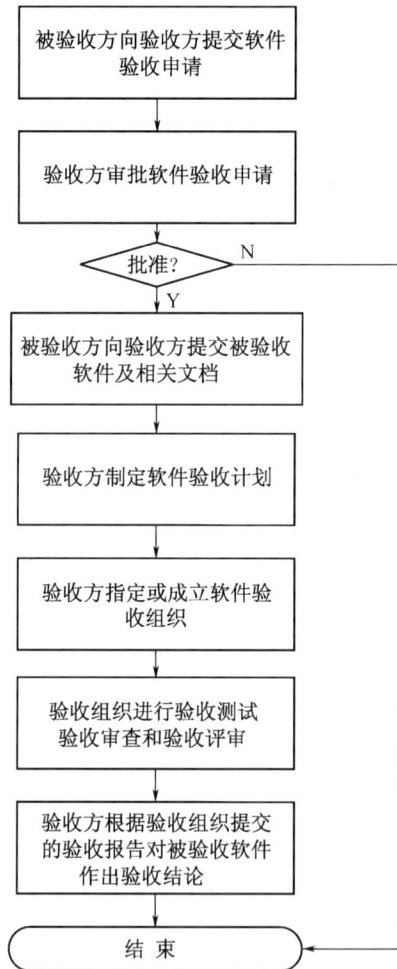

图 15 - 4 软件验收程序

4. 软件验收程序

软件验收程序从被验收方提交软件验收申请开始到验收方完成验收活动终止。

软件验收工作程序一般包括：

（1）被验收方向验收方提交软件验收申请。

（2）验收方审批软件验收申请。

（3）被验收方向验收方提交被验收软件及相关文档。

（4）验收方制定软件验收计划。

（5）验收方指定或成立软件验收组织。

（6）验收组织进行验收测试、验收审查和验收评审。

（7）验收方根据验收组织提交的验收报告对被验收软件做出验收结论。

理解要点：软件验收程序的起始点是被验收方向验收方提交软件验收申请，终点是验收方完成验收活动——验收方根据验收组织提交的验收报告对被验收软件做出验收结论并通知被验收方。整个验收程序如图 15-4 所示。

15.6 军用软件维护

软件维护是指软件产品交付使用后，为纠正错误或改进性能与其他属性，或使软件产品适应改变了的环境而进行的修改活动。GJB 1267—1991 中定义软件维护一般分为改正性维护、适应性维护和完善性维护三种类型。

15.6.1 主要内容和技术要点

1. 软件维护组织

在进行软件维护工作时，必须建立软件维护组织。该组织应包括维护管理机构、维护主管、维护管理员及软件维护小组。

软件维护组织的主要任务是审批维护申请，制定并实施维护计划，控制和管理维护过程，负责软件维护的复查，组织软件维护的评审和验收，保证软件维护任务的完成。

2. 软件维护过程

维护过程包含为修改现行软件产品同时保持其完整性所必需的活动和任务。这些活动和任务是维护者的责任。GJB 1267—1991 按步骤描述维护任务，这些步骤是执行维护活动和任务的示例。维护者要确保维护过程在任何软件产品开发之前已经存在并发挥作用。当提出软件产品维护要求时，应启动维护过程。

一旦该过程启动,应立即制定维护计划和规程并且分配维护专用资源。软件产品交付后,为响应修改请求或问题报告,维护者应修改代码和相关的文档。软件维护的总目标是修改现行产品同时保护其完整性。这个过程对软件产品的支持从其开始到迁移到新环境,直至退役。软件产品最终退役时本过程即告结束。组成维护过程的活动有过程实施、问题和修改分析、修改实现、维护评审/验收、迁移以及退役等。

输入由维护活动加以转换或利用以形成输出。各种控制提供指导以确保维护活动产生正确的输出。输出是维护活动产生的数据或对象。对于维护活动所使用的 GB/T 8566—2007 的支持类和组织类生存周期过程给予支持。

15.6.2 标准的贯彻与实施

1. 过程实施

在过程实施期间,维护者建立维护过程期间应执行的计划和规程。维护计划应与开发计划并行制定,维护者还应建立这项活动期间需要的组织接口。

为有效地实施维护过程,维护者应制定维护策略并形成文档。为此,维护者应执行下列任务:制定维护计划和规程;建立修改请求/问题报告规程;实施配置管理。维护者应为实施维护过程的活动和任务制定并执行计划和规程,形成文档。维护计划应包含所使用的系统维护策略文档,而维护规程应给出更详细的关于如何实际完成维护的方法。为制定有效的维护计划和规程,维护者应执行下列任务:协助需方提出维护概念、确定维护范围、分析维护组织的替代方案;确保书面指定软件产品维护者;进行资源分析;估算维护成本;进行系统的维护性评估;确定移交需求;确定移交里程碑;确定应使用的维护过程;以运行规程的形式编制维护过程文档。

维护者应建立接收、记录、追踪问题报告、用户修改请求以及向用户提供反馈的规程。无论何时遇到问题,都应记录并进入问题解决过程。维护者应执行下列任务:

(1)为修改请求/问题报告制定标识编号方案。

(2)为修改请求/问题报告制定分类和排列优先顺序的方案。

(3)制定趋势分析规程。

(4)确定运行员提交修改请求/问题报告规程。

(5)确定如何向用户提供初始反馈。

(6)确定如何为用户提供变通办法。

(7)确定数据如何录入状态统计数据库。

(8)确定向用户提供何种后续反馈。

2. 问题和修改分析

在问题和修改分析活动期间,维护者要分析修改请求/问题报告,复现或验证问题同时提出修改实施意见。维护者在采取维修行动之前要编制修改请求/问题报告、结果和实施意见的文档以求得批准所选择的修改意见。

为确保所要求的修改请求/问题报告可行,维护者宜执行以下任务:

(1) 确定维护者是否为实现变更申请适当配备了人员。

(2) 确定项目是否为实现变更申请做了适当的预算。

(3) 确定是否有足够的可用资源,这种修改是否影响推进中的或预定的项目(对于问题报告可能不需要)。

(4) 确定要考虑的运行问题。例如,对系统接口需求、系统的预期有用生存期、运行优先级别、安全性和保密性等的预期有哪些变更,如果不变更,对保密性是否有影响(对于问题报告可能不需要)。

(5) 确定安全性和保密性含义(对于问题报告可能不需要)。

(6) 确定短时期成本和长时期成本(对于问题报告可能不需要)。

(7) 确定修改的利益价值。

(8) 确定对进度的影响。

(9) 确定所要求的测试和评价的级别。

(10) 确定实现更改的估算管理成本(对于问题报告可能不需要)。

3. 修改现实

一旦修改请求/问题报告获准,软件维护人员将开始软件维护工作。维护工作与新软件开发工作相似,分为需求分析、设计、实现、测试等步骤。在维护阶段应做好维护记录。维护工作必须按照 GJB 438、GJB 439 和 GJB 1091《军用软件需求分析》中的有关规定执行。在"修改实施"活动期间,维护者修改软件产品并测试修改的软件产品。确定现行系统中拟更改的元素,确定受修改影响的接口元素;确定拟更新的文档;更新软件开发文件夹。

修改后的软件必须进行回归测试。修改工作结束后,维护人员必须编写软件维护记录和软件归档更改清单,并同软件问题报告、维护申请和维护计划一起作为软件文档保存。

4. 维护评审和(或)验收

这项活动确保对系统的修改是正确的,并且这些修改是使用正确的方法按批准的标准完成的。维护者应与授权修改的组织一起实施评审以确定已修改的系统的完整性。维护评审和验收执行下列任务:

(1) 从需求到设计,到编码追踪修改请求/问题报告。

(2) 验证代码的可测试性。

（3）验证编码标准是否得到遵循。

（4）验证只对必要的软件部件作了修改。

（5）验证新软件部件集成的正确性。

（6）检查文档确保其已更新。

（7）执行测试。

（8）拟制测试报告。

5. 迁移

在系统的生存周期期间,可能应修改系统,以便其在不同的环境中运行。为了将某个系统迁移到某个新环境,维护者需要确定完成迁移所需的活动,然后考虑实现迁移所要求的步骤并且形成文档。维护者通过以下活动实现迁移:遵循GB/T 8566—2007《信息技术　软件生存期过程》、制定迁移计划、通告迁移用户、提供培训、通告完成情况、评估新环境的影响以及归档数据。

6. 软件退役

软件产品一旦结束使用生存周期,必须退役。需进行分析以帮助做出软件产品退役决定。这种分析通常基于经济考虑,可以包含在退役计划中。分析中应确定下列做法从成本考虑是否合适:保留过时的技术;通过开发新软件产品转向新技术;开发新软件产品以达到模块化;开发新软件产品以便于维护;开发新软件产品以达到标准化。

可以用新软件产品替换旧的软件产品,但是在某些情况下不会替换。为了使某软件产品退役,维护者要确定完成退役所要求的行动,然后提出实现退役所要求的步骤并形成文档。应考虑对退役软件产品存储的数据的访问。

15.7 军用软件质量度量

涉及软件产品质量的标准有很多,其中早期影响比较大的是国际标准 ISO/IEC 9126:1991,该标准最初建议采用 Boehm 模型和 McCall 模型,并决定把质量评价过程纳入标准,旨在推荐一系列质量特性及其定义。该标准于 1991 年正式发布后,得到了国际上广泛的响应和应用,被公认为是一个成功的标准,并被许多国家采纳为本国的标准。我国于 1996 年将其等同采用为国家标准 GB/T 16260—1996,我国军方也参照制定了 GJB 2434—1995《军用软件测试与评估通用要求》,并在军用软件界得到了广泛应用。

随着技术发展和应用的需要,ISO/IEC 9126《软件工程产品质量》系列标准和 ISO/IEC 14598《软件工程产品评价》系列标准,分别于 2001 年与 2004 年陆续推出,不仅对软件开发组织清晰描述软件质量需求,严格管理开发过程,从而产生高质量的软件产品具有直接的指导意义,而且对促进我国军用软件工程的应用研究、提高软件产品质量管理能力有很好的借鉴作用。因此,这两个系列标准的发布受到总装有关部门的高度重视,适时转化推出了国家军用标准 GJB 2434A—2004《军用软件产品评价》和 GJB 5236—2004《军用软件质量度量》。

15.7.1　主要内容和技术要点

GJB 5236《军用软件质量度量》的主要目的是使军用软件的需方(委托方)、供方(开发者)用户能够认识到软件质量特性的重要性,针对具体产品、项目提出适当的质量模型,并能有效地开展质量度量。GJB 5236 主要参照了 ISO/IEC 9126 系列标准,同时结合国情、军情制定,在主要技术内容上与国际标准仍然保持一致。该标准包括范围、引用文件、定义、综述、质量模型、软件质量度量使用说明、内部度量、外部度量与使用质量度量共九章,以及五个附录。

从标准的演变发展过程可以看出,GJB 2434A 和 GJB 5236 最初是起源于同一个标准,不但在技术内容上有着非常密切的关系,而且需要有机地结合才能有效地完成软件产品的度量和评价工作。GJB 5236 主要规定软件质量模型和内部质量度量、外部质量度量及使用质量的度量,可用于在确定软件需求时规定软件的质量需求或其他用途。GJB 2434A 则针对开发者、需方和评价者提出了三种不同的评价过程框架。在执行软件产品评价时,确立评价需求的质量模型就需要使用 GJB 5236 第 5 章规定的质量模型,在规定评价的度量选择时应参考 GJB 5236 第 7 章到第 9 章给出的内部度量、外部度量、使用质量的度量等。

15.7.2　标准的贯彻与实施

实施 GJB 5236 和 GJB 2434A 标准应注意一些基本要求、标准的符合性和适用性要求。

1. 基本要求

使用这两个标准进行软件产品评价时,其基本要求是首先明确标准的使用对象,并应较全面地理解标准的体系结构,避免错用和误用。

1)标准的使用对象

两个标准使用的主要对象是三类用户,即软件开发机构中的软件质量保证和软件产品评价人员,需要采购现货软件产品或定制软件产品的需方和人员,以及第三方软件产品评价机构和人员。

标准的其他用户可以是相关的软件产品质量的研究机构和相关人员。当然,对软件设计开发者也具有指导意义,他们可以从中获取软件产品质量方面的指导。

2）理解标准的体系结构

GJB 5236 和 GJB 2434A 这两个标准是一个有机的整体,评价软件产品时应结合使用。在两个标准中均十分强调它们之间的联系,尤其是在不熟悉使用软件度量进行产品规格说明和产品评价的情况下,更应该全面了解标准的全部内容以及两个标准之间的联系。

2. 符合性

在声明采用这两个标准进行软件产品评价时,所采用的质量模型、选择的质量特性及子特性应符合标准的要求,与标准规定的框架一致。评价软件产品的基本过程应遵循标准所推荐的过程框架。应规范使用标准中的术语,评价所使用的文档应与标准所推荐的文档基本一致。

3. 适用性

GJB 5236 和 GJB 2434A 这两个标准原则上"适用于各种软件产品",但"并非每种度量适用于各种软件产品"。对于某一个或某一类软件产品进行具体评价时,由于环境和要求的不同,不能照搬照抄,但可以对标准的相关内容进行剪裁或细化增加,以便评价时更有针对性和更加有效。

GJB 5236 中所列的度量并非一个完备集。开发者、评价者、质量管理者和需方可以从中选择合适的度量,用来定义质量需求、评价软件产品、度量质量情况或做其他用途;也可以修改度量或使用标准中未包括的其他度量,或针对独特的应用领域定义特定应用的度量。例如,对于安全性和安全保密性等质量特性的具体度量可参见有关国家标准和国家军用标准。

4. 软件质量度量标准与软件生存周期过程标准的关系

在 GJB 5236 的第 7 章到第 9 章的度量表中,主要针对 GB/T 8566 中的过程,专门列出"软件生存周期过程中的应用"一栏,以标识出可以应用这些度量的软件生存周期过程,方便在度量时参考相关的软件生存周期过程。在 GB/T 8566 新的修订版中,支持过程中增加了新的过程和子过程,其中包括易用性过程和产品评价过程。并明确提出了"产品评价过程"可以作为软件生存周期过程中的一个过程这样的概念,而且在标准中引出了软件质量度量和软件产品评价这两个标准。这都说明了 GB/T 8566 与 GJB 2434A 和 GJB 5236 是紧密相关的。

此外,软件质量与软件过程在逻辑上也是密切相关的,如图 15 - 5 所示。软件过程的不断改进和成熟是解决软件质量的根本出路。因此,过程质量(即在 GB/T 8566—2001 中定义的任一生存周期过程的质量、特别是软件生存周期基本过程质量)有助于提高产品质量,而产品质量又有助于提高使用质量。因此,评估和改进一个过程是提高产品质量的一种重要手段,而评价和改进产品质量

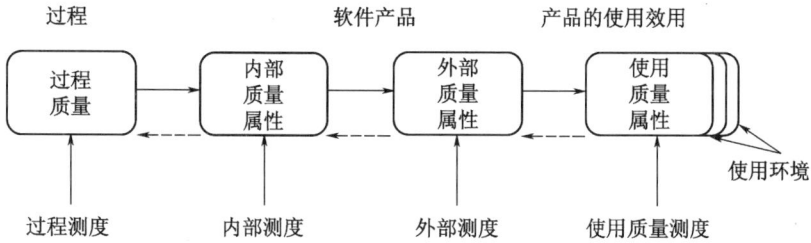

图 15 - 5   不同度量类型之间的关系

则又是提高使用质量的一种手段。同样,评价使用质量可以为改进产品提供反馈,而评价产品则可以为改进过程提供反馈。

对于 GJB 5236 的理解、认识乃至使用,需要长期的摸索、积累提炼和完善。在实施该标准时,需要关注以下几个问题:

1)质量模型的确定

本标准的质量模型是面向所有软件的,因此它的质量属性面面俱到。但是对于一个具体的软件产品或软件项目来说,标准中规定的质量特性、子特性、度量元不一定都要涉及,也就是说要根据软件产品本身的特点、领域、规模等因素来选择标准中的质量特性、子特性来建立自己的质量模型,其中包括度量元的确定。关于度量元的确定可以从标准中选取也可以根据实际情况补充若干度量元,但体系最好与标准一致,即要有名称、度量目的、公式、指标、标度类型等内容。

2)评价指标(评价准则)的确定

针对具体软件产品或软件项目实施度量评价时,要确定评价指标。也就是说,衡量一个软件产品或中间产品的好坏,质量特性、子特性及度量元的合格与否要给出准绳,给出每个特性、子特性的权重。这样一些数据就需要长期积累、总结,也包括专家的评估确定。

3)目标和建议

在我国,军用软件的需方、供方、开发者和最终用户,为了一个共同的目标,就是提高我军现代化水平。因此,在项目过程中要互相理解、互相沟通,及时反馈相关信息,不断完善和提高军用软件的质量,提高我国军用软件工程化水平。

作为需方在项目讨论时或在签订合同时,应能提出一些质量要求,并且尽量做到合理。既要关注使用质量,也要关注外部质量及内部质量,因为这些质量要求既有连带关系,又有制约关系。针对一个软件产品或软件项目,不可能所有的质量特性要求都提得很高。

作为供方(开发者)在项目论证或需求分析时,既要分析质量要求的合理性,又要分析如何满足需方或用户的质量要求,同时要考虑满足需方或用户潜在的隐含的质量要求。一旦质量需求确定后,就应对这些质量需求分析配置:即明确哪些过程、哪些活动、哪些阶段要控制,把握哪些质量需求。特别是要关注过程本身的质量,适时开展内部度量或外部度量,以使软件产品最终满足用户或需方的质量要求。

案 例 篇

案例篇,选取军用软件质量管理的典型实例,分别围绕软件工程、配置管理(构型管理)、可靠性管理、测评工程等软件质量管理的主要活动过程,阐述军用软件质量管理工作的相关要求、主要内容、组织实施方法、注意事项等。在参考孙景华《ARJ21 –700 飞机研制项目的机载软件构型管理方案研究及应用》[54]、阮镰《飞行器研制系统工程》[55]等文献的基础上,通过对典型管理案例的深入剖析,揭示军用软件质量管理的内在规律和一般要求,进一步增强对军用软件质量管理基本理论的理解和把握,熟悉军用软件质量管理的过程和方法,增强做好军用软件质量管理工作的信心。

第16章　ARJ21-700 飞机研制项目的 机载软件构型管理

ARJ21-700 新支线飞机项目是我国进入 21 世纪后最新研制的拥有完全自主知识产权,并具有国际先进水平的新型涡扇支线飞机,是我国航空工业可持续发展的决战性项目。如何进行飞机级和部件级的机载软件构型管理,包括更改控制、构型纪实、构型标识等,对主机厂乃至我国民机、军机研制行业而言都是值得高度关注并亟待解决的理论与现实问题。本章主要讲述了 ARJ21-700 飞机研制项目的机载软件构型管理,构型管理的关键技术,构型管理的实施方案等内容。

16.1　概　述

ARJ21(Advanced Regional Jet for the 21st Century)飞机是我国第一次按照民机研制的国际惯例自主研制并拥有自主知识产权的先进支线涡扇客机。它是 70 座级~90 座级以涡扇发动机为动力的中、短航程先进技术支线飞机,拥有基本型、加长型、货机和公务机等四种容量不同的机型。其中 ARJ21-700 为 ARJ21 系列的基本型。ARJ21 飞机项目 2002 年 4 月国务院正式立项,2002 年 9 月,中国航空工业第一集团公司(简称"中国一航")成立了中航商用飞机有限公司负责运作 ARJ21 项目。2008 年 11 月 28 日,首架 ARJ21-700 飞机在上海飞机制造厂试飞首飞。首次飞行 61min 后降落,取得成功。首飞完成后,随即进入试飞试验、适航取证等投入市场前的阶段。经过相当于 18 个月运行期的稳定飞行,在相关型号得到审定后,向用户进行交付。

ARJ21 飞机项目研制过程受国家民用航空局适航标准的监督,申请运输类飞机 FAR25 部型号合格证并得到美国联邦航空局(FAA)受理,是中国首次严格按照国际通用的航空适航管理条例进行研制和生产的。

机载软件构型管理在民用飞机研制过程中尤其重要,而传统的观念认为机载软件属于机载设备、机载系统的一部分,而机载系统全部由供应商研发,因此只需通过合同定义清楚系统需求,然后通过系统综合试验验证系统需求是否实

现即可,而不需要对机载软件进行管理。如果按照传统的观念去做,不对机载软件进行构型管理,将会出现如下问题:

(1) 机载软件开发过程与适航要求的符合性无法向国家民用航空局展示;

(2) 机载系统在主机厂进行综合试验时软件构型将不受控,直接影响试验结果的有效性。

(3) 飞机生命周期内软件维护状态将得不到有效控制。

ARJ21 - 700 飞机机载软件构型管理有待解决的问题如表 16 - 1 所列。

表 16 - 1　ARJ21 - 700 飞机机载软件构型管理现状以及有待解决的问题

机载软件构型管理的目标	现状及有待改进点
构型项 CI 被定义	已经定义构型项,但对于 IMA 技术应用的构型项定义有待改进
机载软件构型项与飞机产品结构树的接口	只是将软件的构型信息通过技术文件的形式提供给飞机设备构型管理作为输入。没有通过信息化系统以及飞机级构型管理规定确定机载软件在飞机产品结构树的位置
机载软件构型标识被定义	已经对构型项进行了标识,但是对 IMA 技术应用的机载软件构型标识有待进一步定义。没有对供应商的构型标识提出统一要求,仅是提取供应商的构型标识信息作为输入,造成 ARJ21 - 700 飞机构型标识规则不一致。如有的是 Load 标识版本,有的是 Version
更改控制	机载软件更改控制已经实施,在更改控制过程中,需要制造部门完善管理文件优化机载软件更改控制流程,或需要 ACAC 从顶层制定更改控制规范,明确工程、制造、采购、供应商各方职责
问题报告机制	由于 ARJ21 - 700 飞机项目的问题报告机制对机载软件不适用,针对机载软件管理制定了单独的机载软件问题报告机制,但该问题报告机制存在如下局限性: (1) 飞机项目没有统一的问题报告机制 (2) 和质量管理过程的问题报告机制界面不够清晰 (3) 试验过程的软件问题关闭流程复杂、追溯性不强需要优化飞机级的问题报告机制
构型纪实	已经具有初步的构型纪实表,但没有真正将机载软件的需求纳入构型纪实机制,没有和问题报告结合起来
标签管理	标签管理在机载软件构型管理计划中没有定义

16.1.1　项目背景

ARJ21 -700 飞机是中国第一次完全自主设计并制造拥有自主知识产权的新型涡扇支线客机。它采用"异地设计、异地制造"的全新运作机制和管理模式。机体各部分分别在国内四家飞机制造厂——上海飞机制造厂(下文简称"上飞")、西安飞机工业(集团)有限责任公司(下文简称"西飞")、成都飞机工业(集团)有限责任公司(简称"成飞")和沈阳飞机工业集团有限责任公司(简称"沈飞")生产。该项目研制采取广泛国际合作的模式,拥有19家国际一流主供应商,采用了大量国际民机研制的成熟先进技术和机载系统,发动机、航电、电源等系统全部通过竞标在全球范围内采购,其中有许多系统零部件、产品在中国生产制造。所有的系统、成品件、零部件都最终由上飞总装。ARJ21-700飞机制造厂商、系统供应商如表16-2所列。

表16-2 项目参研单位

飞机部件/机载系统	制造厂商/系统供应商
总装	上海飞机公司
机翼	西安飞机工业(集团)有限责任公司
机头	成都飞机工业(集团)有限责任公司
前机身/中机身	西安飞机工业(集团)有限责任公司
后机身	沈阳飞机工业集团有限公司
垂尾/方向舵	沈阳飞机工业集团有限公司
挂架	沈阳飞机工业集团有限公司
平尾/升降舵	上海飞机公司
雷达罩	济南特种结构研究所
发动机/短舱	美国通用电气发动机集团(GE)
航电系统	美国洛克韦尔柯林斯公司(Rockwell Collins)
电源系统/辅助动力(APU)	美国汉米尔顿标准公司(Hamilton Sundstrand)
高升力系统	美国汉米尔顿标准公司(Hamilton Sundstrand)
液压系统/燃油系统	美国派克汉尼芬公司(Parker Hannifin Corporation)
空气管理系统	法国利勃海尔空间公司(Liebherr Aerospace SAS,Toulouse)
起落架系统	德国利勃海尔空间公司(Liebherr Aerospace GmbH,Lindenberg)
发动机振动监测仪/发动机接口控制装置	瑞士振动测量仪公司(Vibro-Meter SA)
主飞行控制系统	美国霍尼威尔公司(Honeywell-Parker)
驾驶舱控制系统	法国萨吉姆公司(SAGEMSA)
防火系统	Kidde Aerospace
照明系统	Goodrich Hella Aerospace

飞机部件/机载系统	制造厂商/系统供应商
内装饰系统	FACC
控制板组件	EATON
水/废水系统	Envirovac Inc.
应急撤离系统	Air Cruisers
氧气系统	B/E Aerospace Inc.
驾驶员座椅	Zodiac Sicma Aero Seat
风档玻璃和通风窗	Saint – Gobain – Sully
风档温控和雨刷系统	Rosemount Aerospace INC
风门作动器	MPC Products Corporation

16.1.2 ARJ21 –700 飞机机载系统

ARJ21 –700 飞机共 11 个软件的主系统,软件分布在子系统/机载设备中,全部机载软件由国外供应商研发,如表 16 –3 所列。

表 16 –3 AFJ21 –700 飞机含软件的系统列表

机载系统	机载子系统/设备	供 应 商	供应商 ID
空气管理	IASC	Liebherr Aerospace SAS	LTS
航空电子	自动飞行 通信 指示记录 导航 中央维护	Rochwell Collins	RC
电源系统	GCU BPCU	Hamilton Sundstrand	HSE
防火系统	过热探测 火警探测和灭火	Kidde Aerospace	KA
飞行控制	主飞行控制/FCC	Honeywell	HI
	高升力/FSECU	Hamilton Sundstrand	HSH
燃油系统	燃油量控制系统 FQGS	Parker Hannifin Corporation	PF
液压能源	逻辑控制	Parker Hannifin Corporation	PH
起落架	刹车控制单元/BCU 起落架收放系统/PACU 前轮转弯系统/SCU	Liebherr Aerospace GmbH	LLI

机载系统	机载子系统/设备	供 应 商	供应商 ID
水/废水	水位传感器 水界面控制器 逻辑控制模块	Envirovac Inc	EVAC
辅助动力	APU	Hamilton Snudstrand	HAS
动力装置	发动机/FADEC	General Electric	GE
	发动机接口控制 EICU – 125	Vibro – Meter SA	VMEC
	发动机振动监测 EVM – 318	Vibro – Meter SA	VMEV

16.1.3　ARJ21 – 700 飞机研制项目技术基础

1. 系统研制过程

ARJ21 – 700 飞机的机载系统的设计规范、顶层需求以及接口由 ACAC 定义,系统承包给国外供应商进行研发,主供应商负责对其供应商、转包商进行控制和管理,确保 ACAC 的要求得到满足。供应商研发机载系统的过程中需要将产品交付主机厂进行飞机级的确认工作,从而通过系统集成试验确定系统需求是否足够正确和完整。ACAC 进行系统规范、接口定义,典型的机载系统的生存周期过程经历如下阶段:联合概念定义阶段(Joint Conceptual Definition Phase, JCDP)、联合定义阶段(Joint Definition Phase, JDP)、系统开发阶段(System Development Phase, SD)、系统整合和验证阶段(System Integration and Verification, SI&V)、客户确认和合格审定阶段(Customer Validation and Certification, CV&Cert)、服务支持阶段(Support)。

系统研制过程中的各个阶段需要进行的工作如图 16 – 1 所示。

2. 软件生存周期过程

ARJ21 飞机的机载软件由系统供应商负责设计研发,软件生存周期过程通常包括计划过程(Planning Process)、开发过程(Development Process),开发过程包括需求、设计、编码和综合。软件生存周期过程包括四个整体综合的过程,软件验证过程、构型管理过程、质量保证过程和合格审定联络过程。

软件生存周期过程可反复迭代,其迭代时机和程度与系统功能、复杂性、需求并发等有关,如图 16 – 2 所示。

3. 系统设计与机载软件研发之间的关系

机载软件是系统设计的一部分,它是根据系统分配给软件的需求进行开发的,并通过软件开发过程实现系统分配的需求。系统需求主要包括适航要求、系

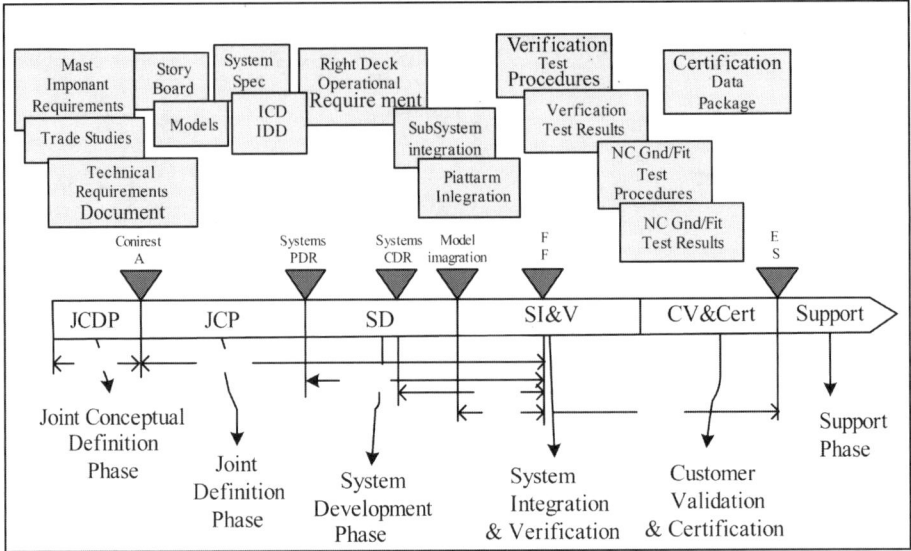

图 16-1　典型的系统生存周期过程

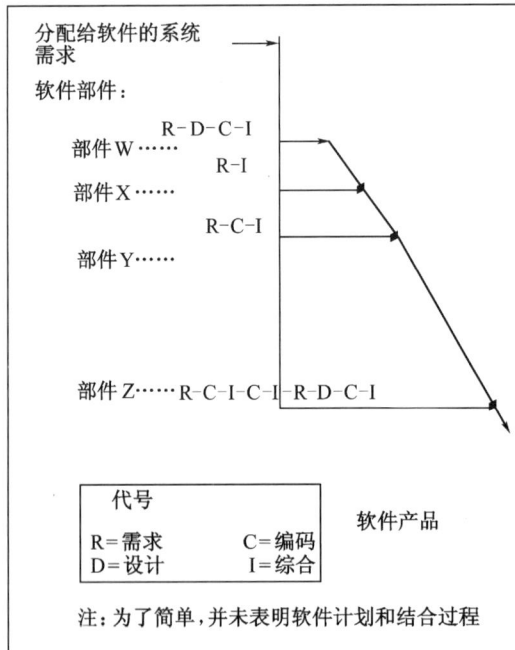

图 16-2　机载软件开发过程的迭代关系示意图

统运行需求、安全性要求。

　　系统设计与机载软件设计过程之间的关系如图 16-3 所示。

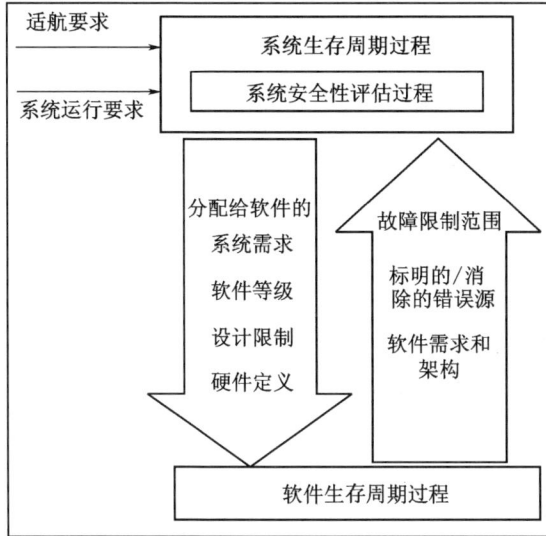

图 16 – 3　系统设计与软件研发之间的关系

ARJ21 – 700 飞机适航要求方面采用 RTCA/DO – 178B 作为符合性方法,安全性分析结果决定机载软件设计保障等级,不同的软件设计保障等级要符合的 DO – 178B 的 Objectives(目标)不同。

4. 主机厂、供应商之间的工作界面

根据 ARJ21 – 700 飞机项目现有的组织结构,上海飞机设计研究所和制造厂虽然可以被看作 ACAC 的工程部、制造部,但和 ACAC 一样均是独立法人,各自设有质量、适航、档案等部门,供应商和 ACAC 的工程部与制造部通过工程协调备忘录(Engineering Coordination Memo,ECM)进行技术协调,与 ACAC 适航部、采购与供应商管理、质量部通过项目协调备忘录(Program Coordination Memo,PCM)协调,与 ACAC 市场部、客户服务部之间通过客户协调备忘录(Customer Coordination Memo,CCM)协调。

由于供应商均为系统供应商,承接整个系统的设计,ACAC 工程部向 ACAC 采购与供应商管理部提出具体的系统设计要求以及顶层的设计规范、手册以及试验节点、试验件数量、机载软件构型要求,ACAC 采购与供应商管理部根据工程要求与供应商进行合同谈判,涉及资金、进度、工作声明(Statement of Work,SOW)等内容。供应商按照合同约定的工程要求进行系统研发、软件研发、硬件研发,达到约定的构型状态时,供应商向 ACAC 进行产品交付。产品交付分成两类:用于试验室工程研发试验的试验件,交付上海飞机设计研究所,在试验室进行系统交联试验,包括航电系统与非航电系统交联试验、供配电试验、铁鸟试验等,由工程试验完成后,再进行机上地面试验,然后进行飞行试验。用于机上地面试验和飞行试验的装机件,交付上海飞机制造厂,上飞厂根据上海飞机设计所的工程指令进行机上地面试验和飞行试验业务流程如图 16-4 所示。ARJ21-

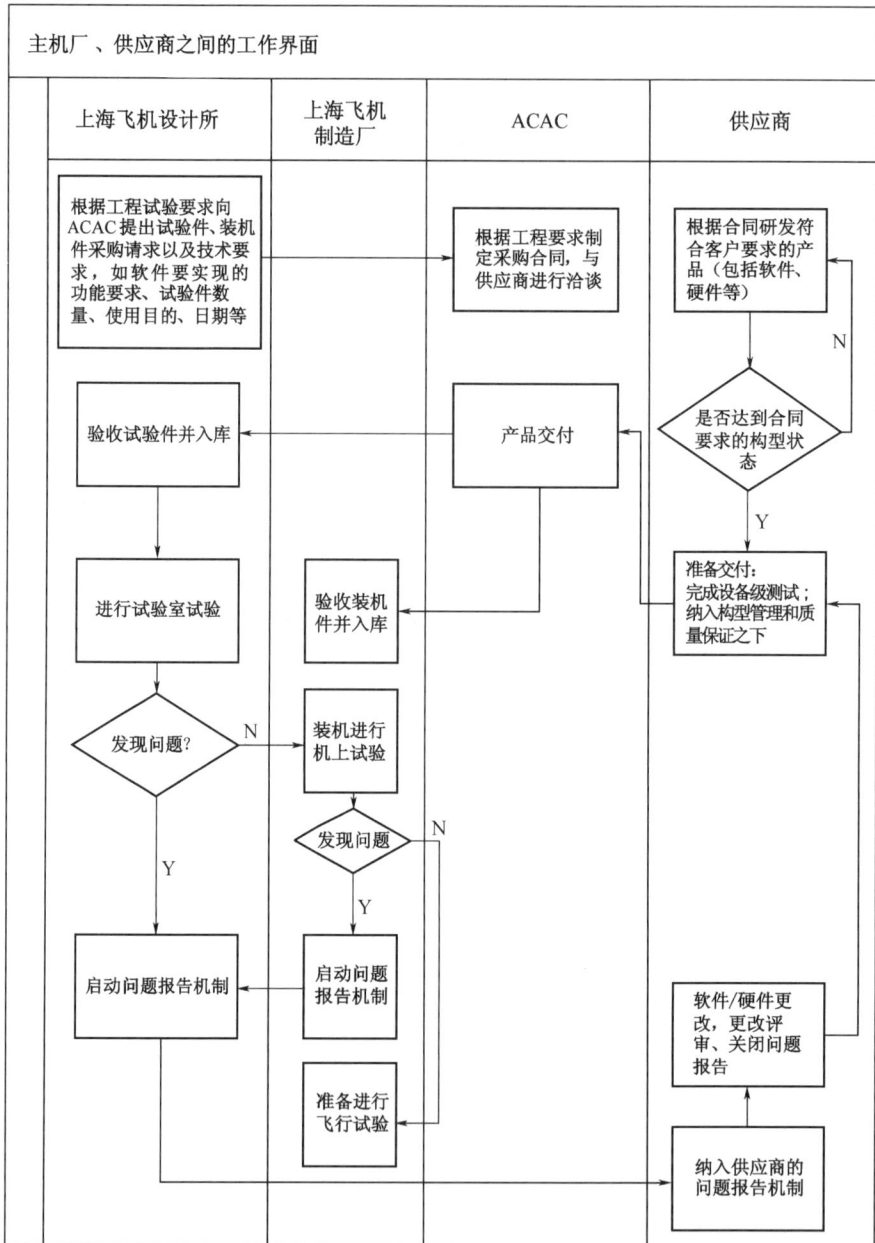

图 16-4 主机厂与供应商之间的工作界面

700飞机的软件交付不是单独进行的,而将软件加载到设备中作为整体进行交付。供应商可以在所在公司将软件加载到设备中,如果是外场可装载软件的加载可在上飞厂或试验室进行。机载软件构型控制主要是针对外场可装载软件而言的,非外场可装载软件是供应商自行控制。根据合同约定以及知识产权保护的限制,供应商仅交付机载软件的计划文件、构型描述文件等数据资料,对于软件设计数据、源代码、可执行目标代码、测试用例和规程等不交付ACAC,但为了合格审定需要,所有的软件生存周期数据,ACAC或者适航当局到供应商现场才具有可接近性。

5. 机载软件构型管理方面主机厂与供应商的工作界面

ARJ21-700飞机研制阶段的机载软件构型管理由两部分组成:飞机级的机载软件构型管理和部件级的机载软件构型管理。

通常情况下,主机厂编制飞机级的机载软件构型管理要求,一方面对供应商提出机载软件构型管理要求,另一方面将对供应商交付到主机厂的软件纳入主机厂的构型控制之下。因此,ARJ21-700飞机的机载软件需要受到主机厂和供应商的双重控制,具体工作界面叙述如下:

(1)上海飞机设计研究所提出飞机级的机载软件构型管理方案,供应商按照主机厂项目级构型管理的要求制定详细的软件部件级的机载软件构型管理计划,提交主机厂评审或批准,主机厂认可供应商的构型管理计划后,由供应商按照该构型管理计划进行构型管理活动。

(2)软件随设备交付后在试验过程中发现的问题均要纳入工程领域的构型控制之下,即ARJ21-700飞机在TC(Type Certificate)取证前均要工程受控,TC取证后进入PC(Production Certificate)阶段由制造部控制其构型。

(3)试验件或装机件在试验过程中发现软件问题,需要更改或升级软件时,如果该软件是外场可装载软件,供应商无需将设备返厂,仅需根据工程发出的问题报告进行软件更改完善工作,软件更改过程需要纳入供应商的构型管理和质量保证控制之下,并进行更改影响分析,确保更改受到足够的构型控制,先前构型的软件在需要的时候可以恢复,软件更改完成后,供应商将可执行目标代码和加载程序发送给现场工程师,由经过授权的具有加载资质的供应商现场工程师执行加载操作。如果设备非外场可装载,则需要返厂加载,由供应商控制软件更改过程和加载过程,含软件的设备重新交付后,主机厂仅对交付设备所含软件的构型状态进行控制。

(4)任何在现场进行的软件加载都要受到工程的构型控制,要按照主机厂的构型管理要求进行,这包括如下活动:工程对交付软件进行评估,包括评审供应商交付的有关软件更改的数据包(Data Package),包括软件更改记录、软件构型描述文件等,同时进行更改影响分析(Change Impact Analysis),主要评估软件更改是否影响飞机系统的安全性、是否受到供应商足够的构型控制、是否使得先前的试验结论无效,最后由总师系统决定是否需要重做先前完成的试验项目,如果需要重新进行试验,由总师系统决定重做的程度。供应商申请加载软件,得到工程批准后,才能执行软件加载操作。如果设备在上飞厂的库房或者已经装机,需要按照上飞厂的机载设备(含软件)的管理规定借出设备,并到指定地点(如静电房)完成软件加载。软件加载过程中,工程需要派出相关人员进行目击,确保正确的软件加载到设备中,并跟踪上飞的装配过程,确保正确的设备安装在飞机上,进行相关的机上试验。没有工程指令,上飞厂不能允许供应商的设备出库进行软件加载。从而保证 ARJ21 – 700 飞机全机的机载软件构型受控。

16.2　ARJ21 – 700 飞机机载软件构型管理

ARJ21 – 700 飞机研制项目的构型管理关键在于如何制定飞机级的管理方案以及应用实施方案,使得全机的机载软件构型受控。应该解决如下问题:

(1) 主机厂应该在构型控制方面对供应商提出哪些顶层的要求。

(2) 制定主机厂内部构型控制方案,包括设计机载软件构型管理的组织机构、定义主机厂对机载软件构型控制的构型项以及构型标识、更改控制流程、问题报告机制以及构型纪实等方面。

(3) 由于机载软件是“不可见”的产品,对于外场可装载软件,很多情况下硬件图纸上索引不到机载软件信息,机载软件没有三维图或二维图纸,和传统意义上的飞机机翼、吊挂等可见部件不同,因此对机载软件管理而言,工程与制造之间的工程指令采取的形式如何定义是有待研究的问题。

(4) 构型管理方案制定后,实施应用过程中工程、制造、供应商等人员职责如何界定,制造符合性检查如何进行也是需要研究的问题。

(5) 全机零件清册中软件如何体现,如何将软件关联到飞机的产品结构中是一项关键技术。

16.2.1　飞机级机载软件的构型管理方案

1. 机载软件设计保障等级确定

1) 安全性分析策略

机载系统与地面设备系统不同,它对安全性的要求非常高,机载系统设计过程中存在不可预知的危害和风险。机载软件设计保障等级(Design Assurance Level,DAL)分成 A、B、C、D、E 五种可能的情况,软件 DAL 是由飞机安全性分析过程决定的。在飞机设计过程中发生灾难性事故的概率应小于 10^{-9}，即机毁人亡的概率应设计为极不可能。事故发生概率与事件严重性的反比关系如图 16 - 5 所示。

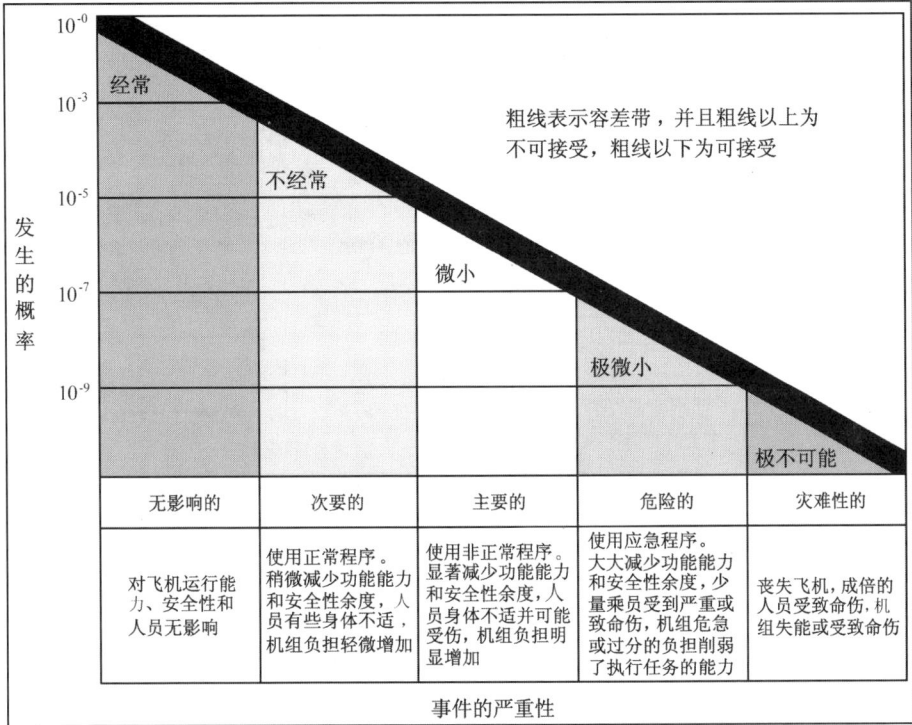

图 16 - 5　事故发生概率标准与反向关系原则

　　飞机安全性分析过程如下，安全性分析过程与系统研制过程之间的关系如图 16 - 6 所示：根据飞机级的需求进行整机的功能危险性分析（Function Hazard Analysis，FHA）；飞机级的需求分配给系统，根据飞机级 FHA 进行系统 FHA；系统级 FHA 完成后，根据系统需求和系统 FHA 设计系统架构和系统初步安全性分析（Preliminary System Safety Assessment，PSSA）；将系统需求分配给硬件和软件，并根据系统初步安全性分析的结果确定软件、硬件的设计保障等级。

　　2）系统失效状态与软件设计保证等级的关系

　　系统失效状态是通过判断失效状态对飞机及其乘客的危害程度来确定的。软件错误可能引起导致系统失效状态的故障。系统失效状态分类如表 16 - 4 所列。

　　软件设计保障等级是由软件的异常行为可能导致的系统失效状态决定的，如果软件的异常行为导致对应系统灾难性的故障状态，则软件设计保障等级为 A 级，软件异常导致系统危险的或严重的失效状态，则软件设计保障等级为 B 级，其次为 C 级、D 级和 E 级，具体见表 16 - 4、表 16 - 7 所列。

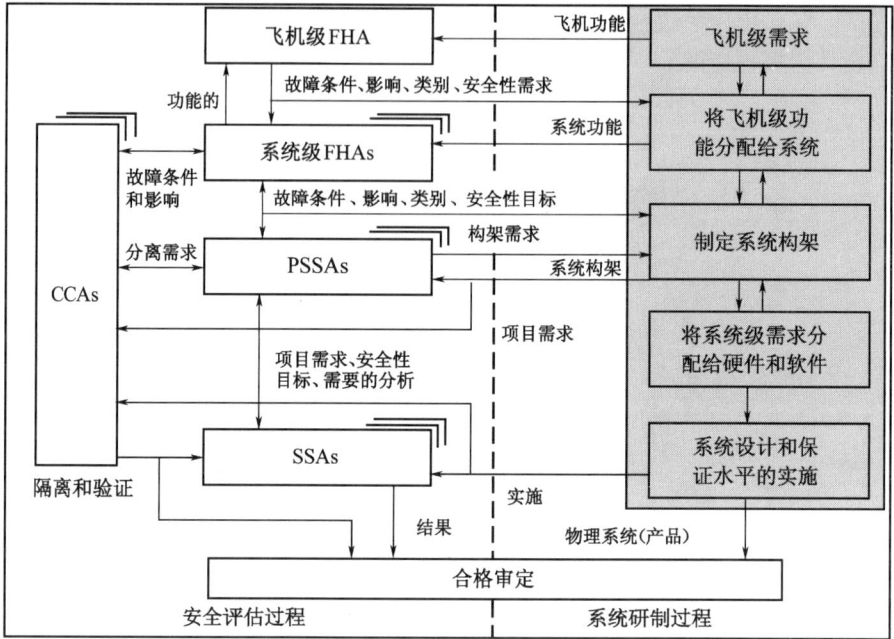

图 16-6 安全性评估过程和系统研制过程之间的关系

表 16-4 系统失效状态分类

系统失效状态	故障状态描述	故障率
灾难性的	阻止继续安全飞行和着陆的失效状态	10^{-9}
危险的/严重的	降低航空器的性能和机组人员克服不利操纵状态的能力的失效状态。这些不利操纵状态达到的程度是： 1）大大降低了安全性余量或功能能力 2）身体疲劳或高负荷使飞行机组不能精确或完整地完成他们的任务 3）对乘客的不利影响，包括对少数乘客严重的或潜在的致命伤害。	10^{-7}
较重的	可能降低航空器的性能和机组人员克服不利操纵状态的能力的失效状态。这些不利操纵状态达到的程度,如较大地降低安全余量或功能能力、较大地增加了机组人员的工作量或削弱机组人员工作效率的状态,或造成乘客不舒服,可能包括伤害。	10^{-5}
较轻的	不会严重降低航空器安全性及有关机组的活动在他们的能力内能很好完成的失效状态。较轻的失效状态可能包括：稍微减少安全余量或功能能力；稍微增加机组人员的工作量,如航线飞行计划更改或乘客的某些不方便。	10^{-3}
无影响的	不影响航空器的工作性能或不增加机组工作量的失效状态	10^{0}

表 16 - 5   软件等级定义

软件等级	等 级 定 义
A 级	可能引起或导致系统功能失效进而引起航空器灾难性失效状态的异常状态的软件,这种异常状态可通过系统安全性评估过程来表明
B 级	可能引起或导致系统功能失效进而引起航空器危险的/严重的失效状态的异常状态的软件,这种异常状态可通过系统安全性评估过程来表明
C 级	可能引起或导致系统功能失效进而引起航空器较重失效状态的异常状态的软件,这种异常状态可通过系统安全性评估过程来表明
D 级	可能引起或导致系统功能失效进而引起航空器较轻失效状态的异常状态的软件,这种异常状态可通过系统安全性评估过程来表明
E 级	可能引起或导致系统功能失效的异常状态的软件,这种异常状态可通过系统安全性评估过程来表明。它不会影响航空器的工作性能或驾驶员工作量

3）软件安全性设计保障机制策略

软件安全性设计保障机制主要的方法如下:

对软件设计采取分区(Partitioning)技术,即将不同级别的软件,采用分区技术,在一定程度上避免低级别的软件错误影响高级别的软件,从而导致飞机灾难性的失效状态。分区是在功能上独立的软件部件之间提供隔离的技术,以确定和/或隔离故障,并潜在地减少软件验证过程的工作量。如果通过分区提供了保护,那么对每一个分区的软件等级,可使用与那个部件相关的最严重的失效状态类别来确定。当设计了分区保护时,要考虑系统的硬件资源、控制耦合器、资料耦合器以及与保护机制相关的硬设备的失效模式。

采用多版本非相似软件设计,即为了避免软件单点故障,需要通过余度设计增加安全性,使用于双通道设计的系统架构。多版本非相似软件是系统设计技术,它涉及到产生两个或更多的软件部件。这些部件以可在部件间避免某些共同错误源的方式提供同样的功能。多版本非相似软件也称为多版本软件、非相似软件、N - 版本程序设计或软件多样性。在非相似性引入到开发之前,完成的或进行的软件生存周期过程保留了潜在的错误源。系统需求规定了执行多版本非相似软件提供的硬件配置。

安全监控软件设计,即对于一个控制软件,设计一个监控软件用来监控控制软件的运行情况。安全性监控是通过直接检测可能引起失效状态的功能失效而防止具体失效状态的一种手段。监控功能可通过硬件、软件或硬件和软件的组合来实现。通过监控技术的使用,所监控的功能的软件等级可以降低到与其相关的系统功能的失效相应的等级。这时,安全性监控软件的软件等级要与被监控功能的最严重的失效状态类别相对应;监控器的系统故障范围的评估要确保监控器的设计和实施能使想要检测的故障在所有必要的条件下得以检测:监控器和防护措施不会由于引起这种危害的同一失效状态而不予动作。

2. 飞机级机载软件构型项定义

机载软件是设备的一部分,由供应商研发并随机载设备一并交付。因此主机厂对机载软件控制的构型项首先是含软件的航线可更换单元(Line Replaceable Unit,LRU)。ARJ21 - 700 飞机的 LRU 有两大类:一类是简单 LRU,软件直接加载到设备中;一类是机柜式 LRU,机柜中留有插槽,由多个板卡式航线可更换模块(Line Replaceable Modular,LRM)组成,采用综合模块航电(Integrated Modular Avionics,IMA)架构,应用软件采用分区技术,运行在不同的板卡上。

主机厂对 ARJ21 - 700 飞机级的机载软件构型管理必须将含软件的硬件组成的整体看做一个构型项,以设备为基础管理软件的构型。

3. 飞机级机载软件构型标识

构型项定义之后,主机厂需要对机载软件的构型进行标识,并对部件级机载软件提出构型标识要求。

1) 飞机级机载软件构型标识策略

根据对飞机级构型项的设计策略定义每类构型项的标识:第一层为 LRU 的构型标识(Configuration Identification),其构型标识符为 LRU 的件号(Part Number)和设备级的工程更改标识(Engineering Modification,Emod);第二层为该 LRU 所含的全部 LRM 以及机载软件的构型标识,包括 LRM 的件号、工程更改标识、软件版本号,对于简单的 LRU 而言,其不再包含 LRM,对于处理机柜而言需要列出 LRM 的标识符。

2) 对部件级机载软件构型标识的要求

软件部件由供应商研发,要求 LRU 的件号由供应商定义,其工程更改标识采用 Emod 标识,初始状态为 Emod 00。件号确定的情况下,无论是软件更改还是硬件更改都对设备进行更改标识,要求小改(Minor Change)不用改变设备件号,只需增加 Emod 编号,如果是大改(Major Change)必须改变设备件号。这里 Minor Change 是指更改不是由需求改变引起的,而 Major Change 主要是设计更改引起的。要求每个 Emod 需要有描述文档,详细标识 Emod 的状态,包含软件部件号,更改的软件、硬件件号,更改原因以及更改涉及的图纸号,更改应用于哪些序列号的设备,如果是软件更改如何进行更改加载,软件加载的校验码如何。

如果软件是外场可装载的,则要求必须对其定义版本,版本是最顶层的机载软件构型标识符,由软件件号构成,用 Rev A、Rev B 等进行大版本标识,基于

Rev A 的软件更改发布的软件版本用 Rev A.1、Rev A.2 等进行小版本标识。每一次软件发布后如果交付 ACAC,必须同时发布软件版本描述文档(Version Description Document,VDD),用来描述:该版本软件设计所依据的文件,包括开发计划、验证计划、构型管理计划、质量保证计划、需求文件和设计文件等的编号和版本;构成该版本软件的部件、模块以及标识、源代码、可执行目标代码的标识;软件开发环境;问题报告关闭情况;软件加载程序和方法。

3) 飞机级、部件级机载软件构型标识之间的关系

飞机级的机载软件构型标识来自于设备的顶层构型标识以及软件的最顶层构型标识。主机厂控制交付的含软件的设备件号、设备状态以及所含软件的版本号,详细的软件构型标识和设计——见供应商的版本描述文件(VDD)。对于外场不可装载的机载软件(FLS)可当作硬件的一部分,硬件的图纸中可以追溯到软件的构型信息,这种情况下无需定义软件的版本。飞机级、部件级机载软件构型标识之间的关系如图 16 – 7 所示。

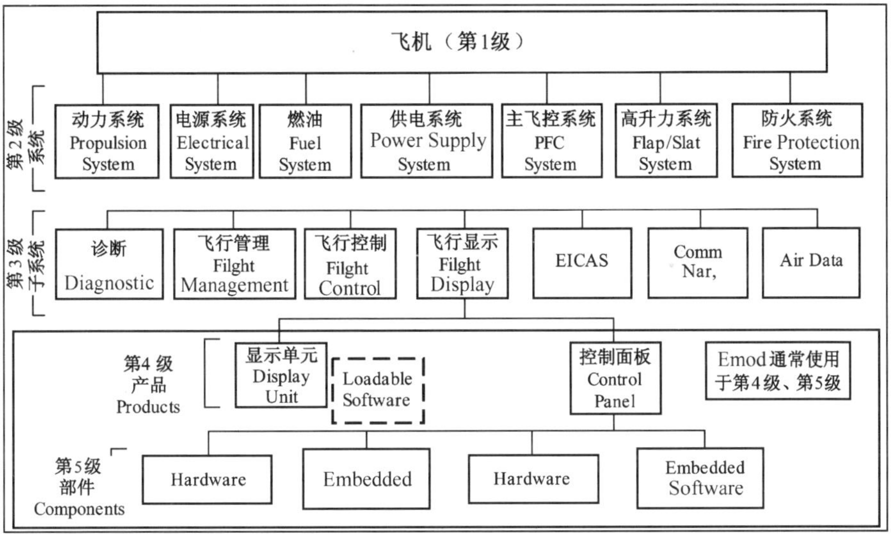

图 16 – 7　Emod 适用范围示意图

4. 标签与基线定义

ARJ21 –700 飞机研制过程中可以用标签定义机载软件的中间构型(Midterm Configuration),不同的标签表示不同的限制使用状态。

1) 机载软件标签策略

对于先前开发的软件,若在 ARJ21 项目上不需要进行任何更改,则机载软件的标签由供应商按照其公司内部的管理规定进行定义。以下标签不是国际上

统一的标准,各国适航当局尚未对软件的标签进行明确的要求,因此结合国际上存在的标签颜色以及 ARJ21 项目的实际情况,定义以下四种标签类型:蓝标(Blue Label)用于工程研发阶段"Nor For Flight"状态的应用软件,用于原型机或新研产品研发过程,通常是指供应商用于铁鸟试验(Rig Test),试验台试验(Bench Test)的软件;绿标(Green Label),交付用户进行试验室试验的软件,限制使用状态是"Not For Flight";红标(Red Label),交付用户进行地面试验或飞行试验的"Experimental Flight Test Only"的应用软件,限制使用状态为"For Ground Test"或"For Fight Test Only";黑标(Black Label),达到最终构型,用于 TC 取证的"Final Configuration"的应用软件状态。

标签上应包括构型标识信息及 LRU 的序列号。用于地面试验和飞行试验的红标软件交付时,先在试验室进行系统级的综合试验,再完成 OATP(On Aircraft Test Plan)试验后,确认软件达到了飞行试验的构型,更换限制使用状态为"For Flight Test Only"。

2)标签更改策略

标签属于一个构型项,应纳入供应商的构型控制之下,对标签的更改属于对设备状态的更改,应通过 Emod 进行记录。

ARJ21 - 700 飞机定义两条软件基线:一条是可用于飞行试验的软件基线,即软件为红标软件,限制使用状态为"For Flight Test Only";另一条是用于 TC 取证的软件基线,即黑标软件,达到最终构型。除了这两条基线外,每次交付用于系统级、飞机级验证和确认的软件构型均可看作快速基线。

基线确立原则如下:

(1)定义基线文件,包括该基线的软件设计所依据的软件合格审定计划、开发计划、验证计划、标准、需求、设计描述、软件构型索引、软件完结综述(通常黑标软件才编制该文档)。

(2)基线文件清单获得 CMB(Configuration Management Board)组长批准后,基线确立。

(3)快速基线确立原则同上。

5. 机载软件交付后的更改控制

供应商交付含软件的机载设备后,供应商的现场工程师需要配合 ACAC 的工程人员完成各项试验最终达到预定的功能、性能指标。在试验现场不允许供应商擅自更改、加载软件,以确保所有的软件构型变化受到工程控制,从而保证试验结论的有效性。针对交付软件的更改控制线路如下,详细解决方案在关键技术实现中叙述:

(1)软件交付前,供应商应交付软件完成设备级的测试,并确保交付软件的开发过程以及软件发布（Release）受到供应商的构型控制和质量保证，具有可追溯性。

（2）软件交付后，在现场试验的过程中，如果发现软件问题，不允许供应商当场更改软件，必须通过上海飞机设计研究所的问题报告机制将试验过程中发现的问题通过ECM反馈给供应商，由供应商进行问题分析，并纳入供应商的问题报告机制，进行软件更改、更改评审、验证、更改影响分析等再重新交付ACA。

（3）如果该软件是外场可装载软件，直接在现场由供应商授权的具有资质的现场工程师完成软件加载任务，但任何软件加载必须得到工程领域的批准。

（4）加载过程中工程人员和制造人员均应派出专人目击，制造人员确保正确的软件加载到正确的设备中，工程人员记录软件构型的变化。

（5）软件加载成功后需要重新进行实验室试验，并分析软件更改对先前试验结果的影响以及需要重复进行验证的试验项目。

（6）如果是机上试验或例行试验，上飞厂根据工程指令进行相关的试验项目，试验过程中发现的问题通过正式方式反馈给工程，工程纳入问题报告机制，然后反馈给供应商。

6. 机载软件问题报告机制

如果对机载软件的更改将会影响到系统需求（System Requirements）、系统规范（Specification）或接口定义文件（Interface Definition Document，IDD），则启用ARJ21-700飞机项目的工程更改提议流程（Engineering Change Proposal，ECP），得到PCB（Program Configuration Board）批准后修改顶层的规范，然后按照系统需求的修改软件需求，从而进行软件更改。

如果是软件交付后，试验过程中发现问题，需要对问题进行初步分析，判断是软件问题、硬件问题还是安装或其他方面的问题，如果初步分析是软件问题，则将该问题纳入机载软件问题报告机制，直到供应商根据问题报告修改软件，重新申请加载、试验通过后关闭问题报告。问题报告机制是构型管理的一项关键技术。

7. ARJ21-700飞机构型纪实策略

构型纪实是指通过对机载软件构型项的实时记录相关信息，这包括机载软件构型项、构型标识、应用架次、所属系统、存储地点、领用单位、限制使用状态、标签情况、问题报告情况等要素，构型纪实是一项关键技术实现。

8. 机载软件与飞机产品结构树上的关联

机载软件不是独立批准的（Stand-alone Approval），它是机载设备、机载系统的一部分，机载软件虽然不可见，但它是产品，在飞机的产品结构树上需要找到与其他产品的关联关系。在ARJ21-700飞机的产品结构树上，最顶层的是飞机，接下来分解为机翼、机身、吊挂、尾翼，每一块往下划分，最后到LRU、LRU所含的软件。

16.2.2 软件部件级机载软件构型管理方案

典型的软件部件设计过程需要经历计划阶段、开发阶段、验证阶段和最终合格审定阶段,软件生存周期过程如图 16 – 8 所示,各阶段的目标和活动如下所述。

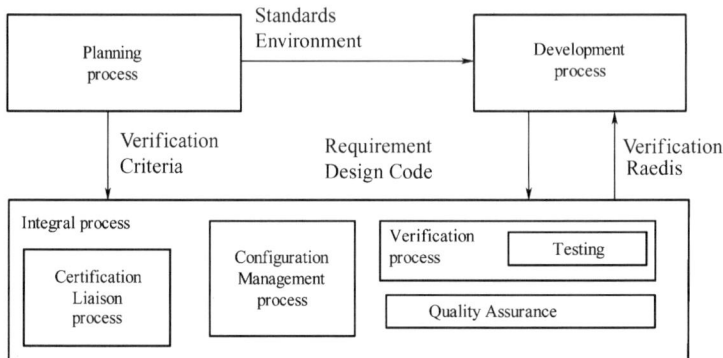

图 16 – 8 典型的机载软件部件设计过程

1. 软件部件的计划阶段

计划过程需要编制机载软件合格审定计划、构型管理计划、质量保证计划、开发计划和验证计划以及需求标准、设计标准和编码标准,这些计划阶段的文件应纳入构型控制,并在软件研发开始前提交客户评审或批准。机载软件合格审定计划是必须提交适航当局批准的文件之一。计划阶段需要实现的 DO – 178B 目标以及需要评审的软件生存周期数据如表 16 – 6 所示。

表 16 – 6 机载软件计划阶段需要评审的软件生存周期资料

Software Data	RTCA/DO – 178B Section
Plan for Software Aspects of Certification	11. 1
Software Development Plan	11. 2
Software Verification Plan	11. 3
Software Verification Results(as applied to RTCA/DO – 178B, Annex A, Table A – 1)	4. 6,11. 14
Software Configuration Management Plan	11. 4
Software Quality Assurance Plan	11. 5
* Software Requirements,Design,and Code Standards	11. 6,11. 7,11. 8
Tool Qualification Plans,if applicable	12. 2,12. 2. 3. 1
* Software Quality Assurance Records(as applied to the planning activities)	4. 6,11. 19
* Not required for Level D,per RTCA/DO – 178B,Annex A,Table A – 1.	

2. 软件部件的开发阶段

上述飞机级的设计要求满足的前提下,供应商按照其发布的软件计划进行机载软件部件开发。软件开发过程产生软件产品。这一过程包括需求、设计、编码和整合四个方面的工作,这些工作是一个迭代的过程。不同的软件,生存周期过程不同。

软件开发过程产生一个或多个等级的软件需求。高级需求直接通过系统需求和系统结构的分析来产生。通常,这些高级需求在软件设计过程中进一步开发,这样产生一个或多个成功的较低级需求。然而,如果源代码直接从高级需求产生,此时的需求既是高级别需求又是低级别需求。在软件设计过程期间,要定义软件架构并开发低级需求。低级需求是不用进一步信息分解而直接实现源代码的软件需求。每一个软件开发过程可能产生派生需求。派生需求是不能直接追溯到更高级需求的需求。高级需求可包括派生需求,低级需求也可包括派生需求。派生需求对与安全性有关的需求的影响由系统安全性评估过程确定。

开发阶段要实现的 DO – 178B 目标如表 16 – 7 所示。

表 16 – 7　机载软件开发阶段需要评审的软件生存周期资料

Software Data	RTCA/DO – 178B Section
Plan for Software Aspects of Certification	11. 1
Software Development Plan	11. 2
Software Verification Plan	11. 3
Software Verification Results(as applied to RTCA/DO – 178B, Annex A, Table A – 1)	4. 6,11. 14
Software Configuration Management Plan	11. 4
Software Quality Assurance Plan	11. 5
*Software Requirements,Design,and Code Standards	11. 6,11. 7,11. 8
Tool Qualification Plans,if applicable	12. 2,12. 2. 3. 1
*Software Quality Assurance Records(as applied to the planning activities)	4. 6,11. 19
*Not required for Level D, per RTCA/DO – 178B, Annex A,Table A – 1.	
*Not required for Level D, per RTCA/DO – 178B,Annex A,Table A – 1.	

3. 软件部件的验证阶段

验证不仅仅是测试。一般来说,测试不能表明不存在错误。软件验证过程目标兼有评审、分析和测试时,则使用术语"验证"而不用"测试"。软件验证过程的目的是检测和报告在软件开发过程中可能已形成的错误。消除这些错误是软件开发过程的一种活动。

软件验证过程的总目标是验证：分配给软件的系统需求已经开发出满足这些系统需求的软件高级别需求；高级别需求已开发出满足这些高级需求的软件体系架构和低级别需求。

如果在高级别需求和低级别需求之间建立了一级或多级软件需求，那么相邻层次需求的建立应使每一相邻的较低层需求满足其较高层需求。

软件验证过程活动包括如下方面：

（1）通过评审、分析、开发测试用例和规程，以及运行测试规程等各种活动的组合来达到软件验证过程的目标。评审和分析软件需求、软件体系架构和源代码的准确性、完整性和可验证性。评审和分析适用于软件开发过程和软件验证过程的结果。评审与分析的一个差别是分析提供正确性的可重复证据，而评审提供正确性的定性评估。评审可以是一种以一张检查清单或类似辅助手段为指导而进行的对某种输出的检查过程。分析可以是对一个软件部件的功能、性能、可追踪性、安全性影响以及它与机载系统或设备中其他部件的关系进行详细检查。

（2）软件测试过程的一个目标是表明软件满足其需求。另一个目标是以高置信度演示可能导致由系统安全性评估过程确定为不可接受的失效状态的错误已被消除。通常情况下有如下测试类型：硬件/软件综合测试，验证软件在目标机环境中的正确运行；软件综合测试，验证软件需求和部件之间的内部关系，验证软件需求和软件部件在软件体系结构中的实现；低层测试，验证软件低层需求的实现。

为满足软件测试的目标，可能需要多个测试环境。一个优秀的测试环境应能把软件加载到目标机中，并在目标机环境的高保真仿真环境中对其进行测试。用目标机仿真器或宿主机模拟机进行测试可给出取证置信度。这类测试环境应在综合的目标机环境中运行选定的测试。

基于需求的测试是发现错误效率最高的。选择基于需求测试用例选择策略如下：正常范围测试用例，其目标是演示软件响应正常输入和状态的能力；鲁棒测试用例，其目标是演示软件响应异常输入和异常状态的能力。

软件验证过程是机载软件开发的一个重要组成部分，软件验证过程的产生的资料以及要实现的 DO-178B 的验证目标如表 16-8 所示。

4. 软件部件的最终合格审定阶段

第 4 阶段所有的试验项目已经完成或基本完成，预计软件达到了最终构型。

这一阶段供应商应确保进行了符合性评审，用于合格审定的机载软件的构型索引和完结综述已经发布并提交适航批准。最终阶段要进行的工作如表

16 – 9 所示。

16.2.3 飞机级与部件级机载软件构型管理界面研究

飞机级的机载软件构型管理的主要目的是建立主机厂的机载软件构型控制体系,确保供应商交付的机载软件构型受到主机厂的控制,软件更改、现场加载在飞机层面受到有效控制。

表 16 – 8 机载软件验证阶段需要评审的软件生存周期资料

Software Data	RTCA/DO – 178B Section
Software Requirements Data	11. 9
Design Description	11. 10
Source Code	11. 11
Object Code	11. 12
Software Verification Cases and Procedures	6. 3. 1 – 6. 3. 6, and 11. 13
Software Verification Results	11. 14
Software Life Cycle Environment Configuration Index(including the test environment)	11. 15
Software Configuration Index (test baseline)	11. 16
Problem Reports	11. 17
Software Configuration Management Records	11. 18
Software Quality Assurance Records	11. 19
Software Tool Qualification Data (if applicable)	12. 2. 3

表 16 – 9 机载软件合格审定阶段需要评审的软件生存周期资料

Software Data	RTCA/DO – 178B Section
Software Verification Results	11. 14
Software Life Cycle Environment Configuration Index	11. 15
Software Configuration Index	11. 16
Problem Reports	11. 17
Software Configuration Management Records	11. 18
Software Quality Assurance Records (including Software Conformity Review Report)	11. 19
Software Accomplishment Summary	11. 20

除了主机厂对交付软件的构型进行有效控制外,供应商对机载软件生存周期过程进行构型控制,确保计划、开发、验证以及最终审定阶段的机载软件构型受控。主机厂通过一定的方式审核供应商机载软件的开发过程是否构型受控,是否存在足够的构型管理记录(CM Record)。

主机厂在飞机层面的构型控制以及供应商对部件级机载软件的构型控制共同构成完整的 ARJ21 - 700 飞机的机载软件构型管理体系,如图 16 - 9 所示。

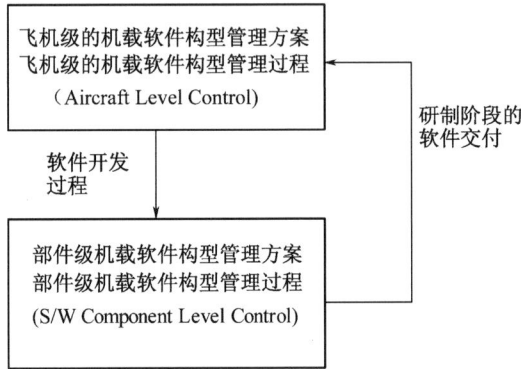

图 16 - 9　飞机级与部件级机载软件构型管理界面

16.3　ARJ21 - 700 飞机机载软件的构型管理关键技术

16.3.1　IMA 架构下机载软件构型项和构型标识

1. IMA 产生背景介绍

为了满足航空电子对高可靠性、高可用性以及高服务性的要求,1997 年 1 月 ARINC 发布了 ARINC653 航空电子应用软件标准接口,并于 2003 年 7 月发布 ARINC653 Supplement 1,对区间管理、区间通信及健康监测部分进行了补充说明,用以规范航空电子设备和系统的开发。而在传统的嵌入式实时操作系统中,内核和应用都运行在同一特权级,应用程序可以无限制地访问整个系统地址空间。因此在某些情况下,应用的潜在危险动作会影响其他应用和内核的正常运行,甚至导致系统崩溃或者误操作。ARIC653 应用如下:

(1) ARINC653 主要描述了模块化综合航空电子设备 IMA 使用的应用软件的基线操作环境,它定义了航空应用与下层操作环境之间的接口和数据交换的模式以及服务的行为,并描述了嵌入式航空电子软件的运行环境。

(2) ARINC653 Supplement 1 对 ARINC653 的补充主要是在系统结构上提

出了系统分区的概念,明确区间上的应用调度应该是区间级别的,这些应用共享区间资源。ARINC653 Supplement 1 在区间管理方面,阐述区间调度中主时间框架的定义原则,并补充了区间模式的变迁过程。

(3) ARINC653 Supplement 1 对区间通信的原则进行了更为详尽的说明。

(4) ARINC653 Supplement 1 增加了关于健康监测(Health Monitor)的错误级别和错误处理的解释。

在 A380 上,空客选择了泰雷兹公司的 IMA。这种综合模块化的航空电子结构采用了以新的 ARINC 653 为基础的操作系统,将大量飞机的功能处理放入了模块化的输入/输出(I/O)和处理硬件。这种标准化的硬件和软件结构方法减少了采购成本,减轻了支援压力。

波音公司 B787 采用了 Rockwell Collins(罗克韦尔·柯林斯)公司的通信与监视系统(CISS 2100),其集成度相当高。这种可配置的一体化监视系统将 8 个 MCU 的多扫描气象雷达处理与图像显示、6 个 MCU 的空中交通防撞系统(TCAS),4 个 MCU 的 S 模式应答机以及自动相关监视(ADSB)、地形回避与告警(TAWS)等系统集成在一个外场可更换组件的机箱内,并为将来的新功能提供了平台。

2. ARJ21 - 700 飞机采用的 IMA 技术介绍

ARJ21 - 700 飞机航电系统综合处理机柜 IPC(Integrated Processing Cabinet)、飞控系统飞行控制机柜 FCC(Flight Control Cabinet)的软件设计均采用了 IMA 的设计架构,这是国际民用支线机设计领域的高新技术。IPC 由美国 Rockwell Collins 研发,整个机柜中有 11 块插槽,软件均为新研的。FCC 由美国 Honeywell 公司研发,综合程度相对 IPC 较低,有 5 个插槽。IPC 和 FCC 的设计具有内核和应用保护机制的操作系统。航空电子嵌入式实时操作系统(A - RTOS, Avionics RTOS)是在具有存储器管理单元 MMU(Memory Management Unit)和支持高级保护模式的目标板上完成了实现。国内对嵌入式领域的研究与国外还有一定差距。

3. IMA 软件架构

IMA 核心模块软件包括应用软件(Application Software)和核心软件(Core Software)两大类。位于应用软件和操作系统 OS(Operating System)之间的应用执行 APEX(APplication EXecutive)接口,定义了系统为应用软件提供的一个功能集合。利用这个功能集合,应用软件可以控制系统的调度、通信和内部状态信息。APEX 接口相当于为应用提供的一种高层语言。而对于 OS 来说,是关于参数和入口机制的定义。IMA 软件架构各部件之间的关系如图 16 - 10 所示。

IMA 技术的核心是采用分区技术。核心软件会包含一个或多个软件模块,

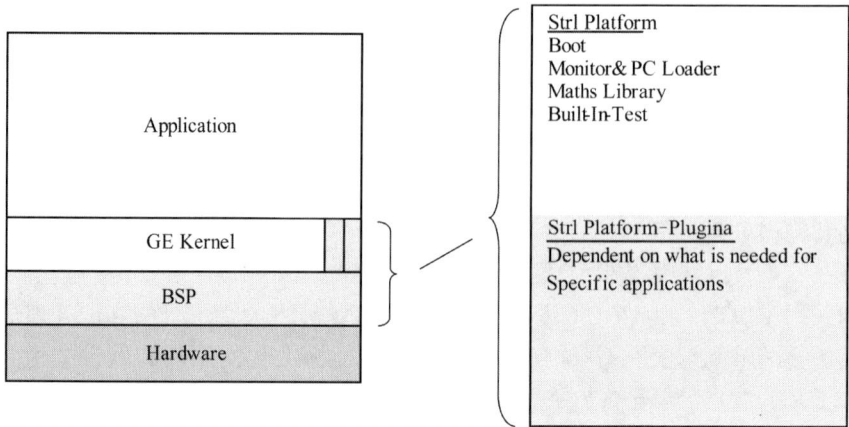

图 16 - 10   ARINC653 中各部件之间的关系示意图

并且应用软件能够独立运行,分区提供了保护。分区的单位称为区间,区间内的每一个执行单元称为进程。每一个区间具有自己独立的数据、上下文和运行环境,这样做的好处是能够防止一个区间的错误影响到其他区间。另外,它能使得整个系统容易验证、确认和认证。因为每个区间的软件对应一种设计保障等级。区间化以及区间的管理和调度是由 OS 来实现的。ARINC653 为区间的调度规定了一种基于时间窗的循环调度的算法。A - RTOS 还引入两个系统区间 Kernel 区间和 Idle 区间。Kernel 区间优先级最高,用于为整个系统的运行提供支持;并且一些系统级进程,也属于 Kernel 区间,方便调度。Idle 区间具有最低的优先级,用于填充系统时间。当系统中没有其他区间可以运行,就运行 Idle 区间。

4. IMA 架构下机载软件构型项方案

将 IPC 和 FCC 综合处理机柜看作一个构型项,综合处理机柜中运行的外场可装载应用软件和板卡以及其他 LRU 看作综合处理机柜的第二层构型项。针对 IPC 和 FCC 的构型项识别如表 16 - 10 所列。

表 16 - 10   IPC 和 FCC 构型项方案

机 柜	第一层构型项	第二层构型项
IPC	IPC Platform(OS 和 Core Software 包含其中)	IPSA 综合处理应用软件
FCC	FCC Platform(OS 和 Core Software 包含其中)	FCC 应用软件

5. IPC 和 FCC 的构型标识方案

通过对 IMA 软件架构的介绍以及对 IPC 和 FCC 的构型项方案,飞机级的

IPC 和 FCC 的构型标识方案如表 16 - 11 所列。

表 16 - 11 IPC 和 FCC 构型标识方案

机　柜	第一层构型标识	第二层构型标识
IPC	IPC Platform(OS 和 Core Software 包含其中)的件号、更改标识	IPSA 软件件号和更改标识
FCC	FCC Platform(OS 和 Core Software 包含其中)件号,更改标识	FCC 软件件号和版本

16.3.2　飞机级的机载软件更改控制

1. 更改控制范围及流程

ARJ21 - 700 飞机级的机载软件更改控制指供应商交付软件后到飞机取得型号合格证期间对交付软件更改、加载、升级时 ACAC 进行的构型管理活动,如图 16 - 11 所示。

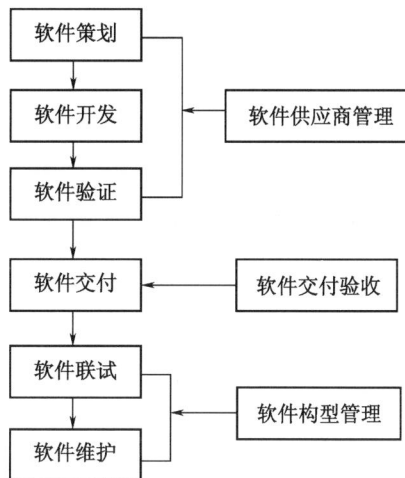

图 16 - 11　软件管理流程图

ARJ21 - 700 飞机的软件交付包括如下两种情况:

(1) 供应商在原单位将软件加载到设备中,随设备一起交付 ACAC 的活动。

(2) 供应商将设备交付 ACAC 后,在现场进行软件加载的活动。

2. 更改控制组织机构及职责

ARJ21 - 700 飞机研制项目的机载软件更改应纳入总设计飞行系统控制之下,这包括 TC 取证前的实验室试验、机上地面试验和飞行试验以及验证试飞各个阶段。机载软件属于飞机机载系统设计的一部分,软件的工程控制职责由系统研究室负责,各专业副总师具有最终决策权。适航、质量、机载软件管理人员在更改控制过程中根据情况介入,会签软件更改相关的记录。详细职责如下:

(1) 专业副总师负责对软件更改控制相关的记录以及软件更改后的试验安排进行最终批准。

(2) 系统主任设计师负责对软件更改控制相关的记录、更改影响分析以及试验安排进行审定。

(3) 专业组组长负责对软件更改控制相关的记录、更改影响分析以及试验安排进行审核。

(4) 软件负责人负责所辖系统机载软件的更改控制,并确保记录的完整性,在软件更改过程中进行制造符合性检查相关的工作,确保加载软件的正确性。

(5) 质量、适航、飞机级机载软件管理人员负责对软件更改相关的记录进行会签,必要时协调局方 CAAC 的制造检查代表进行软件加载目击和制造符合性检查。

3. 更改控制流程

ARJ21 - 700 飞机级机载软件更改控制流程包括如下方面:

(1) 控制开始。ARJ21 - 700 飞机的供应商执行软件交付时,ACAC 对机载软件的更改控制开始。

(2) 软件交付。供应商应确保机载软件开发过程,包括软件交付前后的更改在其质量保证和构型管理控制之下。软件交付时,供应商需要向 ACAC 提交能够充分描述交付软件构型的数据,包括但不限于如下形式:软件更改记录单(Software Change Record,SCR)、软件版本描述文档(Version Description Document,VDD)或软件构型索引(Software Configuration Index,SCI)。

(3) 软件加载。供应商如果需要加载软件到已交付 ACAC 的设备中,根据情况不同处理方式如下:交付设备需要返回供应商所在工厂进行软件加载的,需要办理设备退返手续,软件加载完成后重新交付 ACAC。无需将设备退返供应商所在地而是直接在现场进行软件加载的情况处理方案如下:供应商至少提前 2 个工作日向 ACAC 提出软件加载申请。由供应商填写软件更改记录表中软件加载申请的部分,并将软件更改相关的记录(SCR)和/或更改之后的软件构型描述文档(CSI 或 VDD)提交 ACAC。系统设计人员、软件负责人和供应商提交数据进行评审,并在软件加载记录表上签字代表批准供应商的加载请求。供应商加载软件时,软件负责人须进行现场目击,供应商软件加载的执行者、ACAC 的目击者均需要在软件加载记录部分签字确认软件加载情况。软件加载完成后认为供应商再次进行了软件交付。

（4）软件更改影响分析。软件更改后，系统人员需要对下述三个方面进行评估分析：软件更改对系统安全性的影响分析；软件更改是否受到供应商足够的构型控制，以确保更改前的软件在需要时能够得到恢复，并保证所有的更改部分被清楚定义；软件更改是否影响本系统和相关系统已完成的试验的结论，从而导致先前的试验结论无效。通过评估分析确定是否需要补充进行相应的实验室试验和机上地面试验。如果影响相关系统已完成的试验结果，本系统负责人应主动与相关系统协调共同制定解决措施。

（5）软件更改后的试验控制。软件更改后如需进行相应的试验，原则如下：如果条件允许，在机上功能试验前，软件更新后应按照系统/设备试验大纲在实验室先进行试验。实验室试验通过后，由专业总师评估确定是否对装机件进行机上地面试验以及是否需要重做所有的试验项目还是部分重做。

（6）控制结束。机载软件达到 TC 取证的软件基线后，供应商提交用于软件最终批准的数据，ACAC 对 ARJ21 - 700 飞机研制项目的机载软件更改控制结束。

16.3.3　飞机级的机载软件问题报告机制

ARJ21 - 700 飞机机载软件的问题报告机制采用以构型项为基础进行报告。供应商交付软件后，在 ACAC 进行试验的过程中，发现任何问题纳入试验质量管理规定，填写故障报告表。经试验人员以及系统工程师初步分析后，认为是软件问题的，纳入软件问题报告机制，填写软件问题报告，问题报告机制的研究方案如下：

（1）问题报告开启。主要包括问题报告的编号、发生问题的构型项、问题来源和问题描述。

由机载软件主管副总师签字后开启问题报告，对应系统试验人员将问题报告通过 ECM 正式提供给供应商。供应商将该 ACAC 的问题报告纳入其构型管理控制之下，并启动供应商的问题报告流程。经过分析、评估、解决、验证后，供应商先关闭其问题报告，并将供应商的问题报告通过 ECM 提交 ACAC，作为ACAC 关闭飞机级问题报告的依据。

（2）问题报告关闭。主要包括问题分析和解决措施。

ACAC 关闭飞机级的问题报告需要依据供应商提交的已经关闭的供应商内部的问题报告，因为详细的问题分析和解决措施是由供应商负责完成的，ACAC 作为主机厂只进行设备级的验证和确认工作。飞机级的问题报告关闭需要简单描述问题产生的原因以及供应商采取的解决措施，将在飞机级采取的验证措施，并引用供应商的问题报告作为证据。

（3）跟踪验证。主要包括通过试验跟踪验证问题是否解决；记录试验结果，关闭问题报告，并将结果反馈给试验质量管理规定的流程。

（4）问题报告闭环管理。主要包括：ARJ21-700飞机试验过程中产生的任何问题都纳入试验质量管理规定，开启试验过程的故障报告表；如果是机载软件相关的问题，则启动机载软件问题报告机制，开启飞机级的问题报告，并将问题报告通过 ECM 传递给供应商；供应商将飞机级的问题报告纳入其构型管理控制之下，启动供应商内部的问题报告机制；供应商关闭其内部开启的问题报告后，将问题报告通过 ECM 反馈给 ACAC；ACAC 评估供应商的问题报告，并在飞机级的问题报告中填写原因分析和解决措施，将供应商的问题报告作为证据之一；ACAC 通过试验验证软件问题是否解决，从而关闭飞机级的机载软件问题报告；飞机级的机载软件问题报告关闭后反馈给试验过程质量管理规定，从而关闭故障报告表。

16.3.4　机载软件的构型纪实方案

ARJ21-700 研制项目飞机级的机载软件构型纪实包括机型、所属系统、设备名称、设备件号、序列号、软件件号、版本、应用架次、限制使用状态、存储位置、领用单位、问题报告关闭情况。

基于 Windchill 平台开发机载软件管理系统，通过信息化管理工具对 ARJ21-700 研制项目的实例进行构型纪实，实现实例构型纪实创建、查询、更新、打印报告等功能。

16.3.5　机载软件与飞机产品结构树的关联方案

1. ARJ21-700 飞机构型管理目标

ARJ21-700 飞机的产品结构树不够完整，存在有待改进的方面。结合 ARJ21-700 飞机的特点以及当前产品结构树存在的问题，制定了如下产品结构树方案：

（1）建立一个统一的构型数据库，集中存放和组织飞机相关的总体、气动、强度、结构、系统（含供应商、机载软件）、试验等构型数据，并在构型库中严格按照架次有效性的方式对这些数据进行管理，实现飞机研制的单一数据源。

（2）建立真正以产品结构为核心组织所有构型数据的管理机制，实现产品、零部件、各种构型数据和文档之间的关联管理，建立包括标准件、成品设备、机载软件在内的全机完整产品结构。

（3）引入构型基线等管理机制，对飞机研制的各个阶段以及各主要试验试飞的状态进行准确记录，确保状态信息的可追溯。

（4）通过和构型基线管理相结合，实现对飞机研制转阶段过程中设计评审的有效管理，确保评审过程中发现问题的及时处理和解决。

（5）建立完整工程更改控制程序，实现对工程更改问题提出，更改建议的评定、批准，更改通知的下达，更改执行结果数据的审批发放等的闭环控制。确保更改信息和产品数据之间的一体化管理，并结合有效性的管理，实现通过工程更改管理过程驱动飞机构型的变化，准确记录飞机各架次构型和相关数据的更改历史，进行严格的构型控制。对飞机生产制造过程中产生并由设计处理的超差、偏离进行统一控制和管理，并与各架次飞机产品结构之间建立关联。

（6）满足各系统供应商产生的构型数据管理的需要，将供应商构型数据的提交、更改等过程纳入到系统中进行统一管理。

（7）进行客户选项选配的管理，在系统中维护客户选项、选项特征、选项约束等对象的信息模型。建立客户选项和产品结构之间的关联管理，实现基于客户选配记录自动驱动产品结构中有效性信息的设置。

（8）建立统一的工程信息中枢和系统持续完善的框架，根据需要在系统中预留项目，ARJ21 – 700 飞机采用实例管理方式，对每个设备配备一张构型纪实表，记录上述构型信息。

2. 机载软件在产品结构树中的位置和定义

产品结构是对一个产品的逐级分解而建立的树状层次的结构，在构型管理系统中可用产品结构代表一个产品。产品结构被分解为细分的元素（Part），这样可以为核心业务提供准确的信息。产品结构中的每个 Part 包含了与之相关的组件的描述信息，这些描述 Part 的信息称为属性信息（或称为元数据、MetaData）。产品结构中的 Part 也可以关联文档例如图样文档。

机载软件在产品结构树中处于最底层的构型项，分两种情况考虑：

（1）如果机载软件是外场可装载软件，ACAC 应该对机载软件的构型状态进行控制，方案如下：

第一层为设备件号，第二层为该件号下所有的序列号，第三层为每个序列号下所含软件的件号、版本信息。

（2）如果机载软件不是外场可装载的，机载软件载入硬件后作为整体设备交付主机厂。这种情况下软件的构型变化通过设备构型标识可以体现出来。主机厂的产品结构树中仅需记录设备件号。

3. 机载软件在产品结构管理中的属性信息

对于外场可装载软件，第一层设备件号对应设备图纸；第二层序列号，对应COC（产品合格证）；第三层软件件号、版本对应软件构型描述文件 SCI、VDD 或其他等效文件。对于非外场可装载软件，设备件号对应设备图纸。

4. 基于实例的机载软件构型管理实现方案

ARJ21 – 700 飞机的产品结构管理是基于 Windchill 平台开发的工程构型管理系统(Engineering Configuration Management System, ECMS)实现信息化管理的。由于机载电子设备、机载软件的特殊性,在研制阶段应基于实例进行构型管理,即对供应商交付的每个设备都看作一个实例,不仅管理其设备件号,也需要记录其序列号。

具体情况如下:

(1) 对于商用成品软件(Commercial Off – shelf Software, COTS),在飞机研制阶段将不会更改,如果是外场可装载的 COTS,则只需管理设备件号和 COTS 的软件件号属性信息。如果该 COTS 不是外场可装载的,那么所载入的设备如果也是商用成品设备,则只需管理设备的件号。

(2) 对于不含机载软件的复杂电子设备(Complex Electronic Hardware, CEH),在构型管理过程中只需管理其设备件号。

(3) 对于外场可装载软件,需要管理所载入设备的件号、序列号以及软件件号和版本,同时将设备的更改状态 Emod 作为属性信息。

16.4　应用分析与评价

ARJ21 – 700 飞机研制项目的机载软件构型管理方案已经在逐步实施应用,为我国飞机项目研制带来一定的经济效益和社会效益。

16.4.1　应用分析

(1) ARJ21 – 700 研制项目飞机级的构型管理方案应用分析:

ARJ21 – 700 飞机机载软件设计保障等级方案已经在项目中得到应用,安全性分析结果已经得到局方 CAAC 审查代表的预批准。

ARJ21 – 700 飞机机载软件构型项和构型标识方案得到实施应用,简单设备的构型项和构型标识与方案设计完全一致,对于机柜式构型项以及采用 IMA 架构的机载软件构型项,在 ARJ21 – 700 飞机项目上仍然将整个机柜看作一个 LRU,将载入的应用软件看作一个整体进行构型管理,机柜中的 LRM 以及每张板卡上分配的应用软件模块由供应商进行构型控制。该方案将在后续的研制项目中进一步应用。

ARJ21 – 700 飞机机载软件标签和基线方案基本得到应用。但由于 ACAC 对机载软件、设备的标签方案提出时间较晚,部分供应商是按照 ACAC 的标签方案进行标签管理的,也有个别供应商与 ACAC 通过商务谈判采用自己公司的标签定义方式,设备交付 ACAC 后由 ACAC 进行标签转换。机载软件大的基线分成首飞软件基线和 TC 取证软件基线以及用于每次试验的快速发布的软件基线。基线管理与构型管理组织机构的完善程度关系密切,在今后的研制项目中应进一步完善机载软件构型管理的组织机构,增加机载软件构型控制人员。

ARJ21 - 700 飞机软件更改控制方案得到了很好的推广和应用,供应商交付的软件更改受到 ACAC 有效控制,确保了装入飞机的机载软件工程受控,一定程度上确保了飞行试验的安全性。

16.4.2 应用评价

2008 年 11 月 28 日,我国首架具有完全自主知识产权的新支线飞机 ARJ21 - 700 在上海成功首飞。这是在我国航空史上具有里程碑意义的飞行,标志着中国飞机正式进入了世界新型民用客机的行列。

ARJ21 - 700 飞机研制项目的机载软件构型管理方案已经基本在 ARJ21 项目上得到应用,在软件方面保证了 ARJ21 飞机的首飞安全性,为首飞前特许飞行证的颁发奠定了基础。虽然方案在实施应用过程中存在有待改进的地方,但该方案的有效实施使得 ARJ21 - 700 飞机研制项目的机载软件构型受控,在一定程度上保证了飞行的安全性。具体应用评价如下:

(1) 飞机级的机载软件构型管理方案,特别是更改控制过程中的“两表控制法”,保证了供应商交付的机载软件受到主机厂的工程控制,机载软件的构型项纳入主机厂的构型控制库,具有清晰的构型标识,包括如下方面:“软件构型纪实表”与“软件更改控制表”确保机载软件更改工程受控;机载软件问题报告机制的确立,使得交付后的机载软件更改具有可追溯性;构型纪实使得 ARJ21 - 700 飞机研制项目的试验机机载软件构型明确,保证试验结果的有效性和可追溯性;机载软件构型管理系统实现了构型记录的数字化管理,解决了分布不同系统研究室构型记录分散控制产生的信息孤岛问题,使得机载软件构型信息可以实时查询,并且通过平台对制造厂、ACAC、试飞院发送机载软件相关的记录数据,作为机载软件更改、加载的依据。

(2) 部件级机载软件构型管理方案的实施应用主要由国外供应商进行,机载软件供应商根据部件级的要求,结合项目实际情况,编制各自的部件级机载软件构型管理计划,得到主机厂的批准或认可后,供应商按照该计划进行机载软件构型管理活动。应用评价如下:国外供应商,如 Rockwell Collins、Honeywell、Hamilton Sundstrand 等都在部件级机载软件研发过程中贯彻了主机厂飞机级的构型管理要求,并将该要求通过正式途径传递给子供应商或转包商;机载软件供应商均编制了各自承接的机载软件构型管理计划,对于某些供应商而言,其构型管理计划分成若干层次,能够实现对部件级的机载软件完整的构型控制;在对机载软件构型控制过程中,很多供应商采用了构型控制的工具,如 SCR/PR DB、MKS、Clear Case 等,提高了机载软件构型控制效率。

第17章　新型战斗机研制的
软件可靠性管理

新型战斗机是目前空军飞机中最复杂的软件密集系统,软件控制着飞机上几乎 80% 的功能,其费用占飞机工程与制造研制费用的近30% 。由于软件地位的特殊性,其质量、可靠性和安全性直接影响到型号项目的成败。本章主要介绍了 F/A－22、F－35 以及新一代作战飞机的软件质量管理等内容。

17.1　F/A－22 的软件可靠性问题

F/A－22 是目前美国空军飞机中最复杂的软件密集系统,也是当今世界上唯一已服役的新一代战斗机。F/A－22 软件控制着飞机上 80% 的功能,其费用占飞机工程与制造研制费用的30% 。F/A－22 在验证与确认阶段制定了风险范围,其软件开发的风险列为最高风险区。那么,F/A－22 的软件是怎么开发呢? 美国人认为:近 30 年的实践表明,软件工程的确是摆脱软件危机、确保软件质量的有效途径。IBM 公司在总结其成功开发航天飞机飞行软件的经验时说明,其主要的经验有两条:一是认真实施软件工程;二是特别加强软件测试。

17.1.1　软件工程的实施

(1) F/A－22 软件开发强制性要求遵循 DOD－STD－2167A 标准。该标准提供软件开发、软件测试和文档编制的结构化过程。

(2) F/A－22 软件开发强制性要求采用 Ada 军用标准语言。

(3) 为降低风险,F/A－22 航空电子软件是分批次开发的,开始时开发基本功能和处理部分,随着每个批次软件的不断成功发布,航空电子系统不断成熟,最后实现更为复杂的航空电子系统功能。

(4) 采用综合产品组(IPT)。

(5) 软件开发团队的成员采用相同的软件开发环境。F/A－22 的软件工程环境(SEE)是美国国防部采用的最完善的工程环境,用于软件设计、编码和测试。

(6)重视软件工程师的培训。共有五个培训中心，完成了50000 h的培训。

F/A-22航空电子软件开发采用的是多V模型的开发方法。

F/A-22上的航空电子硬件和软件共开发了4批次：

(1)1.0批次(1999年上半年开发)提供了基本飞行的航空电子功能和主要的雷达能力，装有50%航空电子系统的源代码行，并提供了传感器与驾驶员数据流。

(2)2.0批次(1999年下半年开发)增加了电子战(EW)传感器(用于自我防护)功能，开始传感器融合，无线电频率协调和重新布局。

(3)3.0批次(2000年4月)增加了其他雷达、EW传感器模块和先进通信导航识别(CNI)功能。3.1批又增加了通信数据链，包括联合战术信息分布系统(JTIDS)接收能力、小编队内数据传输线，以及GBU-32联合直接攻击弹药JDAM发射能力。

(4)4.0批次(2005年)增加了头盔瞄准具(HMS)、AIM-9X空对空导弹综合和联合战术信息分布系统发射能力，用于工程与制造研制后的初始作战能力评价。

17.1.2　软件测试

F/A-22的航空电子系统软件测试分四个阶段：

(1)在航电系统软件各组成部件(CSCI)开发出来后，在各软件开发试验室内测试。

(2)将整个任务软件包与安装到航空电子综合试验室(AIL)中的真实传感器硬件综合，测试其使用情况。

(3)将软件包再装载到由波音757改装的F/A-22航空电子系统飞行试验台(FTB)试飞。

(4)航电系统软件在F/A-22试验机上完成所有的试验。

1.航空电子综合试验

航空电子综合试验是开发新一代综合航空电子系统所必需的基础试验。为此，各国的航空电子开发商都采用了航空电子综合试验室(AIL)，用于试验与评价航空电子系统(包括硬件和软件)的性能与可靠性。

F/A-22航空电子系统包括软件与硬件的AIL试验，到2002年10月共进行了21000 h。

F/A-22的AN/APG77雷达，从1991年到2002年11台雷达共计进行了

12000 h 的试验。

航空电子综合实验室的建造耗资 2500 万美元,在 AIL 五年的综合测试共花费 10 亿美元。

2. 飞行试验台(FTB)试验

F/A－22 航空电子系统在波音 757 飞行试验台(FTB)试飞。1998 年 3 月,第一架装载航空电子系统的波音 757 飞行试验台首次飞行;到 2001 年 6 月,航空电子系统在 FTB 上进行了 650h 的飞行试验;到 2002 年初,累计飞行 1000 h。

3. F/A－22 研制试验飞机飞行试验

F/A－22 研制试验飞机飞行试验安排:第一批 9 架试飞飞机中有 6 架专门用于航空电子系统的飞行试验,试验的时间达 3000 多小时,大约占飞机飞行试验时间(4583h)的 2/3,主要用于各种传感器的综合或传感器信息的融合。F/A－22 从 2000 年到 2002 年共飞行了 35 个月。

17.1.3 主要问题

一般来说,经过这么长时间,如此充分的地面测试和空中试验,应能确保 F/A－22 的研制飞行试验顺利进行,但事实并非如此,据 2003 年 4 月美国空军负责采办的助理部长说,F/A－22 项目已攻克了大部分技术难关,解决了尾翼抖振和驾驶舱颤噪问题。最近的飞行试验显示,该项目最后的遗留问题就是软件的不稳定性。美国空军要求 F/A－22 整个软件包(具有 200 多万行 Ada 程序)工作 20 h 不发生使任何一个航电组件失效的问题。在 2003 年 2 月中旬的试验中,3h 的飞行试验就出现一次软件错误,而实验室试验结果是 8 个多小时出现一次软件错误。

美国空军称,自 2001 年 1 月以来的 F/A－22 飞行试验过程中,出现了许多航空电子软件可靠性的问题,造成了多次飞行试验任务中断,受到了各方的批评。据称,航空电子设备的组成部件如雷达、电子战系统、通信系统、导航系统等都不存在问题,问题在于各个组成部件之间的综合。特别是软件的综合问题,航空电子软件在技术上遇到的最大挑战是成功实现多传感器的数据融合。其中的一些问题在波音 757 试验台上就被发现,而另外的一些问题则等到装上 F/A－22 试飞之后才被发现。由于软件的问题,F/A－22 的座舱系统每运行 2h 就要关闭一次。航空电子软件可靠性的问题能造成部分航空电子系统如雷达处于异常状态,甚至完全不能运行。在这种条件下,试飞员必须重新启动 F/A－22 航空电子系统。

这一系列严重的软件问题,使美国空军和承包商承受了巨大压力。美国空军称,软件可靠性问题是能够解决的。为此,美国空军加大了投入,通过提高技术人员的素质,提供更多的专用测试工具,并加强与工业界的合作,以尽快解决F/A-22的软件可靠性问题。空军组织工业界专家成立了独立专家组,对航空电子软件可靠性的问题进行研究和评估。由于软件开发的延迟迫使空军延长了项目发展阶段,造成超过8.76亿美元的费用超支。

在研制进度延后了一年半,费用超支8.76亿美元后,美国空军称,F/A-22已解决了航空电子软件可靠性问题,并称软件可靠性已不再是问题。

但就在军方于2004年5月宣称F/A-22的软件可靠性问题已得到"解决"后,却又出现了一系列事故。

2004年12月20日,一架美军F/A-22"猛禽"战斗机坠毁。这架崭新的生产型战斗机在起飞的过程中失控,坠地爆炸,飞行员弹射逃生。空军参谋长Jumper指出:本次事故是由与飞控有关的软件问题造成的。这是F/A-22战斗机生产型的首次坠毁事故。此前F/A-22战斗机的原型机YF-22由于软件问题在降落时发生过一次坠毁事故。

2007年2月,美国空军12架F/A-22A"猛禽"战斗机计划飞抵日本冲绳的空军基地,开始首轮海外部署。12架"猛禽"从夏威夷飞往日本,途经国际日期变更线时,飞机上的全球定位系统纷纷失灵,多个计算机系统发生崩溃,多次重启均告失败。飞行员们无法正确辨识战机的位置、飞行高度和速度,他们不得不掉头返航,折回到夏威夷的空军基地。

鉴于这次行动属于美国国防部对F/A-22A进行初始作战试验与鉴定阶段(IOT&E)的内容,洛克希德·马丁公司表示将对所有已出厂的87架F/A-22A进行全面检查,对有问题的软件系统实施修改升级。对于这种在软件密集型飞行器研制中忽视软件可靠性而引发软件故障频发的问题,美国的Koss博士曾指出:在现代军用飞机研制中,"软件可靠性受到很大的忽视……,一些比较大的命令控制系统对软件可靠性不做任何评估"。他还指出:"在现代军用飞机上,软件已超过100万行源代码,交付可靠的计算机硬件的能力是确定的,提交的系统软件将决定整个系统是否满足使用的可用性。但是软件可靠性仍常常被忽视,即使今天,实施软件可靠性的组织仍然少得可怜"。

美国在航天飞机和第三代飞行器研制中得出软件开发必须"认真实施软件工程,特别加强软件测试"的宝贵经验,并取得了很大成效,但这种经验用到第四代软件密集型的先进飞行器中显然是不够的。这是因为,从第三代装备到第四代装备的跨越中,软件功能倍增,软件规模倍增,但软件问题也同时倍增,特别是软件可靠性问题成了严重制约第四代装备研制的瓶颈。因此,对于下一代先进飞行器的软件开发必须认真实施软件工程和软件可靠性工程。

17.2 F－35 软件可靠性的实施

17.2.1 F－35 软件特点

F－35 软件具有如下特点：

（1）软件庞大、复杂：软件规模大于 680 万行源代码。

（2）软件开发组织：多公司配合，国际化团队，多地点软件开发。

（3）产品开发管理：全面的软件计划、标准及度量，保证有组织的软件开发工作。

17.2.2 F－35 软件可靠性的实施

F－35 的软件开发吸取了 F/A－22 的教训，十分重视软件可靠性。

首先，F－35 建立了软件管理团队，从组织上保证了软件可靠性工作的开展。该管理团队负责引入、开发和应用软件可靠性工程，以获取软件可靠性的统计度量，并利用这些度量来预计软件质量。

F－35 强调软件可靠性是软件产品质量和软件产品完整性（Integrity）的一个指标（Indicator），并要求在软件开发过程和系统综合与测试中均应开展软件可靠性工作。

F－35 提出的软件可靠性的关键是：

（1）确定可靠性指标。

（2）制定软件操作剖面（Operational Profiles）。

（3）可靠性测试（按用户实际使用产品的方法测试软件系统）。

（4）可靠性测量。

软件可靠性技术用于：

（1）预计一个新软件期望的缺陷数。

（2）预计软件何时可交付。

（3）预计为满足软件质量目标需要进行多少测试。

（4）定量地预计软件交付时的质量。

（5）预计外场的软件失效率。

鉴于 F－35 尚在研制中，目前了解到的 F－35 在软件可靠性方面开展的工作有：

（1）管理并报告软件可靠性。在管理方面强调软件是系统中的一个重要组成部分,并借鉴硬件研制中的管理方法,包括报告软件的质量度量、概率度量等。

(2)收集软件可靠性数据,并采用度量数据收集的工具。F-35要求持续跟踪软件缺陷,以估计和预计软件可靠性增长,从软件设计、编码、集成到系统综合各阶段,采用缺陷注入与缺陷探测方法持续跟踪软件缺陷。

(3)软件可靠性预计和度量。软件管理部门使用历史数据或测试数据来预测软件可靠性增长,并跟踪软件可靠性指标。例如,利用测试过程中统计的累计缺陷数、缺陷率(Defect Rate)软件质量指标相比较。

(4)当软件产品集成时,通过数据整合,如各软件的缺陷数、累计缺陷强度(Defect Intensity)等数据来跟踪和预测软件可靠性MTTF。

(5)通过测试计划和测试资源的使用来确认测试费用和约束条件。F-35的测试类型与F/A-22类似,即包括软件CSCIS的测试、航电综合试验室(AIL)测试、飞行试验平台(波音737改装)和F-35原型机(共12架)试飞等组成。

(6)在飞行器部署后,软件可靠性能用来估计外场的软件失效率,因为软件可靠性测试所发现的是运行软件失效(Operational Software Failure)。可利用外场的使用强度(Field Usage Intensity)来估计期望的软件失效数。

软件一旦交付后,就具有常值的失效/缺陷率(Constant Failure/Defect Rate)。

17.3 新一代飞行器研制中的软件系统测试问题

17.3.1 嵌入式软件测试环境

对飞行器嵌入式软件的系统测试历来有两种不同的观点:

一种观点是特别强调测试环境的"真实性",认为软件的系统测试应在"实况试验"环境进行,系统测试人员坐在"真实"的飞行员座舱内,所测试的全部航电系统以及发动机控制系统、非电系统(如电源等)全部是真实的产品,并与真实的I/O交联在一起。其优点是可以逼真地反映出真实飞行器可能发生的各种事件,但缺点也是明显的:

(1)构建这样一个全实物测试环境费用昂贵,而且当一个被测软件在进行测试时,它的所有交联设备都要与它一起工作,试验件的实物损耗很大,测试代价高昂。

（2）由于所有的交联系统全是实物，所以在进行异常情况测试、强度测试等需要施加高负载和超负载的测试时，会对系统产生破坏，甚至发生危险。若为了避免这种情况发生，则不少测试用例无法执行。据我国的经验，在这种环境下的系统测试，将有 20% ~ 30% 左右甚至更高比例的测试用例不能执行，亦即测试用例的执行率 $T_s \leqslant 0.80$。

另一种观点认为对嵌入式软件的系统测试最好在半实物仿真测试环境下进行。这种半实物仿真是指嵌入式软件运行采用真实硬件环境，而对于被测软件与外界环境及其他设备之间的 I/O 则通过软件进行仿真。半实物仿真测试具有较高的逼真度。这是因为嵌入式软件的运行环境和接口都采用了真实的硬件设备，所以对于测试中系统的输入/输出信号保持了其原有的物理特性，这一点比全数字仿真更接近真实情况；同时，采用软件方式模拟系统输入信号的逻辑特性，使得半实物仿真比全实物仿真具有更加灵活的测试可控性，而且减少了采用硬件仿真造成的浪费。

我国不少软件测评中心，应用中国航空工业第一集团公司计算机软件可靠性管理与测评中心自主开发的 GESTE 测试环境进行航空、航天等实时嵌入式软件的系统测试，测试用例的执行率 Ts 达到 95% ~ 100%。

下面以两个实际的飞行器为例，进行说明。

（1）美国的 F/A – 22。众所周知，F/A – 22 的软件系统测试费时长（1998 年—2002 年）、投入大（采用了航电综合实验室、飞行试验平台和 6 架专门进行航电系统试验的试验机），而且是在"实况试验"的环境中进行的系统测试，但是测试效果并不佳。除了前面提到的在所有试验完成后，其生产型的 F/A – 22 发生了由于飞控软件故障引起坠机外，还在 2007 年 2 月 12 架 F/A – 22 从夏威夷飞往日本途经国际日期变更线（东经 180°）时，飞机上的多个计算机系统发生崩溃，多次重启均告失败，飞行员不得不掉头返航，折回到夏威夷的空军基地。

其原因就是 F/A – 22 强调的是"实况试验"，而在长达 5 年的试验中，真实飞机并未飞越过东经 180°，所以软件中潜藏的错误一直没有被发现。

（2）我国的某型号飞机。无独有偶，我国的某型号飞机在进行软件系统测试中也发现了这一问题。该型飞机在自西向东"飞越"东经 180°时，飞机不能按照装订的航线正常飞行，而是立即掉头向西返航。但是，我们是先于美国 F/A – 22 发生事故的 2 个月前，即 2006 年 12 月在地面半实物仿真测试环境中发现该软件错误的，当时的测试记录如表 17 – 1 所列。

表 17 –1 某型号飞机的软件系统测试记录

问题序号	用例编号	缺陷描述	问题类型	问题等级	阶段	修改情况
1	T17 – 02 – GN05	航线飞行中,由西向东经过东经180°时,遥测中显示的待飞距错误,飞机不能按照装订的航线正常飞行,而是掉头向西飞行。	需求问题	关键	第一次测试	已经修改
2	T17 – 02 – GN06	在计算大地坐标系到平面坐标系的转换时,没有考虑东西经180°是同一条经线的情况,坐标系转换错误导致待飞距计算错误。				

在半实物仿真测试环境下,可以让软件在测试环境中经历各种情景及各种超负荷的非正常情况,从而尽可能多地让软件经历"所有可能的失效",并暴露出软件中潜藏的缺陷。因此,本书建议的方法是:上述两种方法的结合,即首先进行地面的半实物仿真测试,让软件在仿真测试环境中经历"所有可能的失败",然后在分析、排除软件的缺陷后,进入定型试飞阶段,让飞行器在真实的"实况环境"中进行试验(因为地面的半实物仿真不可能100%模拟真实飞行器的全部情景)。两者相结合的测试方法应当会显著提高试验的效果和效率。

17.3.2 模型驱动的软件仿真测试技术

模型驱动的软件仿真测试方法(Model – Driven Simulating Testing, MDST),是一种在新一代先进飞行器的软件测试中应用的方法。模型驱动的仿真测试是将模型驱动体系结构(Model – Driven Architecture, MDA)方法与软件仿真测试结合,整个测试活动围绕建模开展,从测试需求分析,到测试用例生成,以及测试用例执行,最后是测试结果分析,处处都以模型为指导。MDST 测试兼有传统软件仿真测试和模型驱动的软件测试(Model Driven Testing, MDT)的优点,在实时嵌入式软件测试领域有着良好的应用前景。

将 MDA 方法应用到软件测试过程中,将带来测试质量和测试效率的提高。模型驱动的软件测试的目标是通过支持测试资源的重用来缩短测试时间。另外,模型可以为被测系统测试本身提供一个清晰、明确、统一的视图。更重要的是,模型驱动测试将测试逻辑和测试实现分开。因此,测试开发者就可以专心于详细地设计测试用例,将测试执行留给测试工具来自动完成,从而使开发者从繁重的测试工作上,如创建测试脚本、回收测试结果、编写测试报告中解放出来,避免了人工测试劳动所导致的人为错误。

模型驱动测试将测试逻辑与具体的测试实现相分离,从而使得测试人员更加关注测试逻辑的设计,而具体的测试实现以及测试执行完全由模型驱动测试工具来完成。借助于模型驱动的测试方法和技术,测试模型可自动转化为最终可执行的测试脚本,这样就将测试脚本维护转化为对测试模型的维护,当程序发生变化时,测试人员只需要对测试模型进行修改,然后通过模型自动生成测试脚本即可,从而降低了测试脚本的维护费用。同时,模型驱动测试可以有效地支持回归测试。由于测试模型易于维护和修改,当开发人员递交了一个新的版本之后,测试人员可以利用原有的测试模型对其稍加修改,对新系统进行快速的回归测试。

模型驱动测试为测试人员提供了简便、有效的方式,以实现高效、自动化的测试方法和技术。模型驱动测试通过测试模型描述测试的结构、行为和测试数据等众多测试因素,从而简化测试的开发,提高测试的效率。整个模型驱动的测试过程通过测试建模活动,测试人员创建测试所需要的静态架构、动态行为、测试数据等测试模型,然后利用这些测试模型实现测试行为的自动控制和测试脚本的自动生成。

1. 仿真测试原理

采用仿真策略进行测试是仿真测试框架的基本特征之一,也是最重要的基础。在框架原则层的原理解释中,首先对仿真测试原理进行分析。对仿真测试原理的解释,主要包括仿真测试的目的、仿真测试的本质、仿真的对象和仿真的方式四个方面。

1) 仿真测试的目的

仿真是真实过程或系统在整个时间内运行的模仿。在研究、分析系统时,对随时间变化的系统特性通常是通过一个模型来进行研究。凡是利用计算机在模型上而不是在真实系统上进行实验、运行的研究方法,都可认为是仿真。仿真的开展离不开模型,事实上,仿真就是采用模型来再现真实情况,而模型是系统、过程或现象的物理、数学或其他逻辑的表达。

仿真方法在软件开发,尤其是嵌入式软件开发和验证中已经得到了广泛的应用,所以将仿真引入到嵌入式软件的测试领域也就成为顺理成章的事情。而采用仿真的方法进行嵌入式软件测试,也的确具有真实使用环境中运行测试所不具有的许多优势。

① 减少测试的费用:仿真测试中利用模型支持测试,大大减少了因开发硬件环境和交联设备等给测试带来的巨大经济开销。

② 缩短测试时间:利用模型支持测试,可以方便地对模型进行修改和控制,减少了真实环境中因为对硬件环境的改动或对交联设备的运行控制而导致的过长的测试时间。

③ 提前测试的进行：仿真测试中的模型可以与被测软件的开发同时进行，这样在被测软件的硬件运行环境或者其交联设备没有完成前也同样可以进行测试，提前了测试开展的时机。

④ 降低测试的风险：仿真测试中模型的使用大大降低了在真实环境中测试可能造成设备损坏甚至人员伤亡的概率，将软件测试的风险降到最低。

⑤ 提高测试的可重复性：仿真测试中模型的使用解决了回归测试中的重复测试问题，使得完成的测试可以通过模型记录下来，避免了真实环境中运行测试的随机性。由此可见，在嵌入式软件测试中，仿真方法是一个必不可少的测试手段。

2）仿真测试的本质

在嵌入式软件测试中使用仿真方法由来已久，但是还没有对仿真测试的本质进行过系统分析。仿真测试就是通过使用软件和硬件的方法，模拟被测软件的交联系统及其物理信号的输入、输出，仿真一个被测软件运行的真实环境，并在该环境下进行各种类型测试。作为一种方法，仿真测试具有完整的体系。

仿真测试中涉及以下主要概念：

① 运行环境：被测软件在实际使用中所处的软件和硬件环境。

② 测试环境：被测软件在测试过程中所处的软件和硬件环境。在仿真测试框架中，因为通常采用仿真的手段构建测试环境，所以可称为仿真测试框架。

③ 仿真模型：测试中利用软件算法实现对被测系统输入信号逻辑特性进行模拟的软件实体。

④ 仿真原型：仿真模型所模拟的运行环境中的软件实体、硬件设备或是外界物理环境。

⑤ 仿真测试：通过仿真模型建立嵌入式软件的测试环境，并在此环境下进行的测试。

公理假设是仿真测试方法的前提和基础，这些假设并不能对其进行严格的证明，但是经过实践证明的正确命题。

仿真测试的基本公理假设：

① 独立性假设：对软件的仿真测试不改变被测软件的固有属性。

② 环境同构假设：进行仿真测试所使用的测试环境，必须满足被测软件的固有属性在测试环境中的信息表现与在真实使用环境中是等价的。

③ 缺陷本质假设：软件缺陷是软件的固有属性之一。

④ 有效性假设：测试环境中发现的软件失效，在真实使用时，并且在一定条件触发下必定会出现。

第①条假设是软件测试的基本前提，它说明仿真测试将软件整体作为一个系统看待，而软件的测试过程是对软件系统的认识过程，是从系统的外部环境的角度进行测试,是一种独立于被测软件客体的测试手段。这条假设也是其他假设的基础。

第②条假设说明测试环境与真实运行环境之间是同构的,即采用测试环境模拟软件真实运行环境。这种做法的合理性是因为它们对于从被测软件获得信息的角度来看是等价的。

第③条假设说明了软件缺陷的性质。软件是复杂的人脑产物,软件的产生要经过分析、设计和实现等若干过程,同时也造成了软件的缺陷。软件缺陷同结构、功能、性能等一样是软件的固有属性之一。

第④条假设说明了测试结果的合理性,在前两条假设的基础上,可以通过三段论推理得到。因为软件缺陷是被测软件的固有属性,而根据第②条假设即可得到软件缺陷的真实性。

上面的基本假设奠定了仿真测试的基础,仿真测试利用仿真方法构建测试环境对嵌入式软件进行测试。这种方法具有以下主要特性:

① 可仿真性:由仿真测试的定义可以看出,仿真测试中"仿真"的概念主要体现在被测软件的测试环境方面。从仿真测试的基本假设中知道,测试环境虽然是一种仿真环境,但是它应该在得到被测软件测试信息方面与运行环境是同构的。

② 测试性:由于测试环境是对运行环境的仿真,因此,一方面测试环境与其原型之间保持着一定的相似性;另一方面,测试环境要具有一定的测试性,能够灵活地实现嵌入式软件测试所要求的对被测软件输入的可控制性。

③ 可替换性:由于测试环境具有仿真性和测试性,因而使得仿真方法在对被测软件的测试环境方面具备了代替真实运行环境的能力。在测试过程中,仿真测试得到的测试结果与运行测试或者被测软件实际使用中的结果应该是一致的。

3)仿真的对象

从仿真测试方法的假设中可以看出,被测试的软件是一个独立的系统,无论是仿真测试中的测试环境,还是实际的运行环境,都是被测软件这个系统的外部环境。因此,在分析"仿真的对象"这个问题之前,首先应明确几个与"系统"和"环境"有关的概念。

① 系统的环境:一个系统之外的一切与它相关联的事物构成的集合,称为系统的环境。更确切地说,系统 S 的环境 E 是指 S 之外一切与 S 具有不可忽略的、联系的事物集合。定义中的"不可忽略"是一个模糊用语,不能作非此即彼的理解。系统的环境只能在相对的意义上确定。在不同研究目的下,或对于不同的研究者,同一系统的环境划分也有所不同。环境复杂性是造成系统复杂性

的重要根源。因此,对系统的研究必须研究它的环境以及同环境的相互作用。

② 系统的行为:系统相对于它的环境所表现出来的任何变化,或者说,系统可以从外部探知的一切变化,称为系统的行为。行为是系统自身的变化,是系统自身特性的表现,但又与环境有关,反映环境对系统的作用或影响。

③ 系统的功能:功能是刻画系统行为,特别是系统与环境关系的重要概念。系统的任何行为都会对环境产生影响。系统行为所引起的有利于环境中某些事物乃至整个环境存续与发展的作用,称为系统的功能。

④ 系统的性能:系统在内部相干和外部联系中表现出来的特性和能力。

⑤ 系统功能与环境的关系:系统环境对于目标系统的研究起到了至关重要的作用。虽然系统的功能与系统结构关系密切,但系统的功能是由结构和环境共同决定而非单独由结构决定的。系统功能的发挥需要环境提供各种适当的条件、氛围。为充分发挥系统功能,需适当选择、营造、改善环境。只有当环境给定后,才可说结构决定功能。如果仿真测试中的待测试软件被看作一个系统,那么它所依赖的硬件运行环境、交联设备以及外界物理环境就构成了被测软件系统的环境。对真实运行环境的仿真实际上就是对软件系统环境的仿真,测试中被测软件的所有行为和功能体现都是通过测试环境驱动的。由上面系统环境的相对性可知,不同的测试方法可能会有不同的测试环境的构造。下面对测试环境的分类就体现了这一点。

根据对软件运行环境仿真程度的不同,仿真测试可以分为全数字仿真、半实物仿真和全实物仿真。通过比较研究发现,半实物仿真是一种最优方案。如图17-1所示,嵌入式测试的半实物仿真是指嵌入式软件的运行采用真实硬件环境,而对于系统与外界环境及其他设备之间的输入/输出则通过软件的方式进行模拟。半实物仿真测试具有较高的逼真度。这是因为嵌入式软件的运行环境和接口都采用真实的硬件设备,所以对于测试中系统的输入/输出信号保持了其原有的物理特性,这一点比全数字仿真更接近真实情况;同时,采用软件方式模拟系统输入信号的逻辑特性,使得半实物仿真比全实物仿真有更加灵活的测试可控性,而且减少了采用硬件仿真造成的浪费。

下面的讨论中,"仿真测试"一词特指半实物仿真测试。

4) 仿真的方式

对于嵌入式软件运行环境的半实物仿真,具体说来就是对被测软件的交联设备和外界物理环境的仿真。而从环境对软件系统的作用来看,本书可以将半实物仿真抽象为对系统输入信息的仿真。计算机系统是一个离散系统,所以软件系统的输入具体是指输入变量,输入信息就是变量的相关信息。

如图17-2所示,对真实运行环境的仿真最终抽象为软件的测试空间概念。

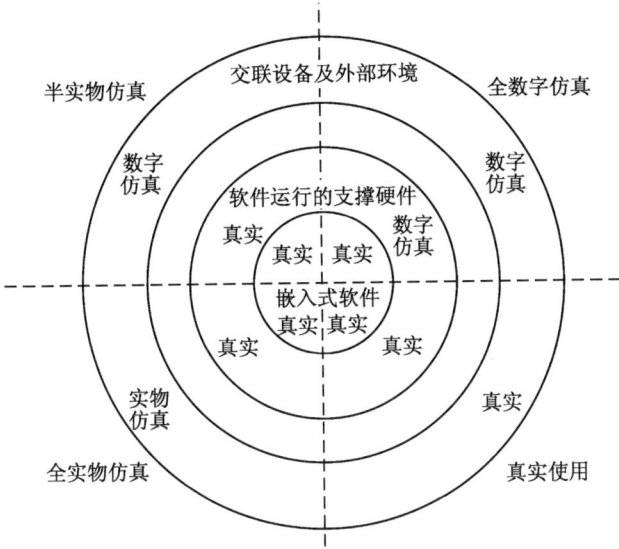

图 17 - 1　仿真测试的类型

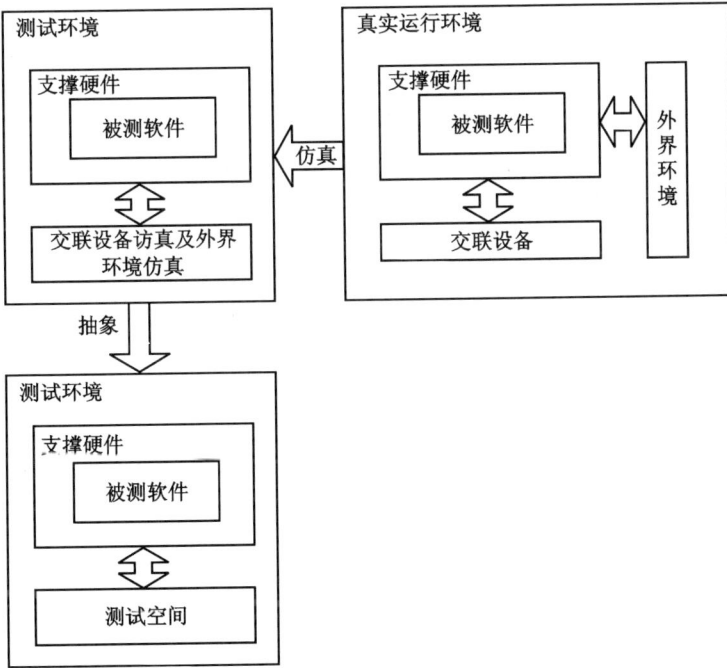

图 17 - 2　对环境仿真的抽象

下面将首先明确几个概念：

① 输入变量：输入变量是任何存在于系统外部并影响此系统的数据元素。由程序计算出来的,同时并不存在于程序外部的中间数据不是输入变量。输入变量的概念是逻辑上的,并非物理上的。系统所有的输入变量构成的集合是系统变量集合 V 的一个子集。输入变量集合是一个测试对象范畴的概念,它随着测试对象的指定而确定。

② 输入状态：输入状态是系统输入变量取值的完整集合。每个输入变量的实际取值按照其输入顺序/时序排列起来,构成输入空间中的一个输入状态。

③ 输入空间：系统所有可能的输入状态集合称为输入空间。每个软件客观上都对应着一个输入空间(又称输入域)。输入空间通常被认为等于软件输入值的取值范围(包含合法的和非合法的取值)的笛卡儿积。笛卡儿积可能会产生非法的输入状态。软件的输入空间包含合法的输入空间和非法的输入空间。一般来讲,软件对于输入空间中的任何一个输入状态都应该做出正确响应,不管该输入状态是合法的还是非法的。对于非法的输入,软件应该正确地排除其干扰。

④ 测试空间：与输入变量和输入空间对应,还定义了输出变量和输出空间的概念。为了方便讨论,输入空间和输出空间统称为软件的测试空间。

将交联设备和外界环境的仿真用测试空间的概念进行表达,目的是可以借用数学知识对仿真测试中的诸多方面进行讨论,增强仿真测试的精确性和形式化程度。例如通过数学形式表述测试空间,可以方便地利用概率知识进行空间的分析,为测试用例的设计和讨论测试的揭错概率和充分性等问题奠定了基础。

另外,测试空间概念的引入为半实物仿真中的数学仿真部分提供了依据。测试空间中描述了软件系统输入/输出变量的各种信息,这些变量是连接测试环境与被测软件之间的桥梁,它们具有物理和逻辑两种特性。物理特性是指变量传输所经过的硬件信息,测试中这种特性是通过真实的 I/O 接口以实物仿真的形式来实现的。变量的逻辑特性是指变量的产生机理、传输的时间要求以及变化规律等信息,这些特性是在测试中通过数学仿真来完成的。

2. 模型驱动的软件仿真测试

1）测试模型的定义

模型是指一个系统、实体、现象或过程的物理、数学或其他逻辑的表示形式,是人们认识事物的一种概念框架。也就是用某种形式近似地描述或模拟所研究的对象或过程。在仿真领域构造模型是为了研究原型。客观性、有效性是对建模的首要要求,反映原型本质特性的一切信息必须在模型中表现出来,通过模型研究能够把握原型的主要特征。另外,模型的主要功能是提供一个框架,能够适当地整理和组织观察数据、资料、信息,对原型系统的行为特征和运行演化规律做出解释。

在仿真测试框架中,我们引入测试模型的概念:以某种形式描述的测试解决方案。从定义可以看出,测试模型具有以下基本特征:

① 测试模型与测试解决方案有关。测试模型是对测试解决方案进行模块化和组件化表示的一种组织形式,它是提高测试框架可扩展性和可维护性的重要手段之一。

② 测试模型是对相关测试知识的描述。测试模型的内容是对解决方案的某一方面知识的描述,与模型定义一样,这种知识可以是一个实体,也可以是一个过程,甚至是一种思想。

③ 测试模型的形式不固定。任何一种模型都具有某种形式,一般称为模型语言。在仿真测试框架中,测试模型没有一种固定的标准语言,不同类型的测试模型可以有不同的描述形式。

2)测试模型的分类

对测试模型的分类可以有多种依据,既可以按照功能分类,也可以按照建立的阶段分类。本节按照功能分类对各种测试模型进行介绍。

按照测试模型的功能可以将其分为测试用例模型、测试环境模型和软件缺陷模型。

测试用例模型的主要作用是辅助生成测试用例。测试用例模型是一个模型包,包括被测软件模型、测试空间模型和用于测试用例选取的策略模型以及具体的测试用例。被测软件模型是根据测试的目标不同,对被测软件的不同方面进行表示的一类模型,例如功能模型、性能模型、使用模型等。测试空间模型是根据被测软件模型生成的一种带有被测试客体信息的、用于测试的模型,它是产生测试用例的一个基础模型。测试策略模型是测试主体选用的选取策略,可以根据实际情况进行修改和更换,是测试主体测试意图的体现。利用测试策略模型和测试空间模型可以进行测试用例的设计与选取。测试用例模型是仿真测试框架中的一类重要模型。

测试环境模型的主要作用是辅助构建仿真测试的执行环境。测试环境模型也是一个模型包,包括被测软件的交联环境模型和测试执行系统模型,以及根据模型实现的测试执行系统。交联环境模型是根据被测软件的实际使用环境,利用仿真的方法构建的一个模拟真实环境。交联设备模型中包括被测软件与外界环境和交联设备之间的输入/输出关系,以及输入/输出数据的逻辑特性和物理特性。测试执行系统模型是构建的仿真测试环境的运行系统模型,测试执行系统中提供了仿真模型运行所需要的任务调度、数据处理和数据通信等重要功能组件,最终的测试是通过仿真模型在测试执行系统中的运行来完成的。

软件缺陷模型的主要作用是记录测试发现的软件失效,同时用来指导测试用例的选取与生成。软件缺陷模型的第二个作用尤其重要。根据对软件测试的认识论解释,对软件的测试过程就是对被测软件的缺陷属性的认知过程,可以说,软件缺陷模型是对被测软件本身属性的建模,只是这个模型所反映的信息是通过测试过程不断发现和补充的。软件缺陷模型中应该记录软件失效(或缺陷)与测试用例之间的某种关系,使得它可以用来对测试用例的策略进行信息反馈,提高发现错误的能力。软件缺陷模型是仿真测试过程中的一个反馈点。

3) 模型驱动的涵义

模型驱动的涵义可以通过按测试阶段对测试模型的分类图进行说明,如图17-3所示。

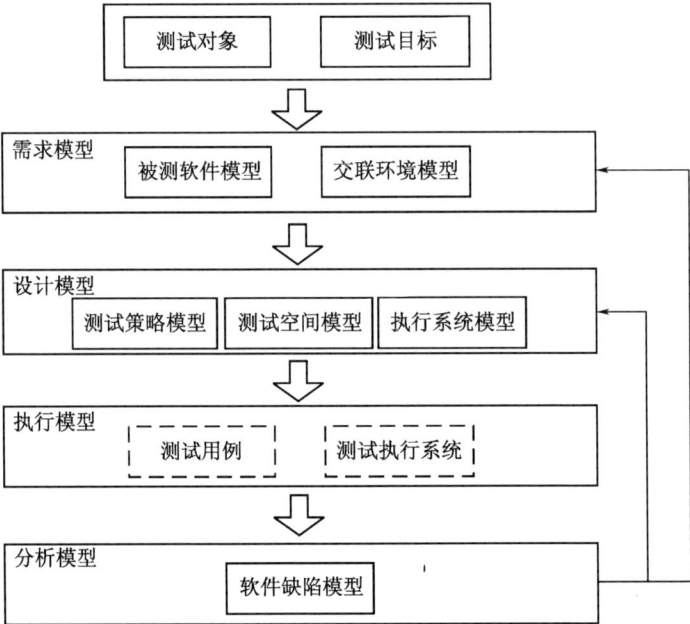

图 17-3 模型驱动测试的涵义

模型驱动的涵义简单说就是将测试过程理解为创建模型及模型演化的过程。模型驱动的原理正是软件测试认识论的体现,模型的创建过程就是测试主体对被测软件逐渐深化认识的过程,所以软件测试的认识论解释是模型驱动测试的理论基础,同时,模型驱动测试也是软件测试认识论在技术层次的必然反映。

从图17-3中可看出,仿真测试框架中将测试过程分为需求、设计、执行和分析四个主要阶段,每个阶段都由构建某类测试模型的活动构成,测试过程的推进是通过测试模型之间的演化来完成的。

测试需求阶段首先要根据测试对象和测试目标建立被测软件模型和交联环境模型。这两类模型是对被测软件的相关属性建立的信息模型,属于测试客体软件信息场的一部分。需求阶段的测试模型是整个测试过程的初始模型,是驱动后续测试模型建立的原动力。

测试设计阶段建立的模型包括测试空间模型、执行系统模型和测试策略模型。这三类模型是在需求模型的基础上演化而来,它们属于测试方法和测试工具的范畴。测试空间模型和测试策略模型是根据被测软件模型中表述的测试属性以及交联环境模型中的输入/输出信息而建立的为生成测试用例服务的模型。其中,测试策略模型集中体现了测试者的测试知识和测试经验,是测试主体认知结构的主要体现;执行系统模型则主要依据交联环境模型而建立,是构建测试环境的主要依据。

测试执行阶段似乎没有测试模型的直接参与,但是从某种程度上讲,测试用例和测试执行系统都可以看成是一种实体模型。

测试分析阶段要根据测试结果建立软件缺陷模型。缺陷模型是测试结果的信息模型,它反映测试认识过程的迭代性,是深化认识过程的增益环节。仿真测试框架中缺陷模型的建立集中体现了测试认识论中重视测试客体特殊性的思想。

4)MDST 过程

模型驱动的软件仿真测试(MDST)是通过各类测试模型的建立和演化过程来驱动完成的。

MDST 简单说来是这样的一个过程:观察被测系统的行为;将系统行为经形式化描述后,提供一个测试生成程序;让测试生成程序来创建和运行测试用例;由测试结果分析工具自动对比测试执行结果和系统的预期输出,对软件质量进行评估。

模型驱动的软件仿真测试过程是一个测试模型的设计和创建的过程,如图17-4 所示。

MDST 主要包括如下活动:

① 交联环境建模,采用基于接口的仿真建模技术,用接口来确定模型的结构,解决模型的框架设计问题和接口的通信问题。

② 测试需求建模,测试人员首先需要确定被测系统和测试目标,即测试需求描述。在进行测试模型的创建之前,必须确定软件系统的哪些组件或子系统是需要被测试的,即被测系统(SUT)功能建模;哪些组件或子系统是对被测系统

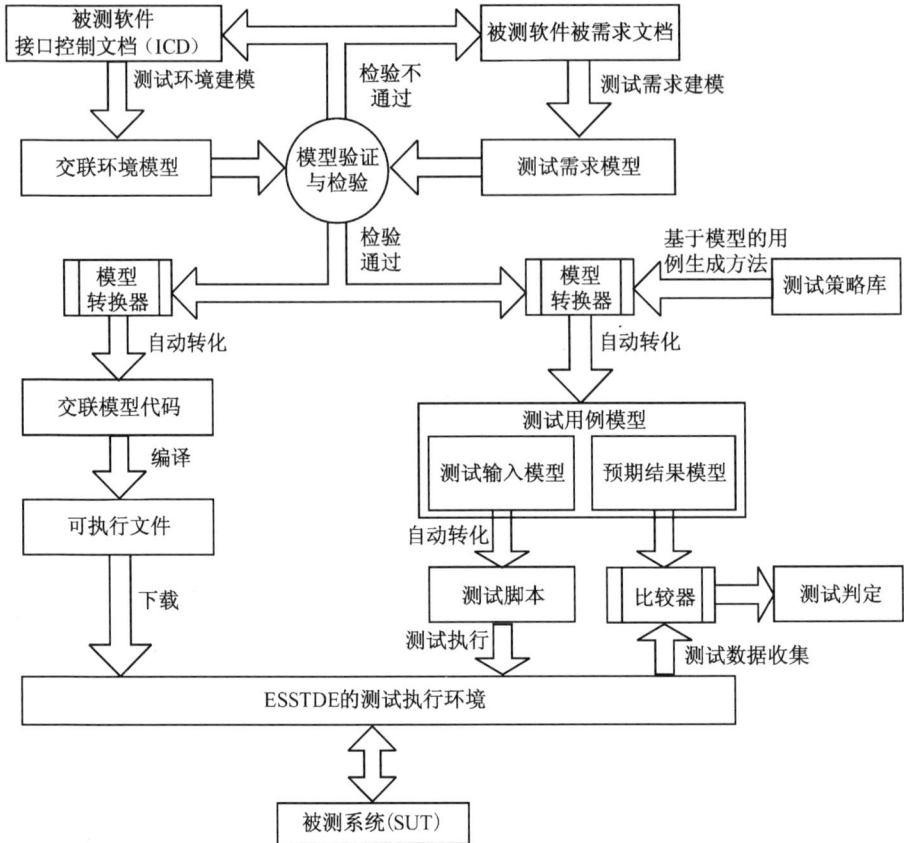

图 17-4　模型驱动的软件仿真测试流程

测试所必须的,即 SUT 的测试环境建模。

③ 测试模型设计,在确定了测试需求之后,MDST 的下一步就是进行测试模型的设计,确定测试架构的描述和测试行为描述。在测试架构模型的描述中,需要确定软件测试中涉及的所有测试组件以及它们之间的通信关系。在测试行为模型描述中,通过测试架构模型中的测试组件描述被测系统行为,进而实现测试用例模型的描述。测试模型可以手工设计,对于具有详细设计模型的软件系统来说,还可以通过重构、扩展开发阶段中的设计模型而获得。

④ 测试模型的校验和验证,模型必须能正确地反映系统的静态特性和动态行为,因此必须对模型进行验证和确认。现有的模型验证方法通常有观察法、专家面试法、灵敏度分析法、参数验证法、统计方法、模型比较法、模型分离法、静态一致性检验法和动态一致性检验法等。根据测试需求模型自动生成测试用例,自动生成测试用例是 MDST 的关键功能。可引入测试策略库,采用基于模型的

356

测试方法自动生成测试用例。

⑤ 用例的自动执行,MDST 支持测试的自动执行。MDST 方法能够支持由测试用例模型到测试脚本的自动转化,从而避免了测试脚本的开发,提高了测试效率并减少了测试人员的工作量;同时,MDST 方法将对测试脚本的维护转化成对测试模型的维护,从而减少了测试维护的费用。

⑥ 测试结果的收集与分析,测试执行结束后,从各个测试组件或测试机器上收集测试执行结果,并为测试执行的判定与跟踪提供测试判定模型和测试跟踪模型,以便于对测试的结果进行比较和分析。利用模型驱动的仿真测试原理和方法,构建了一个分布式实时仿真测试系统,可以对新一代飞行器装备的大规模复杂软件的被测系统,如数据高度融合的通用综合处理器(CIP),进行软件系统测试,如图 17 – 5。

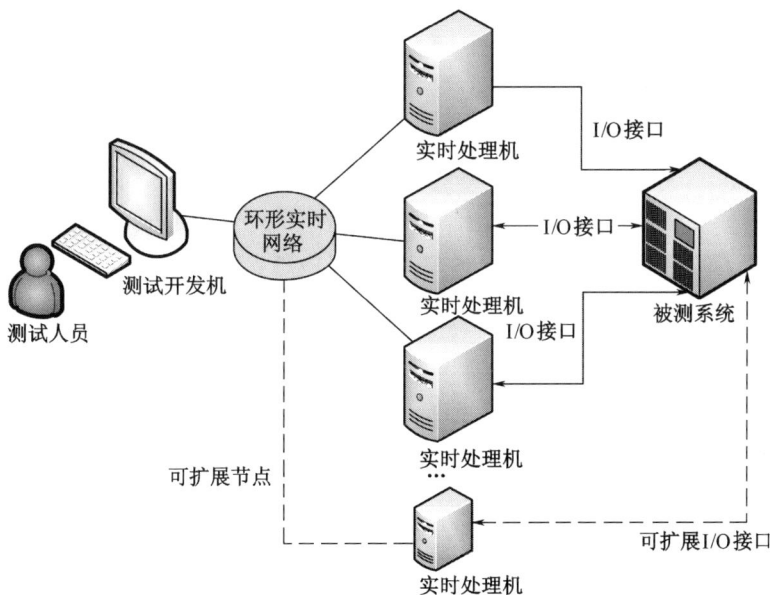

图 17 – 5 分布式实时仿真测试系统的整体框架结构

357

第18章　军用软件质量管理工程实例

本章给出某型自动驾驶仪、轻型手持式迫击炮弹道计算机、混合人造视觉系统等三个典型的军用软件工程案例,除各自具有的功能外,它们共同的特点是在软件开发中执行了明确定义的过程,使软件的质量得到保证并达到使用户满意的目的。

18.1　军用软件测评管理案例

某测评中心为具有总装备部资质认可的军用软件测评机构,已按照 GJB 2725A –2001《测试实验室和可校准实验室通用要求》及装电[324]号文《军用软件测评实验室测评过程和技术能力要求》建立了严格的质量管理体系及软件测试过程。自动驾驶仪软件测评的基本过程包括:签订测评合同、下达测评计划、管理被测件、实施软件测评、交付产品、项目归档等步骤,测试过程如图 18 – 1 所示。

18.1.1　某自动驾驶仪软件项目过程

1. 合同签订

软件测评中心接到委托方软件测试任务后,按测评中心质量体系文件《要求、委托书及合同评审程序》组织了合同评审。根据合同中提供的被测件关键等级、代码规模、进度要求等信息,从进度、人力资源、价格等方面对自动驾驶仪软件测试项目进行了估算,结果为合同通过评审,由测评中心办公室与委托方正式签订《自动驾驶仪软件测评》。

2. 下达计划

签订测评合同后,测评中心办公室协助测评中心最高领导代表(由测评中心副主任担任)编制"测评计划表",并由最高领导代表向测评工程部下达《自动驾驶仪软件测评任务书》,测评工程部确定了项目负责人。

按照合同评审时委托方提供要求,在"测评任务书"中,明确被测件为"关键软件"。由于该软件仅一个配置项,所以系统测试与配置项测试合并进行,就此

358

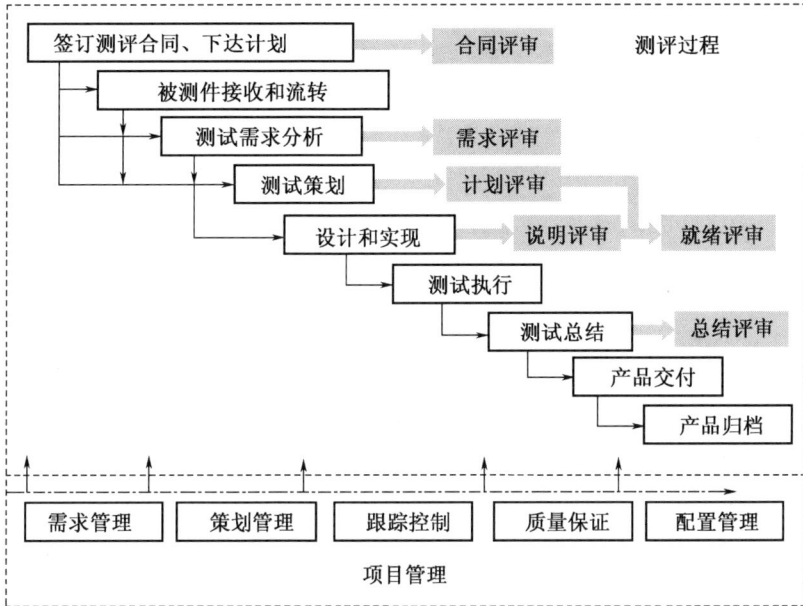

图 18-1　软件测试过程

明确应执行单元、部件、配置项三个级别的测试,及相适用的文档审查、代码审查、静态分析、逻辑测试、功能测试、性能测试、接口测试、强度测试、余量测试、边界测试、数据处理测试等测试类型。

3. 管理被测件

测评中心被测件管理员,按《被测件管理程序》和《保密和保护所有权程序》的要求,接收、标识、保管、记录了委托方提交的被测件。测评中心项目负责人,按《被测件管理程序》和《保密和保护所有权程序》要求,在被测件管理员处,办理被测件领用手续,同时负责被测件在测试实施过程中的保管和安全保密。

4. 实施软件测试

测评项目组按照《测评过程控制程序》的要求,对该自动驾驶仪软件开展测试需求分析、测试策划、测试设计与实现、测试执行和测试总结工作,按照《测评结果管理程序》形成测试记录、测试报告,具体过程如下:

1) 测试需求分析

项目负责人根据《自动驾驶仪软件测试合同》、《自动驾驶仪软件测评任务书》及委托方提供的《自动驾驶仪软件需求规格说明》、《自动驾驶仪软件设计说明》对测评任务进行软件测试需求分析,活动包括:

（1）定义测试需求条款并予以标识。

（2）按照测试需求条款分解成测试项并进行标识，标明各测试项的测试优先级顺序，确定各测试项的充分性要求及测试终止条件。

（3）对各测试项确定测试类型、测试级别。

（4）建立测试项与测试需求条款及测试需求之间的追踪关系。

（5）经软件测试需求分析，项目负责人按照《测评文档编制指南》要求编写了《自动驾驶仪软件测试需求规格说明》，按照《技术文件审签程序》完成签署，按照《测评评审程序》完成软件测试需求规格说明文档评审，按照《测评配置管理程序》要求将《自动驾驶仪软件测试需求规格说明》纳入配置管理受控库。

2）测试策划

项目组根据测评需求分析结果，进行测试策划，策划内容包括：

（1）确定测试的总体要求和测试策略。

（2）建立测试项目的组织结构，定义人员角色及职责。

（3）描述项目资源、环境需求，包括软硬件设备和环境条件要求、人员数量和技能要求、委托方配合等要求。

（4）按照《标识管理程序》标识软硬件设备和测试环境。

（5）确定项目进度。

（6）确定需采集的度量及采集要求。

（7）确定测试任务的结束条件。

（8）按照《测评质量保证程序》、《测评配置管理程序》，制定质量保证计划、配置管理计划。

（9）进行项目风险分析，包括技术、人员、资源和进度等方面有关的风险，制定风险应急措施。

（10）根据工作量评估及进度要求，确定的项目组成员包括项目负责人1人，软件测试工程师5人，质量保证人员1人，配置管理员1人。项目负责人按照《测评文档编制指南》编制《自动驾驶仪软件测试计划》，按照《技术文件审签程序》完成签署，按照《测评评审程序》完成评审，按照《测评配置管理程序》要求将测试计划纳入配置管理受控库。

3）测试设计和实现

项目组根据测评需求、需求分析结果和项目策划结果，进行了软件测试设计和实现，内容包括：

（1）层次化分解测试项，构成测试用例框架并进行标识。

（2）对最终分解的每个测试项的各测试用例给出概要说明。

（3）对每个测试用例，确定执行顺序，并给出用例设计的详细说明。

（4）准备和验证所有的测试用数据。

（5）给出测试用例与测试项的追踪关系。

（6）项目负责人按照《测评文档编制指南》要求编制《自动驾驶仪软件测试说明》；按照《技术文件审签程序》完成签署。按照《测评评审程序》完成测试说明文档评审；按照《测评评审程序》完成测试就绪评审。按照《测评配置管理程序》要求将《自动驾驶仪软件测试说明》纳入配置管理受控库。同时，建立软件测试环境，包括单元测试环境和配置项测试环境，单元测试环境为 PC 机环境，配置项测试环境使用了委托方提供的环境，在软件就绪评审之前对测试环境进行了确认。

4）测试执行

项目组根据测试设计和实现结果，执行各测试用例，记录实际测试结果，内容包括：

（1）按照测试说明的内容和要求执行各测试用例，并按照《测评结果管理程序》进行测试记录。

（2）根据每个测试用例的期望结果、实际测试结果和评估准则，判定测试用例是否通过。

（3）当测试用例不通过时，应分析原因，并根据分析结果采取相应的措施。属于测试用例本身的问题，应修订测试用例；属于测试环境的问题，应对环境重新校核和确认；属于被测件的问题，应提出软件问题报告单。

（4）项目组执行完全部测试用例后，应核对并分析测试过程中的正常或异常终止情况，判断是否满足测试项的终止条件。

（5）项目组在测试执行过程中，如有必要，可根据测试进展情况完善测试用例，并更改软件测试说明文档。

测评中心在静态分析过程中，发现自动驾驶仪软件源代码中违反 GJB 5369—2005《航天型号软件 C 语言安全子集》强制类×××多处，违反 GJB/Z 102—1997《军用可靠性和安全性设计准则》中编程要求×××处；在代码审查过程中发现问题×××处；单元测试过程中，共发现问题×××处，其中代码问题×××处，文档问题×××处。在配置项测试过程中发现问题×××处，其中代码问题×××处，文档问题×××处。测试执行人员在原始软件测试记录中签字，对发现的所有问题与委托方进行了确认，并填写了问题报告单。

首轮测试结束后，委托方根据问题报告单进行了软件更改，后向测评中心再次提交被测件及软件更改情况说明。测评中心依据软件更改情况说明，进行了影响域分析，确定了回归测试策略，执行回归测试。回归测试表明，软件文档及软件代码中的问题均已得到解决。

5）测试总结

项目组根据测试执行结果,对测试工作进行总结,内容包括:

（1）根据测试需求规格说明、测试计划、测试说明文档,被测软件文档,测试记录、被测软件问题报告单,分析和评价测试工作和被测软件。

（2）总结测试需求规格说明、测试计划、测试说明的变化情况及其原因,总结测试过程中出现的测试问题及其改进情况。

（3）对测试工作是否覆盖测试需求进行分析,包括测试项、测试类型的覆盖情况和是否满足测试需求规格说明文档标明的测试充分性要求和终止条件。

（4）对被测软件进行分析与评价,包括被测软件与软件需求（或软件设计）之间的差异、被测件文档和代码的规范性。

（5）对配置项或系统的性能做出评估,指明偏差、缺陷和约束条件等对于配置项或系统运行的影响。

（6）根据上述总结内容,项目组编制了《自动驾驶仪软件测试报告》;按照《技术文件审签程序》完成测试报告签署,按照《测评评审程序》进行软件测试总结评审,按照《测评配置管理程序》将测试报告纳入配置管理。

5. 产品交付

按照测评项目合同的要求,测评中心向委托方交付了测评最终产品,包括《自动驾驶仪软件测试需求规格说明》、《自动驾驶仪软件测试计划》、《自动驾驶仪软件测试说明》、《自动驾驶仪软件测试报告》。产品交付由测评中心办公室填写"测评产品交付清单",由测试中心和委托方共同签署,各执一份,完成交付。

测试项目组在测试结束后负责被测件归还工作,按照《被测件管理程序》,由被测件管理员负责被测件的归还和处置。

6. 项目归档

向委托方交付测评最终产品,测评项目结束后,项目负责人将测评项目过程中的全部工作产品,提交给办公室资料管理员。资料管理员整理项目应归档的资料,按照《记录管理程序》完成项目归档工作。

18.1.2 某自动驾驶仪软件项目管理工作

自动驾驶仪软件在项目执行过程中还进行了严格的项目管理,由需求管理、策划管理、项目跟踪与控制、质量保证和配置管理构成,下面分别说明各自的工作内容。

1. 需求管理

测评中心办公室,在项目组的配合下,按照《测评需求管理程序》管理测评需求,保证测评需求在测评中心和委托方之间得到共同的理解,测评需求的变更得到有效管理,从而使测评产品与测评需求相一致。

2. 策划管理

测评项目负责人,按照《测评策划管理程序》,根据项目的工作量、风险因素和人力、时间、测评环境等资源的估计,制定测试计划。按照《测评评审程序》对测试计划进行评审,并根据项目运行的实际情况不断修订与完善测试计划。测试计划的变更应受到控制。

3. 项目跟踪与控制

项目负责人,按照《测评跟踪与控制程序》,如实记录测试工作进展情况,给项目跟踪与监督提供原始记录。收集、统计测评项目进展信息,分析项目运行性能。

4. 质量保证

项目质量保证员,按《测评质量保证程序》,根据测评项目质量保证计划,检查测评项目正在使用的过程和正在构造的工作产品与体系文件、标准和规范的符合性;跟踪、验证已发现问题的归零处理情况。

5. 配置管理

项目配置管理员,按《测评配置管理程序》,根据测评项目配置管理计划,为每个测评项目建立配置管理受控库,定义配置基线,在项目生存周期内对工作产品进行版本管理和变更管理,在产品交付前对配置基线进行审计。

18.2 军用软件质量管理案例

18.2.1 轻型手持式迫击炮弹道计算机软件

由美国军队研究和开发中心(ARDEC)独立研制的轻型手持式迫击炮弹道计算机(Lightweight Handheld Mortar Ballistic Computer,LHMBC),荣获 2004 年度美国国防部软件最高奖。

LHMBC 是应伊拉克战场的紧急需要开发的,计算机硬件采用市场商品 R - PDA。LHMBC 的产品型号为 XM - 32,与其上一代产品 M - 23 型迫击炮弹道计算机相比,重量由 8 磅减至 3 磅,其大小仅为 M - 23 的三分之一,而且运算速度更快,增加了许多前所未有的功能,首次给士兵提供了一种轻型的、功能先进的手持式射击控制系统。系统集成了 GPS,具有如下功能:确定士兵位置;支持射击坐标测量;具备执行 6 种瞬时任务能力;保障 3 种保护射击;检查射击;数字式气象数据保障;与战场炮兵战术数据系统、前方观察系统连接,发送信息或接受数字信息。

XM – 32 LHMBC 是一个软件密集系统,为加速系统的研发过程,沿用了 2003 年部署的迫击炮火控系统(MFCS)的 80000 条指令,约占 XM – 32 LHMBC 全部指令的 40%,因此节约了 240 万美元费用,并缩短了 18 个月开发时间。

XM – 32 LHMBC 开发过程中采用了六西格玛方法,实施了收益值管理和按照美国软件工程研究所(SEI)软件能力成熟度集成模型 CMMI 3 级(定义级)的要求实施开发过程,因此提高了项目的总体效率,保证了软件的质量。

ARDEC 的软件工程中心在对 XM – 32 LHMBC 成功实施 CMMI 3 级开发基础上,对 LHMBC 的后续工作及其它软件项目,将按照 CMMI 5 级的要求进行开发,SEI 已于 2005 年底对 SEC 进行了 CMMI 5 级认证。

18.2.2　混合人造视觉系统软件

由美国国家航空和航天局和快速成像软件公司(Rapid Imaging Software)共同开发的 SmartCam3D(SC3D)系统是一个混合人造视觉系统,它综合了座舱传感器的动态信息和从人造视觉系统得到的数据,构造了一个虚拟的座舱窗口。SmartCam3D 可以为国防部各部门、航空航天和商业企业提供强大的支持,尤其有助于遥控无人飞行器飞行、无座舱窗口飞行器飞行和无窗口运载器设计。

混合人造视觉系统综合了传感器动态数据和人造视觉系统提供的信息,构造出一个实时的、视觉丰富的环境。实时传感器系统可以提供关注地区的二次环境信息,而传感器图像受到环境能见度影响,在存在雨、雪、烟、雾和沙尘干扰时,实时传感器的作用受到很大限制。人造视觉系统可以提供丰富的可视信息,但它的视觉环境信息是从人造卫星或飞机运行中采集的,这些信息可能已经过时陈旧,甚至成为错误的信息。混合人造视觉系统使得用户可以避开这两种方法各自的缺陷,为用户提供更加丰富的实时可视信息。

SmartCam3D 和它提出的创新概念,已经使传统的依靠视觉操作飞行和仪器控制操作飞行之间的区别变得十分模糊。现在,SmartCam3D 已经成为美国政府选择飞行器可视系统时的首选。

项目开发组由经验丰富的软件开发专家、人类工程学专家、可视性技术专家、配置管理专家、航空电子学专家和航空航天飞行员组成。这支专业范围覆盖很宽的开发队伍,是项目获得成功的重要保证。SmartCam3D 使用"螺旋型研制"技术开发,实施敏捷编程实践,采用面向对象设计、面向对象编程,在整个项目开发阶段,实施了严格的质量保证程序。

可靠性是项目开发中最重要的考虑因素。该项目实施了缺陷报告和跟踪制度,缺陷的全部处理和最终解决过程,都在软件质量保证过程的严格监控之中。

这种强化的质量保证过程,使得用户对开发过程和产品的质量高度信任。在军事上,SmartCam3D 将用于无人驾驶飞机的作战、侦察,为军用战机的飞行员开发新的人机界面,为训练新老飞行员提供支持,将对提高美军的战斗力提升做出贡献。

美军对软件系统的质量予以高度重视,源于战争实践已经证明了软件的风险更大。因此,提高对软件产品质量的重视程度,也是我军装备质量建设者应该有的认识。在提高认识的基础上,要尽快全面确立软件系统开发应用规范与软件系统质量特性;引进、吸收或建立质量体系适用标准;确定软件质量及其管理的指标体系、问题处理措施等,从而形成对软件系统的质量管控体系,促进我军信息化武器装备又好又快发展。

参 考 文 献

[1] 郑人杰,殷人昆,陶永雷. 实用软件工程[M]. 北京:清华大学出版社,2002.

[2] 周之英. 现代软件工程[M]. 北京:科学出版社,2003.

[3] Yang Fu-qing. Software reuse and related technology[J]. Computer Science,1999,26(5):1-4.

[4] Garlan D, Shaw M. An introduction to software architecture. Technique Report. CMU/SEI- 94-TR-21. Camegie Mellon University, 1994.

[5] Allen R,Garlan D. A formal basis for architectural connection[J]. ACM Transactions on Software Engineering and Methodology,1997,6(3):213-249.

[6] IEEE ARG. IEFF's Recommended Practice for Architectural Description. IEEE P1471-2000,2000.

[7] Kazman R, Bass L, Abowd G, et al. Scenario-Based analysis of software architectures[J]. IEEE Software,1996:47-55.

[8] Yin Yongfeng, Liu Bin, Zhong Deming, et al. On Modeling Approach for Embedded Real-time Software Simulation Testing[J]. Journal of Systems Engineering and Electronics, 2009,20(2):420-426.

[9] 于卫,杨卫海,蔡希尧. 软件体系结构的描述方法研究[J]. 计算机研究与发展,2000,37(10):1185-1191.

[10] 陶伟. 以体系结构为中心软件产品线开发[D]. 北京:北京航空航天大学,1999.

[11] 周莹新. 电信软件体系结构的研究[D]. 北京:北京邮电大学,1997.

[12] 宫云战. 软件测试教程[M]. 北京:机械工业出版社,2008.

[13] 徐仁佐. 软件可靠性工程[M]. 北京:清华大学出版社,2007.

[14] Frederick P Brooks. 人月神话[M]. 李琦,译. 北京:人民邮电出版社,2007.

[15] 熊伟. 软件质量管理新模式[M]. 北京:中国标准出版社,2008.

[16] 苏秦,等. 软件过程质量管理[M]. 北京:科学出版社,2008.

[17] 总装备部电子信息基础部标准化研究中心. 军用软件工程系列标准实施指南[M]. 北京:航空工业出版社,2006.

[18] 韦群,龚波,任昊利. 军用软件工程[M]. 北京:国防工业出版社,2010.

[19] 张海藩. 软件工程(2版)[M]. 北京:人民邮电出版社,2006.

[20] 李伟波. 软件工程[M]. 武汉:武汉大学出版社,2006.

[21] 肖孟强,等. 软件工程——原理、方法与应用(2版)[M]. 北京:中国水利水电出版社,2008.

[22] 徐家珩. 软件工程——方法与实践[M]. 北京:电子工业出版社,2007.

[23] 瞿中. 软件工程[M]. 北京:机械工业出版社,2007.

[24] 郭宁,等. 软件工程实用教程[M]. 北京:人民邮电出版社,2006.

[25] 胡飞,等. 软件工程基础[M]. 北京:高等教育出版社,2008.

[26] 周丽娟,等. 软件工程实用教程[M]. 北京:电子工业出版社,2008.

[27] 周洁明. 软件工程基础实践教程[M]. 北京:清华大学出版社,2007.

[28] 钱乐秋,等. 软件工程[M]. 北京:清华大学出版社,2007.

[29] 肖汗. 软件工程理论与实践[M]. 北京:科学出版社,2006.

[30] 赵池龙. 实用软件工程[M]. 北京:电子工业出版社,2005.

[31] 韩万江. 软件工程案例教程[M]. 北京:机械工业出版社,2007.

[32] 赵池也. 软件工程实践教程[M]. 北京:电子工业出版社,2007.

[33] 郑人杰. 软件工程[M]. 北京:人民邮电出版社,2009.

[34] 宋华文,耿华芳. 软件密集型装备综合保障[M]. 北京:国防工业出版社,2011.

[35] 田淑梅,廉龙颖,高辉. 软件工程——理论与实践[M]. 北京:清华大学出版社,2011.

[36] 马海云,张少刚. 软件质量保证与软件测试技术[M]. 北京:国防工业出版社,2011.

[37] David L P, John A, Kwan S P. Evaluation of safety—critical software. Communication of ACM,1990.

[38] 徐祖渊. 航天型号软件研制管理[M]. 北京:宇航出版社,1999.

[39] 黄锡滋. 软件可靠性、安全性与质量保证[M]. 北京:电子工业出版社,2002.

[40] 朱鸿,金凌紫. 软件质量保障与测试[M]. 北京:科学出版社,2007.

[41] 中国人民解放军总装备部. 军用软件质量监督要求[S]. 中华人民共和国国家军用标准 GJB 4072A-2006,2006.

[42] 汤铭端. 航天型号软件研制过程[M]. 北京:宇航出版社,1999.

[43] 中国人民解放军总装备部. 军工产品定型程序和要求[S]. 中华人民共和国国家军用标准 GJB 1362A,2007.

[44] 中国人民解放军总装备部. 军用软件开发通用要求[S]. 中华人民共和国国家军用标准 GJB 2786A-2009,2009.

[45] 国防科学技术工业委员会. 军用软件需求分析[S]. 中华人民共和国国家军用标准 GJB 1091 – 1991,1991.

[46] 中国人民解放军总装备部. 军用软件产品评价[S]. 中华人民共和国国家军用标准 GJB 2434A – 2004,2004.

[47] 华庆一,等. 面向对象系统的测试[M]. 北京:人民邮电出版社,2001.

[48] Pressman R S. 软件工程——实践者的研究方法[M]. 北京:机械工业出版社,2008.

[49] 曾建潮. 软件工程[M]. 武汉:武汉理工大学出版社,2003.

[50] 贺平. 软件测试技术[M]. 北京:机械工业出版社,2004.

[51] 刘斌. 软件验证与确认[M]. 北京:国防工业出版社,2011.

[52] Nina S Godbole. 软件质量保障原理与实践[M]. 周颖,廖力,周晓宇,李必信,等译. 北京:科学出版社,2010.

[53] 肖来元,吴涛,陆永忠. 软件项目管理与案例分析[M]. 北京:清华大学出版社,2009.

[54] 孙景华. ARJ21-700 飞机研制项目的机载软件构型管理方案研究及应用[D]. 上海:复旦大学,2009.

[55] 阮镰,章文晋. 飞行器研制系统工程[M]. 北京:北京航空航天大学出版社,2008.

[56] (以)加林(Galin, D.). 软件质量保证[M]. 王振宇 等译. 北京:机械工业出版社,2005.

[57] 阮镰,陆民燕,韩峰岩. 装备软件质量和可靠性管理[M]. 北京:国防工业出版社,2006.

[58] 朱少民. 软件质量保证和管理[M]. 北京:清华大学出版社,2007.

[59] 马慧,杨一平. 质量评价与软件质量工程知识体系的研究[M]. 北京:人民邮电出版社,2009.

[60] 兰雨晴,赵同,高静,等. 基础软件平台质量评估[J]. 软件学报,2009,20(3):567 – 582.

［61］ Stephen H. Kan，著.软件质量工程的度量与模型［M］.王振宇,陈利,等译.北京:机械工业出版社,2003.

［62］ 洪伦耀,董云卫.软件质量工程［M］.西安:西安电子科技大学出版社,2004.

［63］ 石柱.军用软件能力成熟度模型及其应用［M］.北京:中国标准出版社,2003.

［64］ 何新贵.软件能力成熟度模型［M］.北京:清华大学出版社,2000.

［65］ 李明树,杨秋松,翟健.软件过程建模方法研究［J］.软件学报,2009,20(3):524－545.

［66］ 刘海峰.装备软件质量保证的现状和思考［J］.通信对抗,2008,2:56－60.

［67］ 洪亮,张福光.军用软件全面质量管理［J］.四川兵工学报,2009,6:147－148.

［68］ 蔡开元.软件可靠性工程基础［M］.北京:清华大学出版社,1995.

［69］ 陆民燕.软件可靠性工程［M］.北京:国防工业出版社,2011.

［70］ 龚庆祥.型号可靠性工程手册［M］.北京:国防工业出版社,2007.

［71］ 黄锡滋.软件可靠性、安全性与质量保证［M］.北京:电子工业出版社,2002.

［72］ 孙志安,斐晓黎,等.软件可靠性工程.［M］北京:北京航空航天大学出版社,2009.

［73］ 苏秦,等.软件过程质量管理［M］.北京:科学出版社,2008.

［74］ 周仲夏,蒋里强,宋劲松.军用软件可靠性工程浅探［J］.兵工自动化,2008,27(10):37－38.

［75］ 辛文遂,赵彬.航空装备软件可靠性参数研究［J］.装备指挥技术学院学报,2006,17(4):105－108.

［76］ 徐晓春.软件配置管理［M］.北京:清华大学出版社,2002.

［77］ Mason D. Probabilistic analysis for component reliability composition［A］. In：Crnkovic I, Schmidt H, Stafford J, Wallnau K, eds. Proc. of the 5th ICSE Workshop on Component-Based Software Engineering：Benchmarks for Predictable Assembly［C］. Orlando, 2002.

［78］ 国外软件质量管理标准文件汇编［G］.北京:国防科技工业质量与可靠性研究中心,2003.

［79］ 任伟.软件安全［M］.北京:国防工业出版社,2010.

［80］ Julia H. Allen,Sean Barnum 著.软件安全工程［M］.郭超年,周之恒 译.北京:机械工业出版社,2009.

［81］ 张鲁峰,黄敏桓,张剑波.软件安全性相关标准浅析［C］.第二届电子信息系统质量与可靠性学术研究研讨会论文集,2005:144－149.

［82］ 周新蕾.软件安全性分析技术及应用［J］.质量与可靠性,2005,3:37－40.

［83］ 郭久武.军用软件安全性分析与测试方法［J］.炮兵防空兵装备技术研究,2010,1:29－36.

［84］ 李新俊,刘春和,朱三可.软件安全性评估方法研究综述［A］.第二届电子信息系统质量与可靠性学术研究研讨会论文集［C］,2005:260－267.

［85］ MIL-STD 882B/C/D, System Safety Program Requirements［S］,1984/1993/200.

［86］ Debra［J］. S. Hermann. Software safety and reliability-techniques, approaches, and standards of key industrial sectors. IEEE Computer Society, 1999.

［87］ http://www. opensamm. org.

［88］ http://www. bsi-mm. com/download/.

［89］ 葛小凯,周红建,王博.军用软件安全性技术问题研究［J］.空军装备研究,2009,3(2):15－18.

［90］ 康晓予,缪旭东.舰艇装备软件安全性设计方法［J］.海军大连舰艇学院学报,2004,27(5):55－58.

［91］ 石柱.软件工程标准手册(基础和管理卷)［M］.北京:中国标准出版社,2007.

［92］ 姚世全. 信息系统工程监理［M］. 北京：中国标准出版社,2003.

［93］ IEEE Std 1002：1987［S］软件工程标准分类法.

［94］ Guide to Selection and Application of Software Engineering Standards［S］. 美国国防部信息系统局标准中心. 1999.

［95］ NASA-STD-8719. 13B：2004［S］软件安全性标准.

［96］ http：//www. iso. ch/.

［97］ http：//www. gjb. com. cn.

［98］ 黄锡滋,张昊. 安全关键软件开发［EB/OL］. http:// www. doc88. com.

［99］ 徐中伟,吴美芳. 形式化故障树分析建模和软件安全性测试. 同济大学学报,2001,29(11):1299 – 1302.

［100］ 软件安全性分析中故障树方法的应用［EB/OL］. http://wenku. baidu. com.

［101］ 刘彬彬. 软件 FMEA 与 FTA 综合分析方法研究［D］. 北京航空航天大学硕士论文,2008.

［102］ 孙宪伦. 军用标准化［M］. 北京：国防工业出版社,2003.

［103］ GJB 5000A-2008 模型的宏观把握［EB/OL］. http://www. itlead. com. cn,2012.

［104］ GJB 5000A 评价与 CMM 认证的差别［EB/OL］. http://bjhbz. com/article. php？id = 260,2012.

［105］ 中国人民解放军总装备部. 军用软件研制能力成熟度模型［S］. 中华人民共和国国家军用标准 GJB 5000A-2008,2008.